U0175540

“一带一路”区域气候变化灾害风险

王会军　等　编著

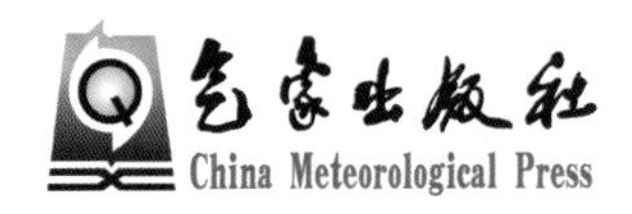

内容简介

本书围绕"一带一路"沿线地区气候变化及灾害风险的关键科学问题，综合国内外研究成果，系统总结"一带一路"区域气候变化相关新内容、新观点、新建议，详细阐述了"一带一路"沿线地区气候和环境变化的主要事实，剖析影响区域气候变化和环境变化的关键成因；重点预估了21世纪区域气候变化、海平面变化、生态环境变化等未来变化趋势；全面评估了区域气候变化对"一带一路"沿线地区环境、社会经济和人民生活等的影响和灾害风险，科学提出一系列具有战略性意义的应对"一带一路"沿线气候变化及灾害风险、共同实现可持续发展的决策建议。

图书在版编目（CIP）数据

"一带一路"区域气候变化灾害风险 / 王会军等编著. -- 北京 : 气象出版社, 2021.6
ISBN 978-7-5029-7447-3

Ⅰ. ①一… Ⅱ. ①王… Ⅲ. ①"一带一路"－气候变化－研究－中国②"一带一路"－气象灾害－研究 Ⅳ. ①P468.1②P429

中国版本图书馆CIP数据核字(2021)第102999号

审图号：GS(2021)793号

"一带一路"区域气候变化灾害风险
"Yidai Yilu" Quyu Qihou Bianhua Zaihai Fengxian

出版发行：气象出版社
地　　址：北京市海淀区中关村南大街46号　邮政编码：100081
电　　话：010-68407112(总编室)　010-68408042(发行部)
网　　址：http://www.qxcbs.com　E-mail：qxcbs@cma.gov.cn
责任编辑：黄红丽　周　露　终　　审：吴晓鹏
特邀编辑：周黎明
责任校对：张硕杰　责任技编：赵相宁
封面设计：博雅锦
印　　刷：北京地大彩印有限公司
开　　本：787 mm×1092 mm　1/16　印　　张：12
字　　数：300千字
版　　次：2021年6月第1版　印　　次：2021年6月第1次印刷
定　　价：120.00元

编著者名单

王会军　唐国利　陈海山　吴绍洪　效存德　姜大膀

周波涛　孙建奇　段明铿　徐　影　罗　勇　杨晓光

王　凡　康世昌　王　毅　高清竹　左军成　张元明

魏　伟　郑景云　王国庆　高学杰　李　宁　刘传玉

曾晓东　鲍艳松　张　弛　曾　刚　孙　博　黄艳艳

施　宁　尹志聪　张　杰　俞　淼　陈活泼　祝亚丽

马洁华　燕　青　郭东林　汪　君　张　颖　高　雅

吴通华　刘　慧　谭显春　尹云鹤　于仁成　黄海军

许　艳　刘　娜　战云健　任玉玉

前 言

2013 年中国政府提出了建设“丝绸之路经济带”和“21 世纪海上丝绸之路”的倡议。“一带一路”倡议是新中国成立以来最大的国际合作构想，绘制了我国与沿线国家共同发展的宏伟蓝图。“一带一路”区域横跨亚洲、欧洲和非洲东部、北部，沿线覆盖了东亚、南亚、东南亚、北亚、中亚、西亚、东欧、南欧、西欧、北欧、中欧和东非 12 个区域。“一带一路”区域气候类型多样(图 1)：中南半岛、南亚大部分地区和菲律宾北部主要属热带季风气候，一年分热季、雨季和旱季，全年高温。菲律宾南部、马来半岛和印度尼西亚属热带雨林气候，全年高温多雨，季节分配均匀。东亚是世界上最典型的季风气候区，其特点是夏季炎热多雨，冬季温和湿润，降水的季节变化和年际变化大。西亚则主要为热带沙漠气候和温带大陆性气候。欧亚大陆腹地，属于典型的温带沙漠、草原大陆性气候，年降水量为 100～400 mm，总体呈东部和西部少、中部多的空间分布。中东欧地区，处在温带气候带，西部地区主要为温带海洋性气候，东部为温带大陆性气候。非洲的气候则主要分为热带雨林气候、热带草原气候、热带沙漠气候和地中海气候(夏季炎热干燥、冬季温和多雨)四个类型。

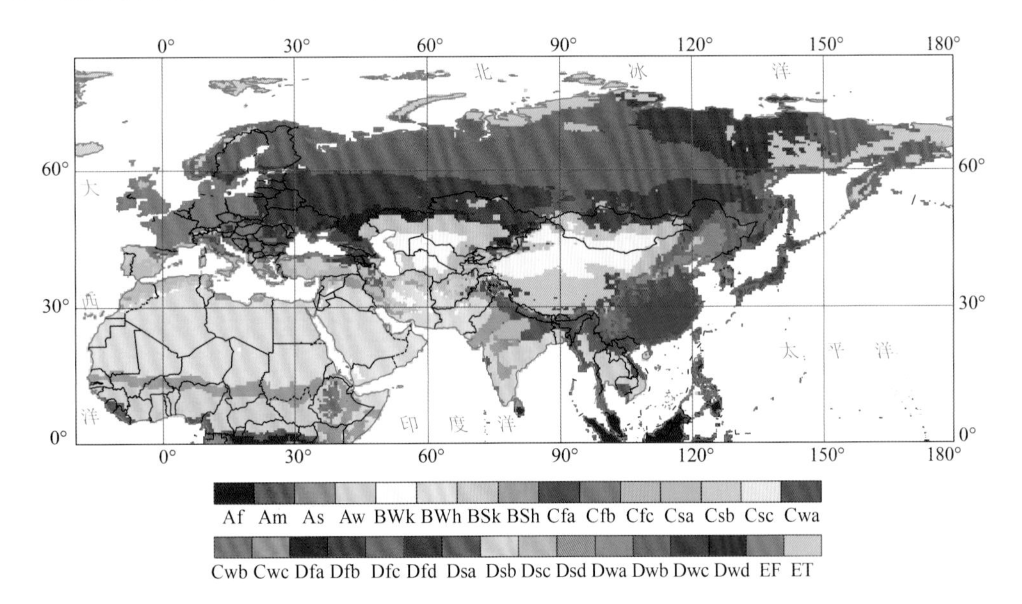

图 1 “一带一路”区域的柯本(Köppen-Geiger)气候型分布。全球气候分成五个主气候带(A：赤道带，B：干旱带，C：温暖带，D：降雪带，E：极地带)，各气候带以气温(h，k，a，b，c，d，F，T)和降水(W，S，f，s，w，m)为基础，参考植被分布确定各气候型，其中，h：炎热干燥，k：寒冷干燥，a：夏季炎热，b：夏季温暖，c：夏季凉快，d：显著大陆型，F：极地冰帽，T：极地苔原，W：沙漠型，S：草原型，f：湿地型，s：夏天旱季型，w：冬天旱季型，m：季风型

历史时期“一带一路”区域的气候存在显著的多尺度变化。特别是在过去 2000 a，古丝绸之路沿线的大部分区域均经历了多次数十年至百年尺度的冷暖变化，尽管不同区域间的变化位相不完全同步，波动幅度也存在差异，但在百年尺度上，其中 1—3 世纪、7 世纪后期—11 世纪初、12 世纪中期—13 世纪中期气候温暖；11 世纪中期—12 世纪初气候偏冷；4 世纪—7 世纪前期和 13 世纪末—19 世纪中期气候寒冷；20 世纪气候快速增暖，至 21 世纪初已超出了过去 2000 a 的最暖水平。而且，干湿变化的区域差异更为显著，如中国的关中地区 960—1250 年气候由湿转干，1250—1430 年由干转湿，1430—1645 年总体偏干，1645—1900 年总体偏湿，而 1900 年以后则再次由湿转干；亚洲中部干旱区 1000—1350 年气候相对偏干，1500—1850 年气候湿润，1850—1970 年增暖趋干，20 世纪 70 年代后则从暖干转为暖湿。但欧洲中部则是 12—14 世纪与 18 世纪降水相对偏多，11 世纪、15—17 世纪和 19—20 世纪降水相对偏少。欧洲中北部及斯堪的纳维亚半岛南部等地 1000—1200 年气候较 1550—1750 年偏干；而芬兰和斯堪的纳维亚半岛北部及俄罗斯等地则是 1000—1200 年较 1550—1750 年更湿。

研究还显示：气候变化可能对古丝绸之路许多节点的文明兴衰造成了显著影响。如在欧洲中部和中亚，自 3 世纪末起气候由暖转冷，至 6 世纪—7 世纪的大部分时段气候显著寒冷（常称为“晚古典时代小冰期”）；欧洲中部春季至初夏（4—6 月）的降水也自 3 世纪后期—7 世纪出现了由显著偏少到显著偏多再到剧烈减少的大幅度波动；这一时期与当时欧洲的大规模人口迁徙、疫病流行、社会动荡、政治混乱和文化衰落等对应。13 世纪末—14 世纪，欧洲中部再次剧烈降温，春季至初夏降水大幅增加，出现了明显的阴冷湿夏气候，与当时欧洲的大饥荒与黑死病对应。而在中国西北干旱区，气候的冷暖变化可显著影响冰雪融化和水资源供给，进而造成绿洲及其聚落的分布与伸缩，以及古丝绸之路主要节点交河古城、高昌古城等的废弃与迁徙。

自 18 世纪 60 年代工业革命以来，地球大气中的温室气体浓度因人类活动不断排放二氧化碳、甲烷和氧化亚氮等而持续增加。全球气候从 20 世纪 70 年代末 80 年代初开始出现显著增暖，由此引发的气候变化问题受到科学界和国际社会的广泛关注和高度重视。1988 年成立的联合国政府间气候变化专门委员会（IPCC）就分别于 1990 年、1995 年、2001 年、2007 年和 2013 年发表了五次气候变化评估报告，旨在对全球气候变化的科学基础、影响和未来风险等进行全面评估，为国际社会应对气候变化提供科学依据。IPCC 第五次气候变化评估报告（AR5）指出，1880—2012 年，全球平均地表温度升高了 0.85 ℃，1951—2012 年全球平均地表温度的升温速率（0.12 ℃/10 a）几乎是 1880 年以来升温速率的两倍。最近三个 10 a 的地表温度已经连续高于 1850 年以来的任何一个 10 a，并且 1983—2012 年可能是北半球过去 1400 a 中最暖的 30 a。从地球气候系统的变暖来看，自 20 世纪 50 年代以来，观测到的许多变化在几十年乃至上千年时间里都是前所未有的，不仅大气和海洋变暖，而且积雪和冰量已经减少，全球海平面已经上升。关于气候变化检测和归因分析，IPCC AR5 的评估结论认为，观测到的 20 世纪中叶以来全球平均地表温度升高的一半以上极有可能是由人类活动造成的。虽然 20 世纪末（1998 年）以来全球气候变暖出现趋缓现象，但这可能只是增温速度的减缓而并不会改变增暖的趋势。事实上，最新的观测数据显示，最近三年（2014 年、2015 年、2016 年）的全球年平均表面温度连续出现了有观测记录以来的最高值，这说明全球变暖仍在继续。根据采用全球耦合模式比较计划第五阶段（CMIP5）框架下的模式预估结果，未来全球气候变暖仍将持续，到 21 世纪末全球平均地表温度在 1986—2005 年基础上将升高 0.3～4.8 ℃。

在全球气候变暖的情况下，极端气候事件的发生频率和强度都有可能增强。自20世纪中叶以来，极端最高和最低温度很可能已经升高，而且还将进一步变化。暖昼和暖夜的出现频率上升，冷昼和冷夜的出现频率下降，并且出现更多的高温热浪事件，同时其持续时间、强度和空间范围将会增加。带来狂风暴雨的强风暴数量增多，极端降水事件更强、更频繁，这种强降水事件频率和强度的增加可能受到大气水汽含量增加的驱动和大气环流变化的影响。极端降水和洪涝事件具有很大的区域差异，而受干旱和(或)干燥影响的陆地区域显著增多，预估未来，目前干燥区域的干旱风险可能增大。由于平均海平面上升，自1970年以来极高海平面事件的强度可能增加。虽然预估表明，热带气旋的全球发生频率可能将降低或基本保持不变，但最强风暴在一些流域内的发生频率可能将大幅提高。全球气候变化和极端气候事件趋势有可能升高区域气候灾害风险，并威胁和影响区域社会、经济建设与发展。

“一带一路”区域国家经济、政治发展极不平衡，随着全球气候变暖，区域内的自然环境、生态环境、气候资源、水资源等都将面临变化所带来的新的压力，并且干旱、洪涝等多种气候灾害是“一带一路”区域可持续发展和重大基础设施建设面临的重大威胁之一。目前，“一带一路”倡议已经进入实质性建设阶段，沿线地区的气候变化及其灾害风险关乎“一带一路”倡议的顺利实施及亚洲基础设施投资银行(简称亚投行)的投资安全。在此背景下，中国科学院地学部设立了“‘一带一路’区域气候变化灾害风险”咨询评议项目，由王会军院士牵头，并组织多部门、多单位的相关学者对“一带一路”沿线地区的气候变化事实、影响和灾害风险进行了系统分析和评估，有对以往工作的分析、评估，也有在本项目组织下开展的最新研究和分析，项目组还有针对性地提出了应对措施的若干咨询建议，以便为国家更好地应对气候变化带来的不利影响，制定相应的防灾减灾措施提供基础科学支撑。

本书由3章组成，其中第1章重点评价“一带一路”区域气候变化事实并提出相关的政策建议；第2章重点评估21世纪“一带一路”区域气候和环境的未来变化趋势；第3章则系统评估“一带一路”区域气候变化的灾害风险，并从科学层面提出相关咨询建议，为国家制定有效的防灾减灾措施以保障“一带一路”倡议顺利实施提供科学支撑。

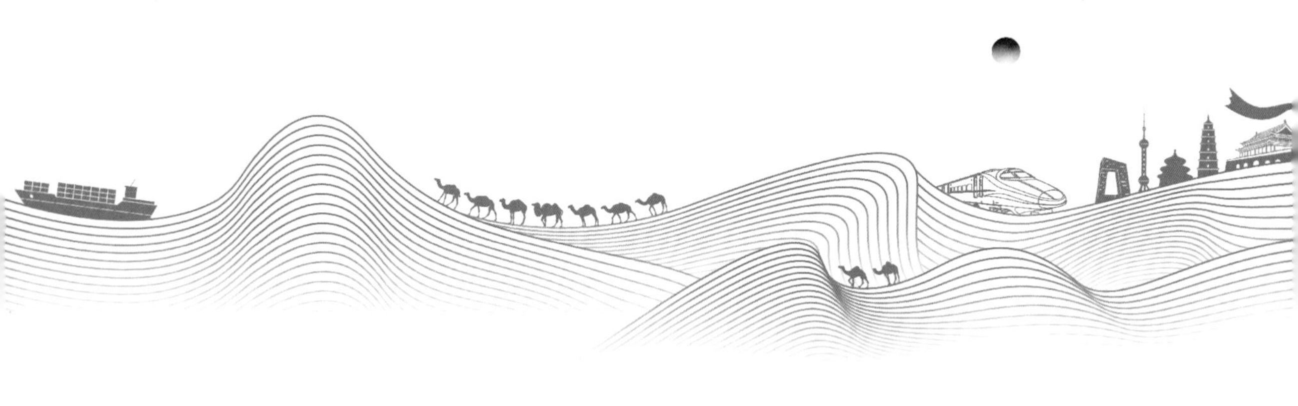

目录 Contents

前言

第1章　气候变化事实

第2章 气候预估

第3章 灾害风险评估

第1章
气候变化事实

摘 要

随着全球气候变暖,区域内的自然环境、生态环境、气候资源、水资源等都面临变化所带来的新的压力,并且干旱、洪涝等多种气候灾害是"一带一路"区域可持续发展和重大基础设施建设面临的重大威胁之一。本部分内容从"一带一路"区域气象要素和环流、极端气候事件和主要气象灾害、冰冻圈和水资源、生态系统、海洋环境要素五个方面阐述了"一带一路"区域气候变化的基本事实,以期为"一带一路"区域的灾害风险管理、应对气候变化和防灾减灾提供科学支撑。主要结论如下:

(1)过去 2000 a 古丝绸之路沿线主要地区均经历了 1—3 世纪温暖、4 世纪—7 世纪前期寒冷、7 世纪后期—11 世纪初温暖、11 世纪中期—12 世纪初偏冷、12 世纪中期—13 世纪中期温暖、13 世纪末—19 世纪中期寒冷和 20 世纪快速增暖的波动过程;在年代尺度上,当前 30 a 温度已超出其前 2000 a 的最暖水平。同时,干湿变化的区域差异更为显著。其中在多年代至百年尺度上,中国的关中地区 960—1250 年由湿转干,1250—1430 年由干转湿,1430—1645 年总体偏干,1645—1900 年总体偏湿,1900 年以后再次由湿转干。亚洲中部干旱区 1000—1350 年气候相对偏干,1500—1850 年湿润,1850—1970 年增暖趋干,20 世纪 70 年代后则从暖干转为暖湿。欧洲中北部及斯堪的纳维亚半岛南部等地 1000—1200 年气候较 1550—1750 年偏干;而芬兰和斯堪的纳维亚半岛北部及俄罗斯等则是 1000—1200 年较 1550—1750 年更湿。

(2)近百年"一带一路"区域平均、最高及最低气温均呈上升趋势,先后经历了 1900—1940 年的缓慢上升、1940—1970 年的缓慢下降和 1970 年后的快速上升过程,且存在区域和季节性差异;1900—2016 年区域平均气温升幅达 1.38 ℃,高于全球同期温度上升水平(0.98 ℃)。30 °N 以北地区增温速率明显大于 30 °N 以南地区。20 世纪 80 年代以来升温速度明显加快,特别是南欧、西欧、中欧、北欧、北亚北方和青藏高原等地区。"一带一路"区域的增温存在明显的季节差异,春季增温最强,其次为冬季、夏季和秋季。

(3)近百年"一带一路"区域平均降水量变化呈现增加趋势,总体与全球陆地平均降水量变化一致,且其增加幅度略高于全球陆地平均值。但高、低纬度带降水变化差异明显,高纬度区域降水显著增加,副热带区域降水减少。近几十年来,各纬度带降水普遍出现增加趋势,其中北亚等区域最为显著;各季节降水均有增加,但其增加程度表现出一定的季节性差异。

(4)近百年来,"一带一路"区域风速与全球风速变化的下降趋势特征相似且幅度更大。近 60 a"一带一路"区域太阳总辐射总体变化趋势与全球类似均呈下降趋势;近 40 多年来亚欧大陆的大部分地区的比湿呈上升趋势。此外,中国和欧洲近几十年云量呈下降趋势,特别是高层云下降最为明显;中国区域在 20 世纪 90 年代中后期开始出现了上升趋势。

(5)近百年来,影响"一带一路"沿线地区天气气候的亚非夏季风、东亚冬季风及其中高纬度环流发生了明显的变化,这些变化可能与海温异常、人类活动等因子有关。亚非夏季风、夏季大西洋涛动及丝绸之路遥相关型均表现出明显的年代际变化特征,是导致夏季"一带一路"相关地区气候尤其是降水异常变化的关键因素。近 20 a 来,冬季北极涛动呈减弱趋势并伴随乌拉尔山阻塞高压活动的增强,是造成"一带一路"地区的冬季气温异常及其区域性差异的重要原因。

(6)"一带一路"区域极端降水分布具有很大的差异,其中极端强降水主要发生在东南亚、南亚地区,近 60 a 来,欧洲、中亚、东亚地区的极端降水影响范围略有收缩趋势;近 30 多年以来,"一带一路"沿线的东亚、南亚和中欧地区的极端降水强度和暴雨频次增幅显著。近年来,"一带一路"沿线的欧洲、南亚、东南亚和东亚地区重大雨涝事件有增多趋势;"一带一路"沿线欧洲、北非、中亚、南亚、东南亚以及北亚西部的干旱有明显增加趋势,强度显著增强、干期延长,近 30 a 也是欧洲南部、北非、南亚等地极端干旱最频发的阶段。

(7)近 50 a"一带一路"沿线绝大多数地区的极端暖事件发生频率增加、极端冷事件的发生频率下降。暖事件的发生频率在 1985 年后明显增加,冷事件的发生频率呈明显下降趋势。"一带一路"沿线大多数地区夏季日数增加,青藏高原和四川盆地、中南半岛和欧洲少部分山区有所下降;霜冻日数和冰冻日数则普遍减少,特别是在北欧的大部分地区下降最为显著。全球气候变暖背景下,"一带一路"沿线的高温热浪事件频发。

(8)"一带一路"沿线两个海域(西北太平洋和北印度洋海域)的热带气旋频数和强度变化对全球气候变化的响应呈现出大致类似的特征,总体而言,西北太平洋和北印度洋海域热带气旋总频数呈减少趋势,但强热带气旋的比例呈增加趋势。热带气旋和台风的变化存在显著的区域性差异。伴随全球变暖,西北太平洋热带气旋生成位置呈西移趋势,而其路径呈向极趋势。

(9)近几十年,"一带一路"沿线陆地区域的表面风速有普遍减弱趋势,大风事件有所减少,而南海、孟加拉湾、阿拉伯海等沿线海域的表面风速则表现出了增强趋势,极端大风浪事件显著增加。受气候变化的影响,"一带一路"沿线区域均不同程度受到异常降雪事件和雪灾的影响,20 世纪 90 年代之后,"一带一路"沿线地区雪灾频发,尤其是中亚雪灾发生的区域范围和频次均明显增加。总体而言,大部分区域的降雪日数存在不同程度的减少趋势,但强降雪日数总体呈增加趋势。

(10)"一带一路"沿线区域分布有数量和面积都非常巨大的冰川,是全球冰川集中分布的地区之一。区域内冰川在过去几十年间发生了面积整体萎缩、数量大幅度缩减、冰川冰量持续损失等特点的变化。但部分地区的冰川处于较稳定状态,其中少部分地区还出现了正的冰川物质平衡和冰川前进、跃动现象。"一带一路"区域多年冻土总体呈现退化趋势,具体为多年冻土面积减少,活动层厚度增大,地温逐渐升高,多年冻土分布下限上升等特征。"一带一路"区域积雪主要分布在欧亚大陆和北极地区。近几十年来,"一带一路"沿线区域积雪范围明显缩减、雪深呈增加趋势、积雪期缩短、首日延后、消融期提前,但积雪变化存在显著的区域差异。"一带一路"沿线区域的海冰主要分布于北极,近几十年来夏季北极海冰范围快速缩小、厚度减薄,多年冰减少,海冰正处于快速萎缩中。"一带一路"沿线区域的河(湖)冰主要分布在欧亚大陆的高纬度(北极)和高海拔地区(青藏高原),近几十年来河(湖)冰初冰日延后,消融日提前,封冻期缩短。

(11)受地理位置、气候等因素的影响,"一带一路"沿线国水资源分布不均,西亚、北非水资源相对匮乏;受气候变化和经济社会发展等因素的影响,干旱区域河川径流多以减少为主,欧洲和东南亚区域河流的实测径流变化相对较小。"一带一路"沿线区域的冰冻圈水资源主要分布在欧亚大陆,是河川径流的重要来源和补给。近几十年来中国冰川融水径流绝对变化量和相对变化量显著增加,反映了冰川消融和物质亏损对径流变化的重要影响。此外,春季雪冰径流产生期提前,导致径流年内分配发生改变。

(12)"一带一路"区域热带雨林面积持续减少,与全球森林变化趋势一致;欧亚大陆高纬度地区,由于气温升高导致温带森林表现出不同程度的增加。"一带一路"区域温带草原(荒漠)生态系统对气候变化的响应非常敏感:草地沙漠化和荒漠植被退化比较严重;中亚区域干旱生态系统净初级生产力(NPP)显著降低;但西非荒漠(Sahel)及东亚(中国、蒙古草原(荒漠))近20 a来呈现绿化趋势。"一带一路"沿线的湖泊面积在近年来呈现增加趋势,而大部分湿地则呈现多样化的退化趋势。21世纪以来,受经济发展、城市化进程、气候变化等影响,"一带一路"沿线的湿地退化明显。

(13)在全球变暖背景下,近几十年来丝路海区的海水显著变暖、海平面明显升高、湿地面积减少、台风诱发的风暴潮频次增多、灾害影响区域及程度日益严重、沿海国家的海洋环境大部分都处于恶化的趋势等。

总之,在全球变暖的大背景下,"一带一路"区域的气象要素和环流、极端气候事件和主要气象灾害、冰冻圈和水资源、生态系统、海洋环境要素等发生了深刻的变化。因此,需要加强"一带一路"区域气候变化的监测、加深相关机理的理解、大力开展气候变化及其影响评估,为"一带一路"区域的灾害风险管理、应对气候变化和防灾减灾提供科学支撑,为"一带一路"区域的灾害监测和预警、水资源评估、经济社会可持续发展等提供重要依据和参考。

1.1 引言

"一带一路"区域横跨亚洲、欧洲和非洲东部、北部,沿线地区覆盖了东亚、南亚、东南亚、北亚、中亚、西亚、东欧、南欧、西欧、北欧、中欧和东非12个区域,空间跨度大,气候多变、生态系统复杂。随着全球气候变暖,区域内的自然环境、生态环境、气候资源、水资源等都将面临变化所带来的新的压力,并且干旱、洪涝等多种气候灾害是"一带一路"区域可持续发展和重大基础设施建设面临的重大威胁之一。

本部分内容是中国科学院学部咨询评议项目"'一带一路'区域气候变化灾害风险"工作报告的第一部分,主要从"一带一路"区域气象要素和环流、极端气候事件和主要气象灾害、冰冻圈和水资源、生态系统、海洋环境五个方面评价了"一带一路"区域气候变化事实并提出政策建议。

1.2 "一带一路"区域基本气候要素和季风环流的变化特征

1.2.1 近百年的温度变化

近百年"一带一路"区域平均、最高及最低气温均呈上升趋势,先后经历了1900—1940年的缓慢上升、1940—1970年的缓慢降低和1970年后的快速上升过程,区域平均气温上升幅度达到 1.38 ℃,高于全球同期温度上升水平(0.98 ℃)。30 °N 以北地区增温速率明显大于 30 °N 以南地区。20 世纪 80 年代以来升温速度明显加快,特别是南欧、西欧、中欧、北欧、北亚北方和青藏高原等地区。"一带一路"区域的增温存在明显的季节差异,春季增温最强,其次为冬季、夏季和秋季。

1.2.1.1 温度总体变化趋势

近百年的温度变化主要基于国家气象信息中心最新研制的"全球陆地均一化和原始气温月值数据集",该数据集在整合全球 15 个来源的气温观测数据基础上,经过均一性检验,形成我国第一套全球陆地均一化气温月值数据集。"一带一路"沿线地区覆盖了东亚、南亚、东南亚、北亚、中亚、西亚、东欧、南欧、西欧、北欧、中欧和东非 12 个区域(15°S～85°N,0°～180°E),共包括 7565 个气象观测站(图 1.1)。

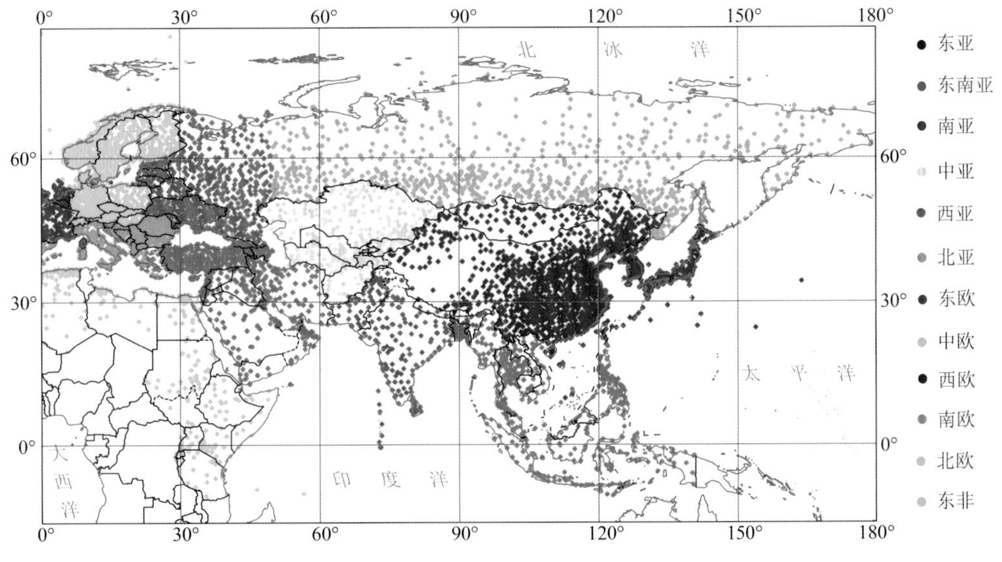

图 1.1 "一带一路"沿线各区域气象站点分布(项目组绘制)

近百年,"一带一路"区域温度变化与全球温度变化特征相似,平均、最高及最低气温均呈上升趋势(图 1.2,最高、最低气温图略),1900—2016 年,"一带一路"区域平均气温上升幅度达 1.38 ℃,高于全球同期上升幅度(0.98 ℃)。具体而言,1900—1940 年气温呈缓慢上升趋势,1940—1970 年气温转为缓慢降低趋势,1970 年后气温呈快速上升趋势。

1.2.1.2 温度变化的空间分布特征

"一带一路"区域温度变化表现出明显的区域差异(图 1.3),总体而言 30°N 以北地区增温速率明显大于 30°N 以南地区,最低气温上升速率相对更高(图略)。1981 年以来,南欧、西欧、中欧、北欧、西亚、北亚北方和中国青藏高原地区增温速率较强,达 0.40 ℃/10 a 以上,而在北亚中西方出现较弱的降温趋势。

"一带一路"区域平均增温速率也存在明显的区域性差异(表 1.1),1900—2016 年,"一带一路"区域年平均气温的增温速率为 0.12 ℃/10 a,略高于全球(陆地+海洋)的 0.08 ℃/10 a,除东南亚、南亚地区增温速率略低于全球外,其他地区均高于全球;北亚、东亚和东欧的增温速率最高,分别为 0.16 ℃/10 a、0.15 ℃/10 a 和 0.13 ℃/10 a。另外,大部分区域年平均最低气温的增温速率大于年平均最高气温。最低气温增温最显著的区域位于中亚、东南亚、东欧和北欧，而最高气温增温最明显的区域是中亚、北亚、南欧和东欧。

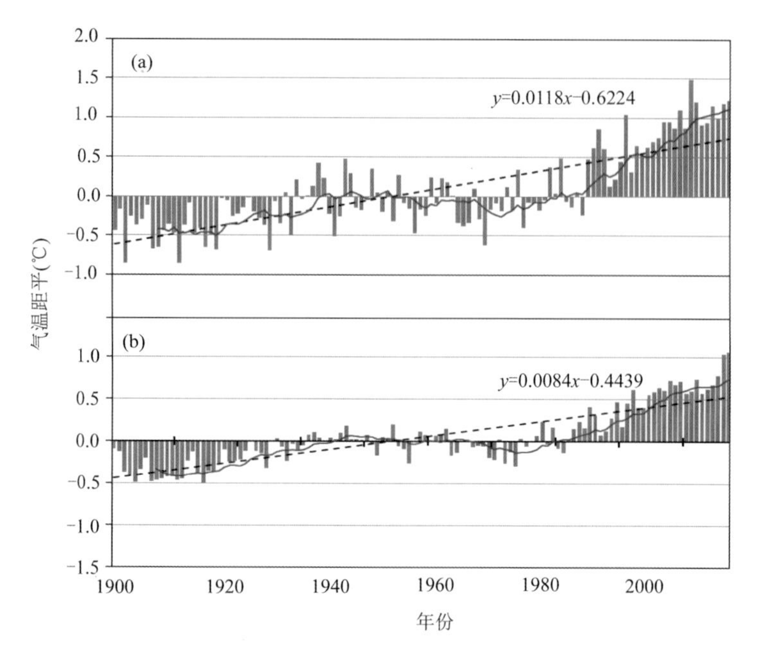

图 1.2　1900—2016 年“一带一路”区域(a)和全球(b)平均气温距平序列(相对 1961—1990 年平均)(项目组绘制，其中全球序列数据来源于英国东安格利亚大学气候研究中心(Climatic Research Unit，CRU))

东亚、南亚、西亚、中亚、北亚、东南亚、东欧、南欧、西欧、北欧、中欧和东非 12 个区域的气温变化与全球的气温变化特征相似，都经历了先缓慢上升到下降再到快速上升的过程，且气温由负距平转为正距平。

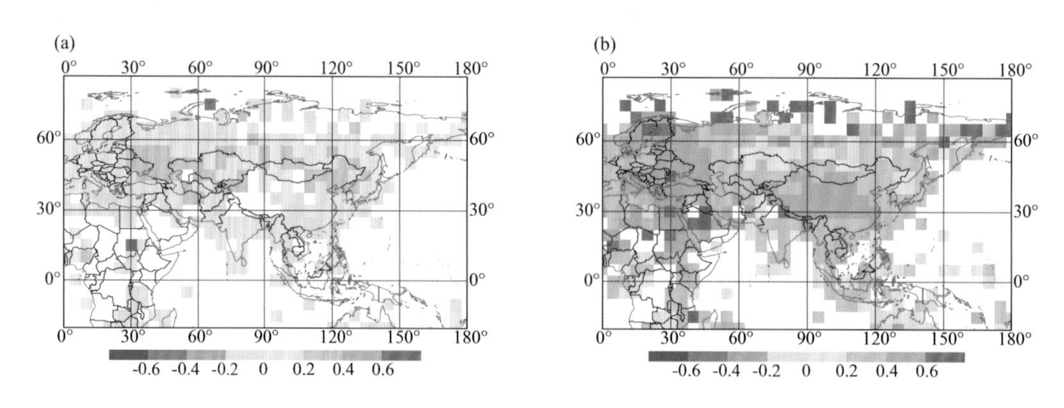

图 1.3　1921—2016 年(a)和 1981—2016 年(b)“一带一路”区域年平均气温趋势分布(单位：℃/10 a)(项目组绘制)

表 1.1　1900—2016 年 12 个分区域、“一带一路”区域和全球气温变化速率(单位:℃/10 a)

区域	平均气温	最高气温	最低气温
东亚	0.15	0.13	0.17
东南亚	0.05	0.07	0.23
南亚	0.07	0.06	0.15
中亚	0.11	0.17	0.26
西亚	0.11	0.06	0.11
北亚	0.16	0.16	0.21
东欧	0.13	0.13	0.23
中欧	0.11	0.09	0.15
西欧	0.10	0.08	0.11
南欧	0.09	0.14	−0.01
北欧	0.11	0.09	0.23
东非	0.09	0.05	0.10
“一带一路”区域	0.12	0.12	0.16
“一带一路”区域-春季	0.16	0.17	0.21
“一带一路”区域-夏季	0.11	0.09	0.12
“一带一路”区域-秋季	0.09	0.11	0.15
“一带一路”区域-冬季	0.12	0.12	0.19
全球	0.08	—	—

1.2.1.3　温度变化的季节特征

“一带一路”区域各个季节的气温均有增加趋势。四个季节的区域平均气温均呈现出明显的上升趋势，尤其是 20 世纪 80 年代以来升温趋势非常明显。1900 年以来，春季升温趋势最明显，达 0.16 ℃/10 a，其次为冬季 0.12 ℃/10 a，夏季 0.11 ℃/10 a，最低为秋季的 0.09 ℃/10 a（图 1.4）。

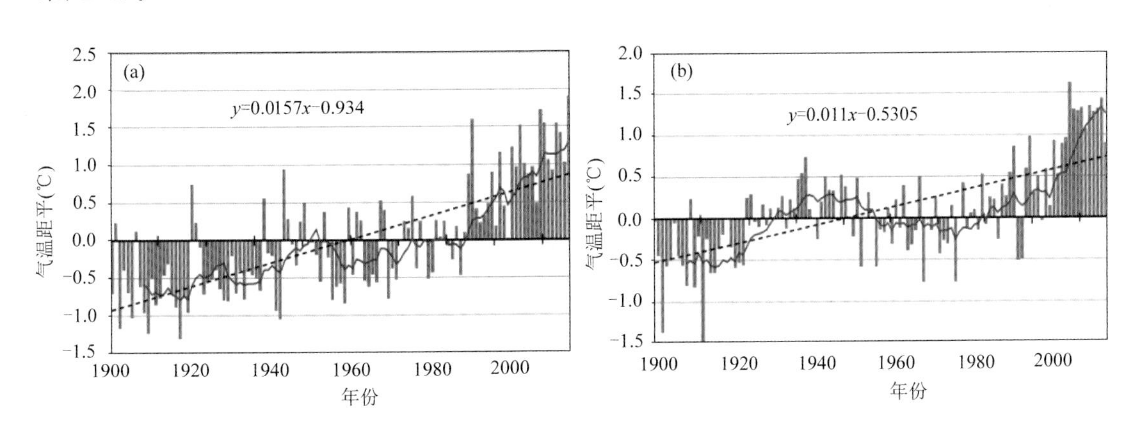

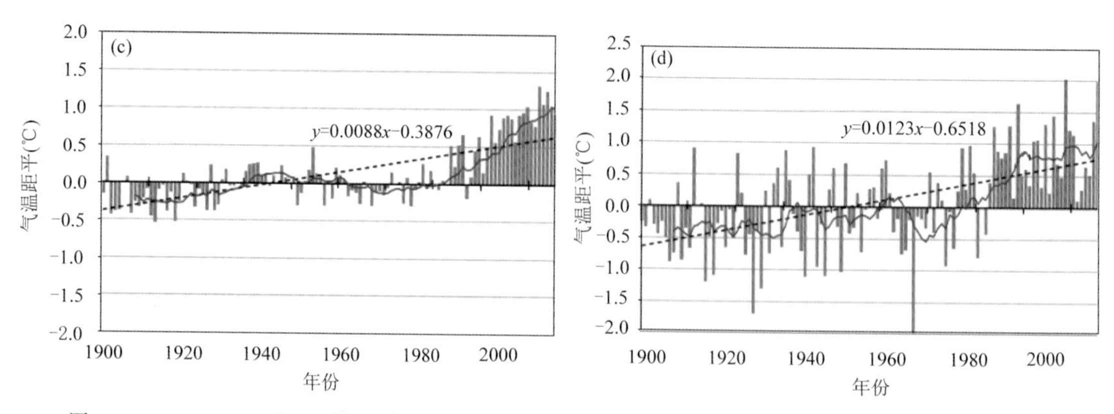

图 1.4　1900—2016 年“一带一路”区域四季气温距平序列(相对 1961—1990 年平均)(项目组绘制)
(a)春季;(b)夏季;(c)秋季;(d)冬季

近百年来,“一带一路”区域增温趋势表现出明显的季节差异(图 1.5)。总体而言春季和冬季增温较强,夏季和秋季增温较弱。春季和冬季,30°N 以北的欧洲东部、南部、西亚,中亚以及东亚地区增温最强,普遍达 0.2～0.4 ℃/10 a。夏季,我国西南地区呈弱降温趋势。

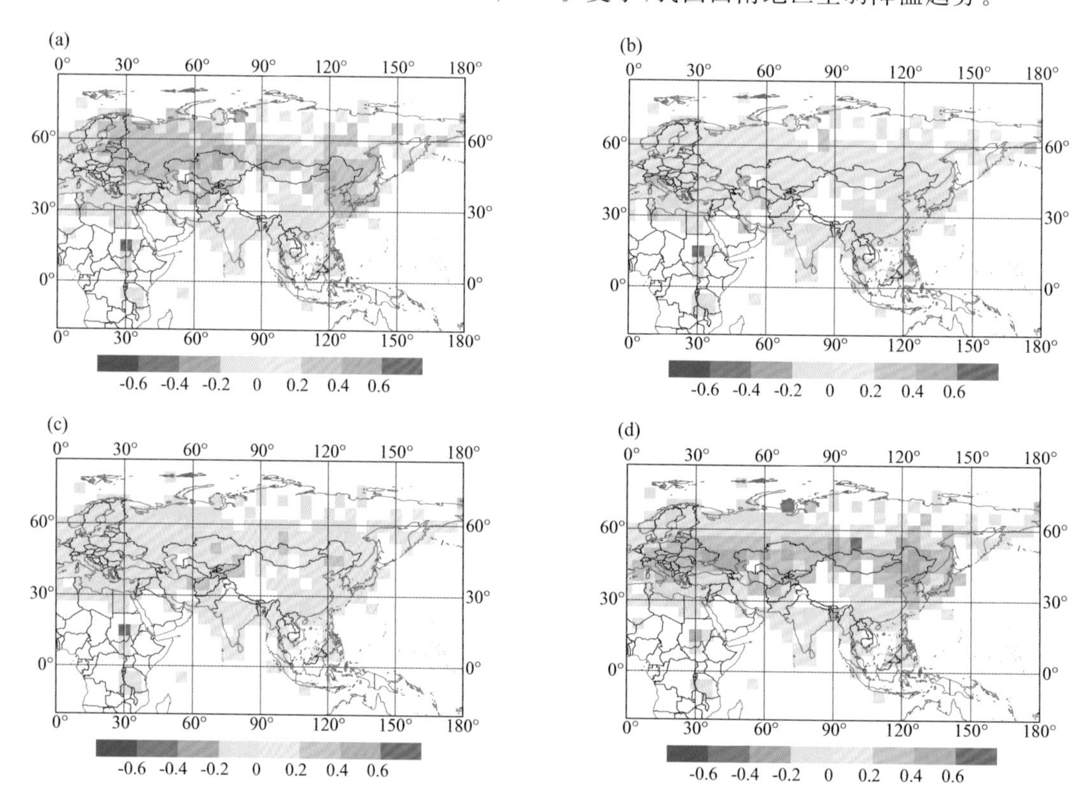

图 1.5　1921—2016 年“一带一路”区域四季气温变化趋势空间分布(单位:℃/10 a)(项目组绘制)
(a)春季;(b)夏季;(c)秋季;(d)冬季

1.2.2　近百年的降水变化

近百年“一带一路”区域平均降水量变化呈现增加趋势,总体与全球陆地平均降水量变化一致,且其增加幅度略高于全球陆地平均值。但高、低纬度带降水变化差异明显,高纬度降水显著增加,副热带区域降水减少。近几十年来,各纬度带降水普遍出现增加趋势,其中北亚等区域最为显著；各季节降水均有增加，但其增加程度表现出一定的季节性差异。

1.2.2.1 降水的总体变化趋势

近百年降水数据来源于国家气象信息中心最新研制的“全球陆地降水月值订正数据集”，该数据集整合了包括中国国家基本气象站、国家基准气候站在内的全球 12 个数据源发布的月降水台站数据，并对显著非均一的站点降水资料进行了订正，其台站分布见图 1.1。

近百年来的全球气候变暖将可能引起全球和区域水循环要素的改变，理论上会使可降水量增加（Trenberth，2010），进而引起降水的变化。研究发现，近百年来北半球中高纬度地区（30°N 以北）降水增加明显，但较低纬度区域降水没有明显的增减趋势（Dore，2005；Zhang et al.，2007；Donat et al.，2013；IPCC，2013）。

基于国家气象信息中心最新研制的全球陆地降水数据集（Yang et al.，2016）的分析表明：近百年来，“一带一路”区域的平均年降水量呈现波动中增加的特点，1990 年后的增加趋势更为明显，变化趋势与全球陆地平均年降水变化趋势大体一致。但“一带一路”区域的年降水量增加趋势更为显著，其增加速率为 2.57 mm/10 a，高于全球陆地平均的 1.82 mm/10 a（图 1.6 和表 1.2）。此外，区域平均降水还具有显著的年际和年代际振荡特征，20 世纪 00 年代和 20 世纪 40 年代是较为连续的降水偏少期，而 20 世纪 50 年代和 2000 年之后则为降水显著偏多期，2016 年降水量达到了近百年来的最高值。

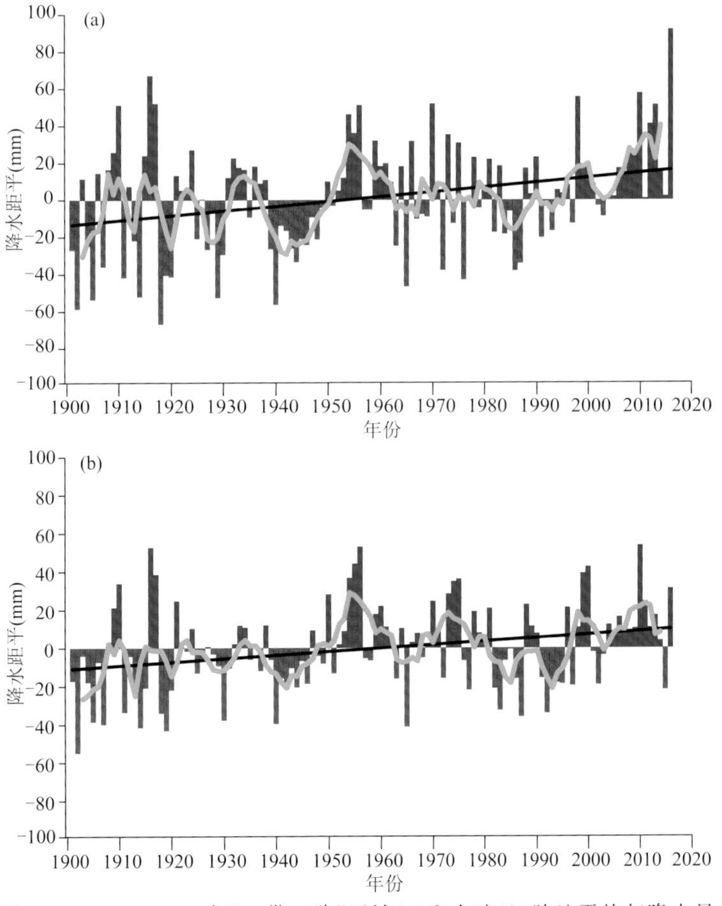

图 1.6　1901—2016 年“一带一路”区域（a）和全球（b）陆地平均年降水量距平序列（相对 1961—1990 年平均）（项目组绘制）

表 1.2　不同时段各区域和全球降水量变化趋势(单位:mm/10 a)

区域	1901—2016 年	1951—2016 年	1981—2016 年
东亚	−2.97	−3.73	14.95
东南亚	5.47	0.74	45.09
南亚	−0.45	−6.80	3.29
中亚	3.19	4.00	7.19
西亚	−0.19	3.97	12.34
北亚	11.42	9.01	11.80
东欧	8.45	10.75	5.36
中欧	−0.21	2.22	−0.37
西欧	6.25	9.41	1.99
南欧	−1.05	−6.66	8.40
北欧	12.30	18.03	4.45
东非	−3.79	−9.22	11.63
"一带一路"区域	2.57	2.19	13.50
"一带一路"区域-春季	0.45	0.87	2.65
"一带一路"区域-夏季	0.21	−0.80	3.19
"一带一路"区域-秋季	1.25	1.05	2.89
"一带一路"区域-冬季	0.66	1.07	4.80
全球	1.82	−0.10	8.75

1.2.2.2　降水变化的空间分布特征

"一带一路"区域降水变化和增减趋势存在明显的区域性差异(图 1.7)。50°N 以北的北欧、东欧、北亚大部分区域,1901—2016 年和 1981—2016 年两个时间段的年降水量均为一致性增加趋势,速率普遍超过 5 mm/10 a。而 20°～40°N 的温带和亚热带区域,如中国西南地区、印度北部、非洲地中海沿岸等地区 1901—2016 年降水量显著减少,速率大多超过−5 mm/10 a,但在 1981—2016 年,中国大部分区域和地中海沿岸区域的降水量转变为弱的增加趋势。赤道附近的 10°S～20°N 区域,1901—2016 年降水量没有大范围的趋势性变化,1981—2016 年东南亚大部分区域的降水量趋于增加。

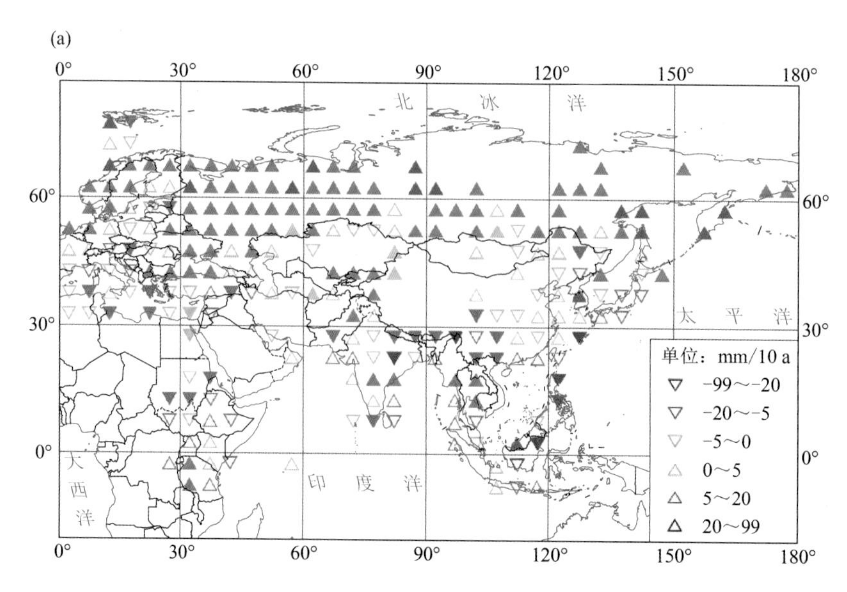

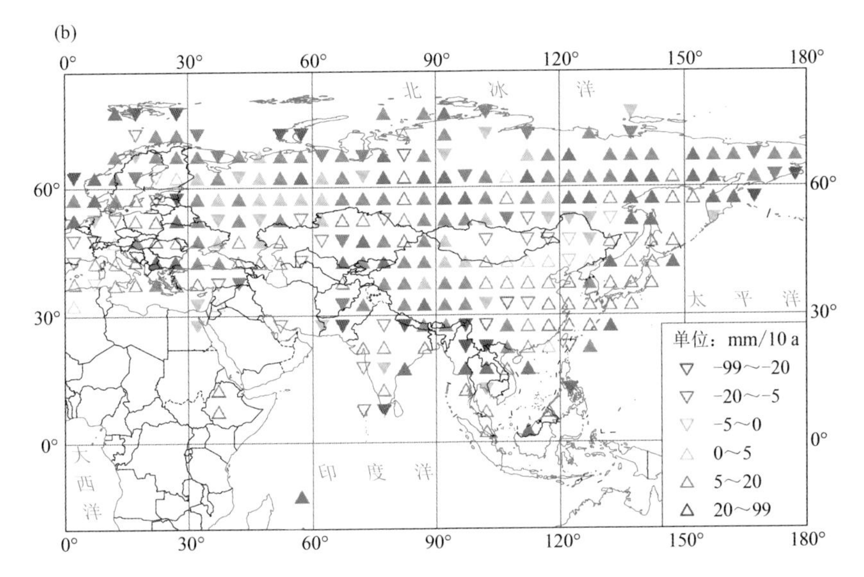

图 1.7 1901—2016 年(a)和 1981—2016 年(b)“一带一路”区域年降水量变化趋势空间分布（实心三角代表趋势通过 0.05 显著性水平检验，空心代表未通过）（项目组绘制）

“一带一路”区域中的北欧、北亚和东欧降水增加最为显著，其他区域的降水变化则以振荡为主，其中东南亚、西欧、中亚等区域的降水量也表现出增加趋势，但不显著，东非、南欧等区域的降水则有微弱的减少趋势。1901—2016 年降水量增加的区域包括北欧、北亚、东欧、西欧、东南亚和中亚，其中增加最为迅速的区域是北欧、北亚和东欧地区，其区域平均降水量距平增加速率都超过 8 mm/10 a。这 6 个区域在 1951—2016 年和 1981—2016 年期间的降水也都是增加趋势。东非、南欧、南亚、西亚、东亚地区虽然近百年来（1901—2016 年）平均年降水量呈现减少趋势，但在近 36 a（1981—2016 年），这些区域的年降水量也都转为增加趋势，其中东非、西亚、东亚 3 个区域的年降水量增加速率均超过 10.0 mm/10 a。近 36 a（1981—2016 年）来唯一例外的只有中欧地区，其降水量为弱的减少趋势（−0.37 mm/10 a）。需要注意的是，在西亚、北非等“一带一路”的部分区域，20 世纪早期由于资料缺失严重，这部分区域早期的结果可能存在较大的不确定性（IPCC，2013；Wan et al.，2013）。

1.2.2.3 降水变化的季节特征

“一带一路”区域四个季节的降水量均以波动变化为主，虽然都存在较弱的上升趋势，但增加速率仅在 0.21～1.25 mm/10 a。然而在 20 世纪 80 年代之后，各个季节的降水量均出现了较为明显的增加趋势，其增加速率达到了 2.65～4.80 mm/10 a（图 1.8）。

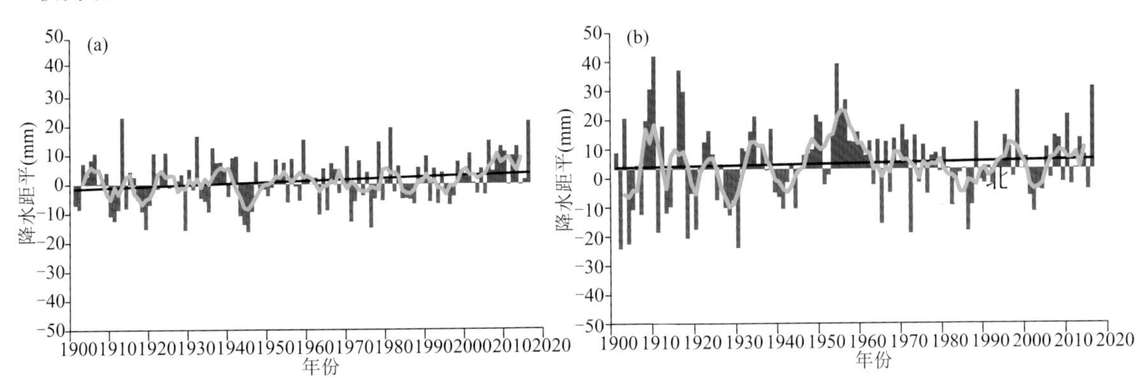

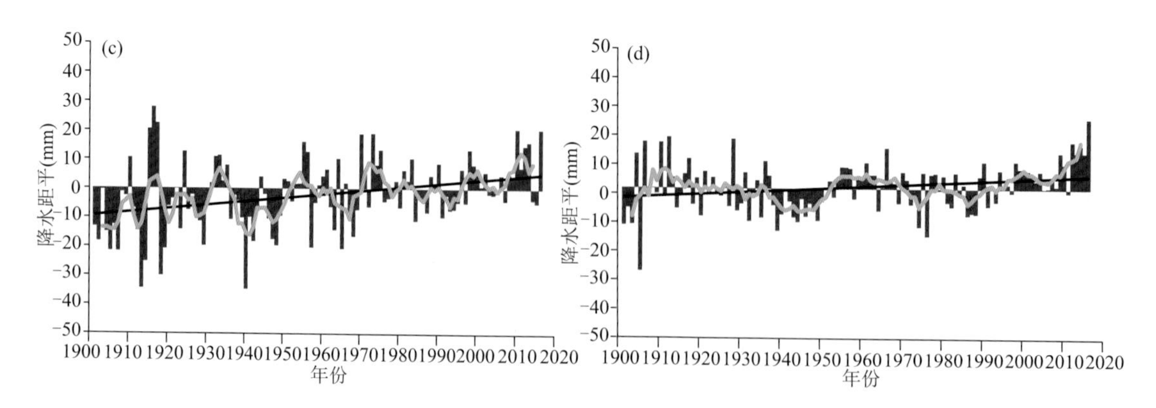

图 1.8　1901—2016 年“一带一路”区域四季降水量距平序列(相对 1961—1990 年平均)(项目组绘制)

(a)春季;(b)夏季;(c)秋季;(d)冬季

各季节的降水变化情形也存在明显的区域差异(图 1.9)。在 50°N 以南的温带、亚热带和热带区域,春季和冬季的降水量变化大多不显著,夏季和秋季仅在中国西南和印度北部等范围不大的区域降水量有减少趋势。但在 50°N 以北的绝大部分区域,春、秋、冬三个季节降水量都呈显著增加趋势,说明在高纬度地区冷季降水增加显著,但中低纬度地区各季节降水变化不明显。

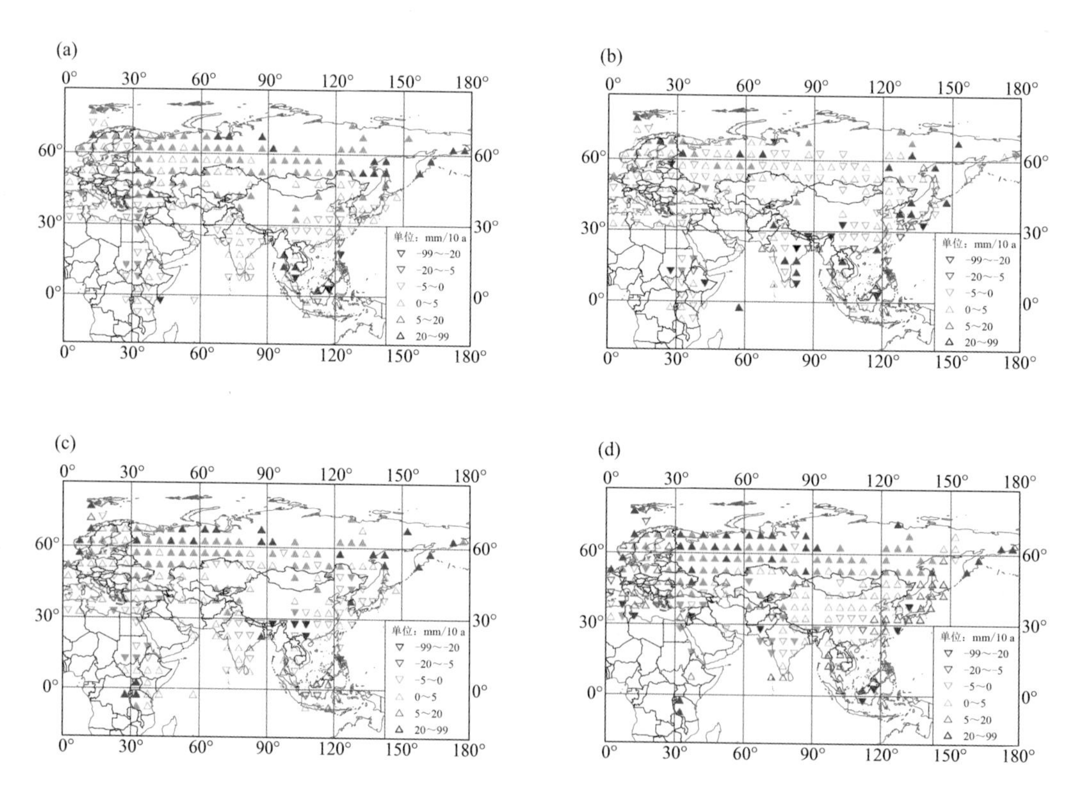

图 1.9　1901—2016 年“一带一路”区域四季降水量变化趋势空间分布

(实心三角代表趋势通过 0.05 显著性水平检验,空心代表未通过)(项目组绘制)

(a)春季;(b)夏季;(c)秋季;(d)冬季

1.2.3 其他要素变化

近百年"一带一路"区域风速与全球风速变化的下降趋势特征相似且幅度更大。近 60 a "一带一路"区域太阳总辐射总体变化趋势与全球类似均呈下降趋势；近 40 多年亚欧大陆的大部分地区的比湿呈上升趋势。此外，中国和欧洲近几十年云量呈下降趋势，特别是高层云下降最为明显；中国区域在 20 世纪 90 年代中后期开始出现了上升的趋势。

1.2.3.1 风速变化

近百年，"一带一路"区域风速变化与全球风速变化特征相似，平均风速均呈下降趋势（图 1.10），1931—2016 年两者风速减小趋势分别为 0.12 m/s 和 0.01 m/s。相较于气候平均值，"一带一路"地区在 1931—1970 年期间的风速以偏大为主，1970 年以后风速转为偏小。而全球的风速变化阶段性特征更加明显，20 世纪 40 年代、20 世纪 70—80 年代风速偏大，而在 20 世纪 30 年代、20 世纪 50—60 年代、20 世纪 90 年代—21 世纪 10 年代风速以偏小为主。

"一带一路"区域不同季节平均风速均有下降趋势。冬季风速下降最明显，下降速率达 0.48 m/(s・10 a)，其次是春季为 0.4 m/(s・10 a)，秋季为 0.29 m/(s・10 a)，最低为夏季 0.28 m/(s・10 a)（表 1.3）。

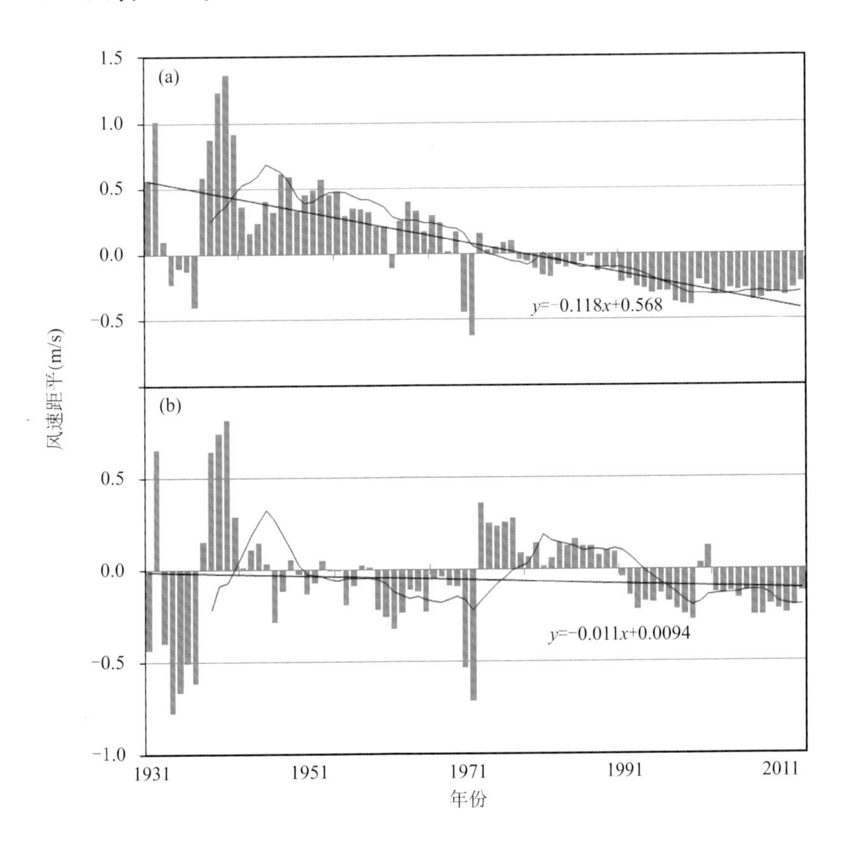

图 1.10 1931—2016 年"一带一路"区域(a)和全球(b)陆地平均年风速距平变化（相对 1961—1990 年平均）（项目组绘制）

表 1.3　1931—2016 年"一带一路"区域四季陆地风速变化速率(单位:m/(s·10 a))

季节	平均风速
春季	−0.40
夏季	−0.28
秋季	−0.29
冬季	−0.48
全年	−0.12

1931 年以来,"一带一路"区域风速以减小为主(图 1.11),仅北非、西欧和北欧部分地区风速出现了增大趋势。海洋上,西北太平洋及我国东海、黄海、南海南部等部分地区风速有增大趋势。尤其是 1981 年以来,风速增加区域有扩大的趋势,范围包括西欧、北欧、西亚、东亚、东北亚、东南亚、中非和西非地区,但在其他地区风速仍以减小为主。

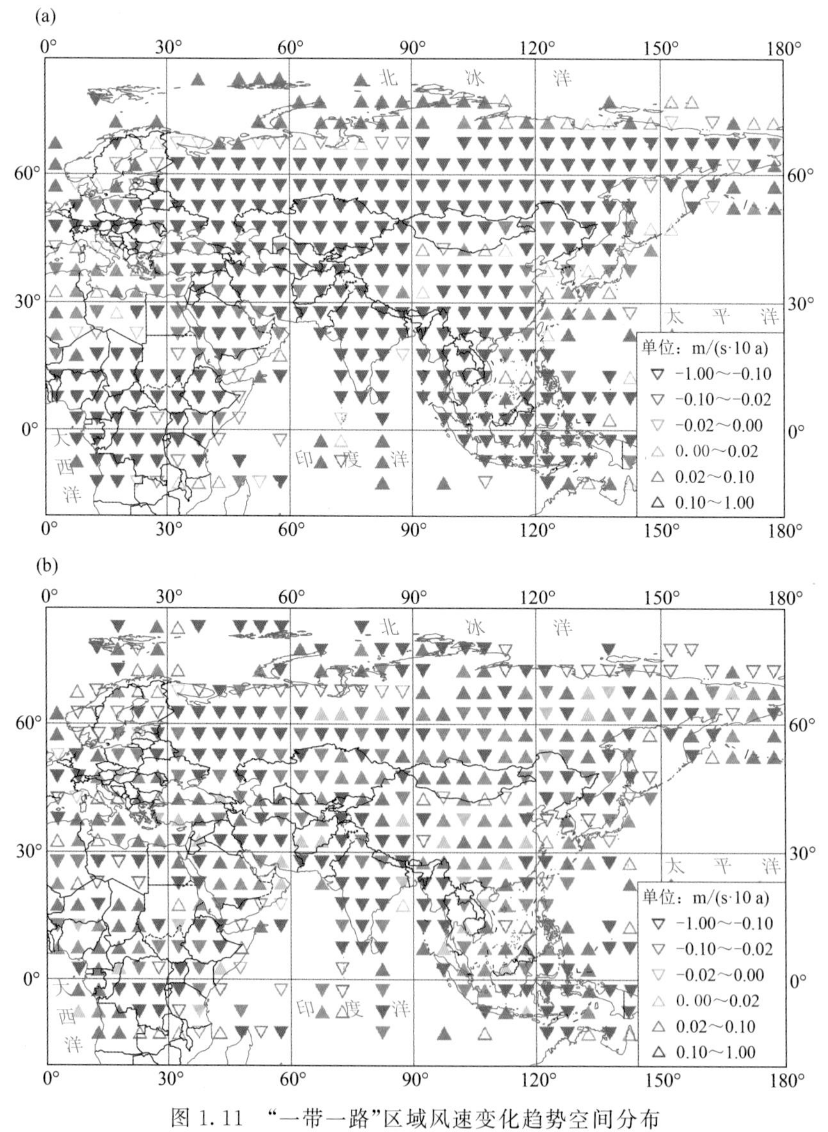

图 1.11　"一带一路"区域风速变化趋势空间分布
(实心三角代表趋势通过 0.05 显著性水平检验,空心代表未通过)(项目组绘制)
(a)1931—2016 年;(b)1981—2016 年

1.2.3.2 辐射变化

利用全球能量平衡归档数据(GEBA)和全球辐射交换中心(WRDC)整合的全球陆地太阳辐射数据集分析"一带一路"区域近 90 a 地表太阳辐射量的变化特征,其台站数量变化见图 1.12。

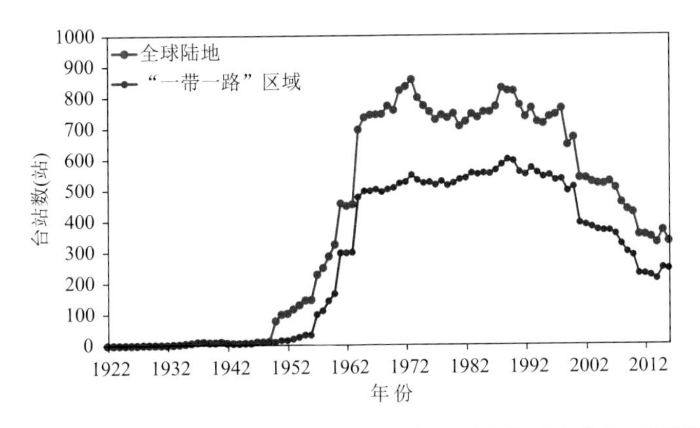

图 1.12 全球陆地及"一带一路"区域太阳辐射观测站数时序变化(项目组绘制)

"一带一路"区域 60 多年地表太阳辐射与全球陆地太阳总辐射变化趋势相似,总体上均呈下降趋势(图 1.13)。1950—1990 年为辐射下降期,下降速率为 4.02 W/(m^2 · 10 a),1990 年以后进入辐射能量上升期,上升速率为 2.46 W/(m^2 · 10 a)。从区域平均(表 1.4)来看,1950—2016 年期间,"一带一路"区域年平均太阳辐射能量的下降速率为 1.11 W/(m^2 · 10 a),略高于全球陆地的 0.67 W/(m^2 · 10 a)。

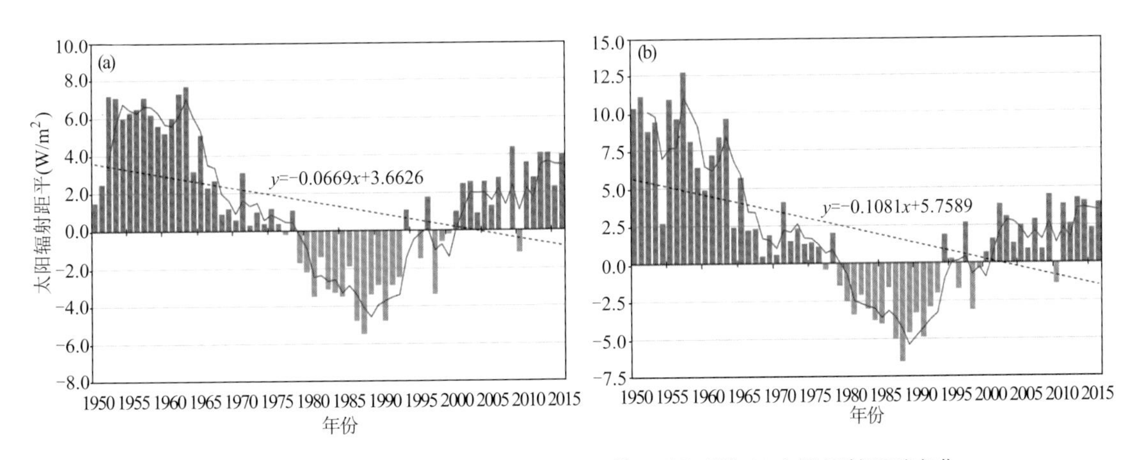

图 1.13 1950—2016 年全球陆地(a)及"一带一路"区域(b)太阳辐射距平变化
(相对于 1961—1990 年平均)(项目组绘制)

"一带一路"区域地表太阳辐射在 1950—2016 年期间总体呈现下降趋势,但不同时期、不同区域的辐射变化速率存在明显差异(图 1.14)。1950—2016 年期间,亚洲区域太阳辐射普遍呈下降趋势,下降速率普遍在 0~5 W/(m^2 · 10 a),中国东南部下降速率低于 5 W/(m^2 · 10 a),欧洲区域普遍呈上升趋势,上升速率在 1~5 W/(m^2 · 10 a);1950—1990 年期间,太阳总辐射普遍呈下降趋势,且 40°E 以东区域下降率明显大于 40°E 以西区域;1991 年之后,太阳总辐射普遍呈上升趋势,其中东亚、东南亚、西欧和北欧区域上升速率达 3 W/(m^2 · 10 a)以上,而中国北方和东欧区域出现了太阳总辐射下降趋势。

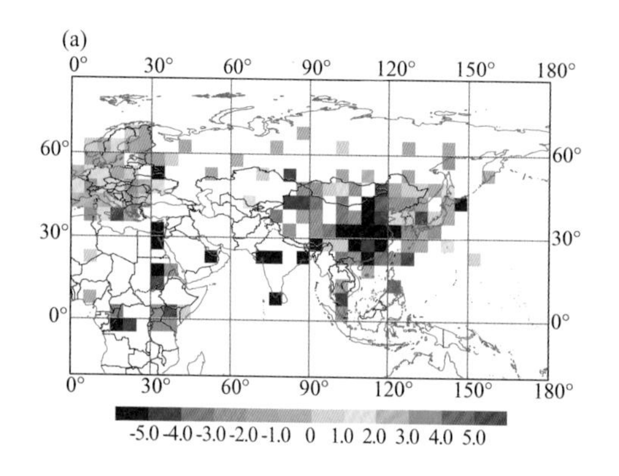

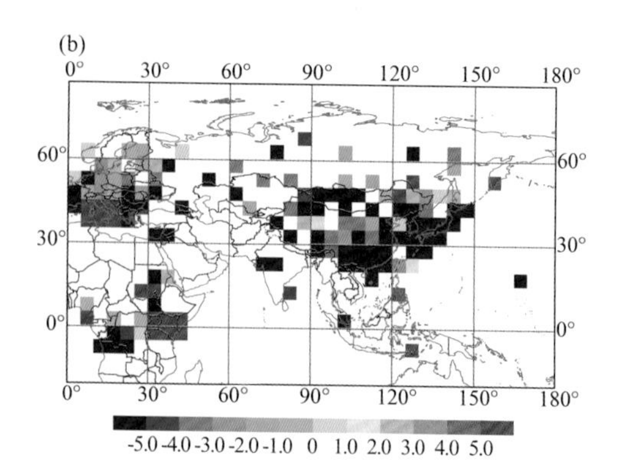

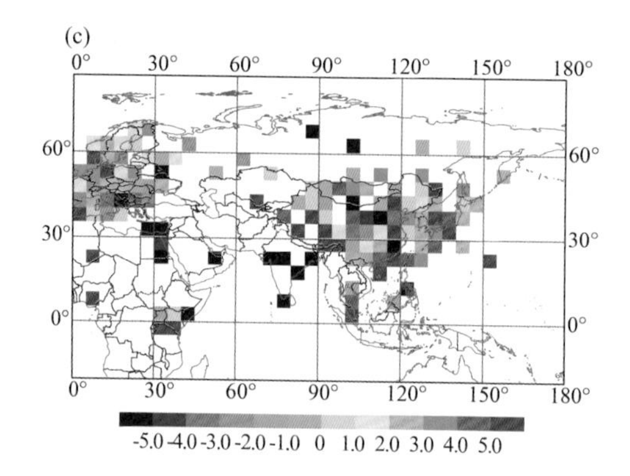

图 1.14 "一带一路"区域年平均太阳总辐射变化趋势(单位:W/(m^2 · 10 a))(项目组绘制)
(a)1950—2016 年;(b)1950—1990 年;(c)1991—2016 年

"一带一路"区域太阳总辐射在 1950—2016 年期间总体下降速率为 1.11 W/(m^2 · 10 a),略高于全球陆地的 0.67 W/(m^2 · 10 a)。北欧、中欧、南欧、西欧区域呈现上升趋势,上升速率高于 0.88 W/(m^2 · 10 a),其他区域均呈现下降趋势,除北亚、东非区域下降速率低于全球下降速率外,其他地区均与全球相近或高于全球,其中南亚、东亚和东南亚的辐射下降速率最高,分别为 4.62 W/(m^2 · 10 a)、2.98 W/(m^2 · 10 a)和 2.96 W/(m^2 · 10 a)(表 1.4)。

表 1.4 1950—2016 年各区域和全球陆地太阳总辐射变化速率(单位:W/(m^2 · 10 a))

区域	太阳总辐射	区域	太阳总辐射
东亚	−2.98	中欧	2.30
东南亚	−2.96	西欧	1.86
南亚	−4.62	南欧	1.61
中亚	−1.79	北欧	0.88
西亚	−2.58	东非	−0.38
北亚	−0.45	"一带一路"区域	−1.11
东欧	−0.96	全球陆地	−0.67

"一带一路"区域春季和夏季太阳总辐射在 1950—2016 年期间总体呈现下降趋势,夏季下

降速率 0.62 W/(m² · 10 a)高于春季下降速率 0.42 W/(m² · 10 a),其中 1950—1990 年期间呈现下降趋势;1990 年后呈现上升趋势;秋季和冬季在 1950—2016 年期间总体呈现下降趋势,秋季下降速率 1.42 W/(m² · 10 a)高于冬季下降速率 1.36 W/(m² · 10 a),1990 年后无明显上升趋势(图 1.15)。此外,1961—2017 年,中国区域的日照时数呈现出显著的减小趋势,其减小速率为 33.9 h/10 a(中国气象局气候变化中心,2019)。

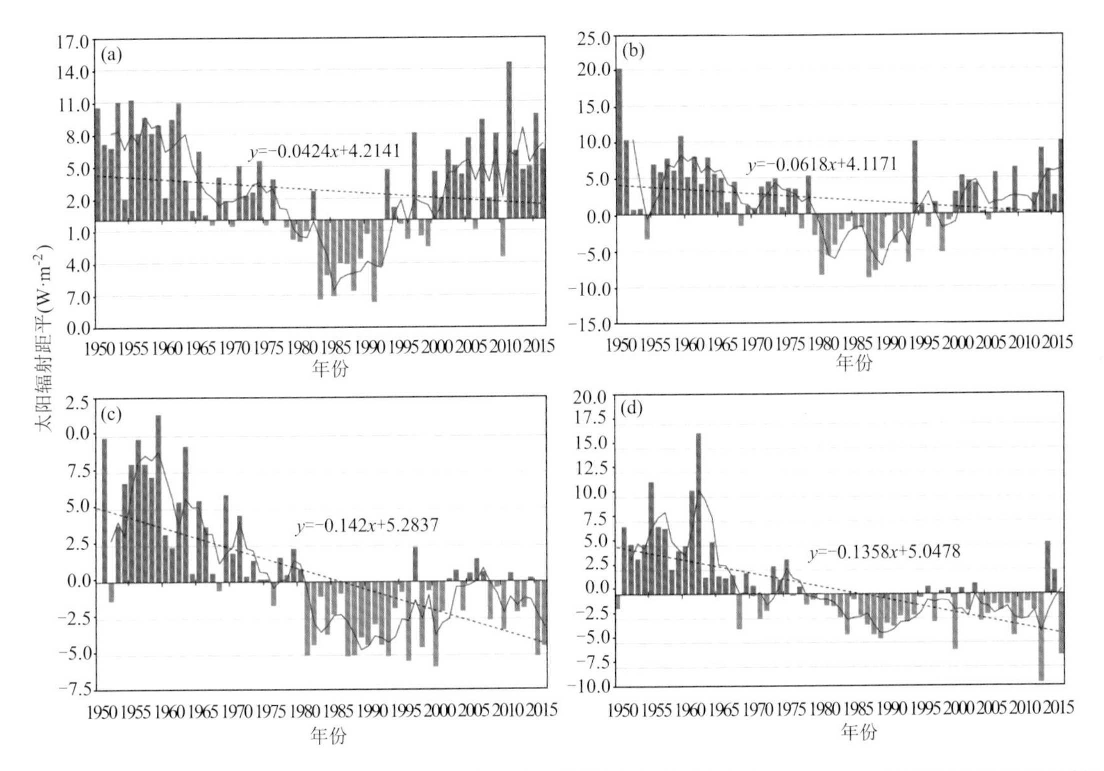

图 1.15　1950—2016 年"一带一路"区域四季太阳总辐射距平序列(相对于 1961—1990 年平均)(项目组绘制)

(a)春季;(b)夏季;(c)秋季;(d)冬季

1.2.3.3　湿度、云量等变化

IPCC AR5 基于全球月尺度格网湿度数据集(HadISDH)和南安普顿国家海洋中心(NOCS)资料的分析发现,1973—2012 年,亚欧大陆的大部分地区比湿呈上升趋势。其中夏季的变湿速度最快。从比湿变化的空间分布来看,印度次大陆、东南亚等热带和亚热带地区的变湿幅度最大。但自 2000 年以来,全球大陆的比湿维持相对稳定的状态,随温度的小幅变化,大陆区域的相对湿度呈现一定的下降趋势。

最近几十年,中国和欧洲地区云量均出现下降趋势,特别是高云下降趋势更为明显(Duan and Wu, 2006; Endo and Yasunari, 2006; Warren et al., 2007; Xia, 2010)。但中国区域在 20 世纪 90 年代中后期开始出现上升趋势(中国气象局气候变化中心,2019)。

1.2.4　季风与中高纬环流的变化

近百年来,影响"一带一路"沿线地区天气气候的亚非夏季风、东亚冬季风及其中高纬度环流发生了明显的变化,这些变化可能与海温异常、人类活动等因子有关。亚非夏季风、夏季大西洋涛动及丝绸之路遥相关型均表现出明显的年代际变化特征,是导致夏季"一带一路"相关地区气候尤其是降水异常变化的关键因素。21世纪以来,冬季北极涛动呈减弱趋势并伴随乌拉尔山阻塞高压活动的增强,是造成"一带一路"地区的冬季气温异常及其区域性差异的重要原因。

1.2.4.1 亚非季风变化特征

亚洲和非洲是全球著名的季风区域,亚洲季风系统和非洲(北非)季风系统简称为亚非季风,它是全球季风系统的重要成员,影响着东亚、南亚和非洲地区的气候,也对"一带一路"沿线的气候变化有重要影响。

亚非夏季风是一个横跨非洲、南亚和东亚的带状行星尺度环流系统,是全球季风系统的重要成员,主要包括三个子系统:东亚夏季风、南亚夏季风和非洲夏季风。在年代际尺度上,亚非夏季风降水是一个统一且相互协调的系统,表现为从北非的萨赫勒地区经印度中北部再到中国华北地区的同步变化。总体而言,过去100多年来,亚非夏季风降水发生了三次年代际转折,即20世纪20年代以来亚非夏季风降水的年代际增多;60年代末之后则由多转少,萨赫勒地区、南亚地区与中国东部降水同步减少;90年代末之后,上述三个地区降水同步增加,中国东部雨带发生北移,黄淮流域降水增多,长江流域降水减少(图1.16;Zhu et al.,2011;Li et al.,2017a)。许多研究将亚非夏季风降水变率归因于海洋强迫的影响(Giannini et al.,2003;杨明珠和丁一汇,2007;曾刚 等,2007;Yuan et al.,2008;Kucharski et al.,2009;Zhang et al.,2016c),尤其是热带大西洋对非洲、印度降水的影响,热带印度洋和太平洋海温变暖对萨赫勒地区降水的低频变化、中国南海夏季风的暴发和华北干旱均有密切的关系。另外,北大西洋多年代际振荡(AMO)位相变化对亚非季风雨带的变化起到了关键的作用,调制亚非夏季风的年代际主模态,也对亚非夏季风三个子系统的年代际变化起到了关键作用。亚非夏季风在20世纪60年代由强变弱,非洲萨赫勒地区夏季降水在20世纪60年代的显著减少和持续到20世纪80年代的干旱,均与AMO在20世纪60年代中后期转为冷位相密切相关(Liu and Chiang,2011;Liu et al.,2014b)。20世纪90年代以来,AMO由冷位相转为暖位相,导致近30 a亚非夏季风雨带的一致北移,尤其在20世纪90年代中期之后非洲萨赫勒地区和中国黄淮地区降水的增多。在年代际尺度上,亚洲夏季风不仅受到AMO的调制,更受到AMO和太平洋年代际振荡(PDO)的共同调制,它们的位相转变对驱动东亚夏季降水有重要作用(Dong and Xue,2016;Si and Ding,2016)。另外,青藏高原积雪的年代际变化(丁一汇 等,2013)、人为气溶胶的变化(Bollasina et al.,2011;Wang et al.,2013c)等因素也对亚洲夏季风年代际减弱有重要影响。

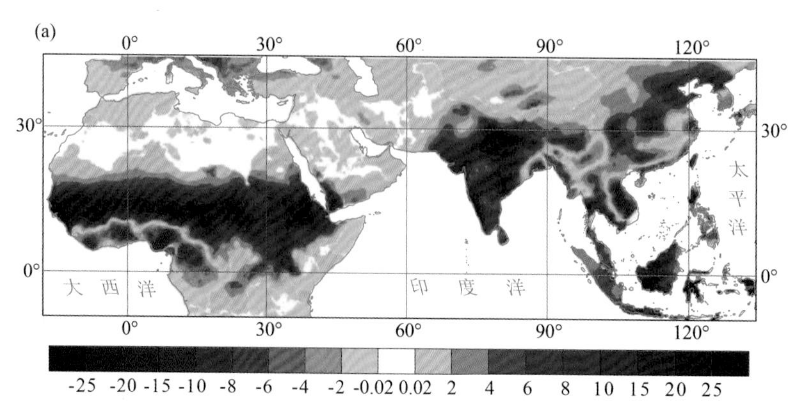

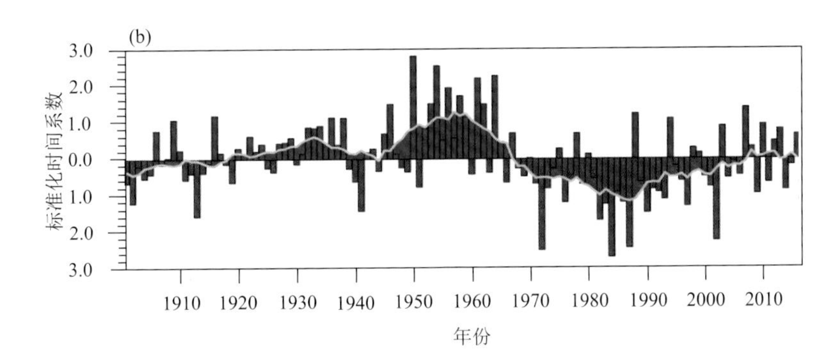

图 1.16　1901—2016 年亚非季风区降水经验正交函数第一模态（a,填色代表降水对时间系数的回归分布）及其对应的标准化时间系数（b,实线代表标准化时间系数的11 a 滑动平均）（根据 Li 等（2017a）延长资料进行了绘制）

南亚夏季风（又称为印度夏季风）和东亚夏季风构成了亚洲夏季风系统，近年来表现出显著的年代际变化特征。南亚夏季风从 1950 年开始到 2000 年减弱的趋势，可能与全球变暖、气溶胶增加等有关（Bollasina et al.，2011；Turner and Annamalai，2012）。而东亚夏季风的年代际变化不仅包括 10～14 a、20～30 a、40 a 的周期，还具有 60～80 a 的周期（Ding et al.，2008）。20 世纪 70 年代末，东亚夏季风环流发生了显著的年代际减弱，导致亚洲大范围季风雨带明显南退，中国华北及印度北部均出现持续性干旱（Wang，2001；Ding et al.，2008；Bollasina et al.，2011）。东亚夏季风的上述年代际减弱与西太平洋副热带高压变化、热带中东太平洋的年代际增暖、青藏高原冬春积雪偏多、温室气体和气溶胶的变化有关（Ding et al.，2008；Bollasina et al.，2011；王会军和范可，2013；Wang et al.，2013b；丁一汇 等，2013；Huang et al.，2015b）。20 世纪 90 年代后期，青藏高原冬季积雪进入偏少时期，同时热带中东太平洋海温偏冷，这导致青藏高原热源和海陆热力对比均增强，引起东亚夏季风增强（司东等，2010）。与此同时，PDO 和 AMO 的位相也出现调整，即 PDO 由暖位相转为冷位相，AMO 由冷位相转为暖位相，对此次东亚夏季风的转变和中国东部雨带的变化有重要的影响（Lu et al.，2006；Zhu et al.，2015；Si and Ding，2016；Li et al.，2017a）。

20 世纪 60 年代以来，非洲夏季风主要经历了两次年代际突变：20 世纪 60 年代中后期，西非夏季风发生了明显的年代际减弱，造成该地区持续干旱，而人为气溶胶排放、海表面温度变化等是造成西非夏季风减弱的重要原因（Giannini et al.，2003；Held et al.，2005）；20 世纪 90 年代末以来，西非夏季风有增强的趋势，特别是 2000 年后，增强显著，与北太平洋海温的变化关联密切（Li et al.，2012）。此外，受 ENSO 的调控作用，20 世纪 80 年代中期后春季南极涛动（AAO）对西非夏季风影响增强（Sun et al.，2010b），可能也对季风的年代际变化有一定贡献。

东亚冬季风是北半球冬季最强的环流系统之一，不仅影响着亚洲地区的气候变化，而且可形成越赤道气流，影响到澳洲季风（陈隆勋 等，1991）。东亚冬季风具有明显的年代际变化，自 20 世纪 50 年代以来，东亚冬季风经历了强、弱、强三个阶段，即从 1950—1986/1987 年明显偏强，此后到 21 世纪初东亚冬季风偏弱，约 2005 年以后东亚冬季风开始由弱转强，东亚冬季寒潮和气温相应都表现出与其一致的年代际变化（Wang et al.，2009；Wang et al.，2010；丁一汇 等，2014）。

东亚冬季风的年代际变化与准定常行星波（Wang et al.，2009）、大气遥相关模态（Wang et al.，2007；贺圣平和王会军，2012）等大气内部动力变化有关，还与外强迫因子如海温（朱益民和杨修群，2003；Zhou et al.，2007；Li and Bates，2007；丁一汇 等，2014）、北极海冰（Chen et al.，2014b）、欧亚积雪（Wang et al.，2010）以及全球变暖（丁一汇 等，2014）等密切有关。当北极涛动（AO）和太平洋年代际振荡（PDO）处于负（正）位相，东亚冬季风偏强（弱）、中国冬季气温偏低（高）（贺圣平和王会军，2012；朱益民和杨修群，2003；Kao et al.，2016；He et al.，2017）。AMO 对东亚冬季风也有重要影响，在 AMO 负（正）位相时，对应东亚强（弱）冬季风，东亚偏冷（暖）（Li and Bates，2007）。同时，AO、ENSO 与东亚冬季风的关系也存在年代际变化（Zhou et al.，2007；Wang et al.，2008b；He and Wang，2013；Li et al.，2014；He et al.，2017）。

1.2.4.2 中高纬环流变化特征

影响“一带一路”沿线国家气候的中高纬度环流系统以及大气遥相关型在冬季和夏季存在差异，且自 20 世纪 70 年代以后均出现了明显的长期变化（图 1.17）。

冬季，影响欧亚大陆气候的主要环流系统为低层的西伯利亚高压、对流层中层的东亚大槽、副热带急流以及平流层极涡。在 20 世纪 80 年代中期以后，东亚大槽减弱、副热带急流减弱且位置偏北，该变化可能与西北太平洋增暖有关（Sun et al.，2015）。但在 2006—2012 年的冬季，东亚大槽加深，对流层低层的西伯利亚高压增强（梁苏洁 等，2014）；此次西伯利亚高压的增强与欧亚大陆增暖减缓以及欧亚大陆雪盖增加有关（Jeong et al.，2011）。此外，冬季西伯利亚高压也受 PDO（朱益民和杨修群，2003）与 AMO 的影响（Li and Bates，2007）。最新的研究成果表明，北半球冬季平流层极涡在近 20 a（1997/1998—2015/2016 年）中呈现出增强趋势，这与北太平洋变暖引起的行星波活动异常有关（Hu et al.，2018）。

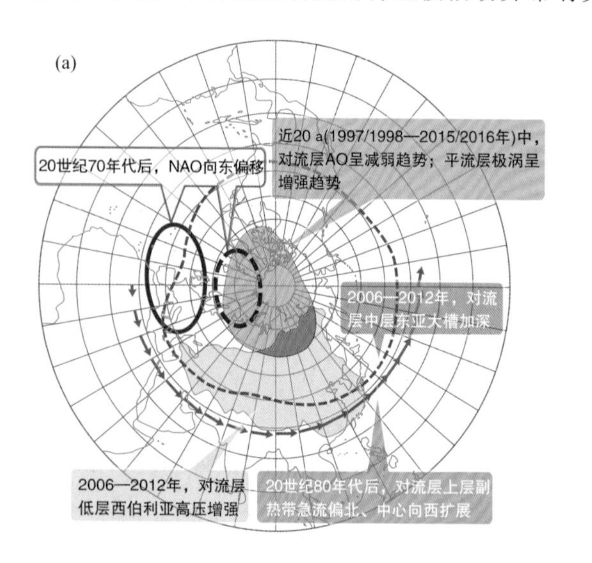

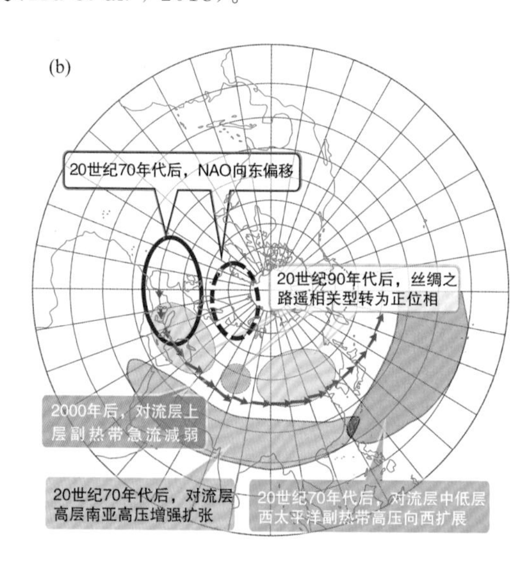

图 1.17 中高纬度环流变化（项目组总结并绘制）

（a）冬季（图中蓝填色表示平流层极涡，黑色虚线为 5600 m 等高线，灰填色为西伯利亚高压，紫色箭头表示对流层上层的急流中心，红色及蓝色空心椭圆表示北大西洋涛动（NAO）的两个活动中心）；（b）夏季（图中紫色箭头表示对流层上层的急流中心，黄色为南亚高压的影响范围，粉色及浅蓝色填色为丝绸之路遥相关型的异常中心，褐红色为西太平洋副热带高压，红色及蓝色空心椭圆表示 NAO 的两个活动中心）

北极涛动是北半球冬季重要的大气环流异常型,具有半球空间尺度。冬季正位相北极涛动对应着欧亚大陆中高纬度地区(45°N)地表气温偏暖、西亚至非洲北部地区地表气温负异常,否则反之(图 1.18)。但北极涛动对气候的影响存在不平稳性。相比于其他时段,北极涛动与东亚冬季风的反相关关系在 1983—2012 年十分显著,这与东亚副热带急流中心向西扩展并成为两者的连接桥梁有关(Li et al.,2014)。值得注意的是,在近 20 a 来(1990—2013 年),冬季北极涛动指数呈现下降趋势(Cohen et al.,2014)且伴随欧亚大陆阻塞高压频次的显著增加(Liu et al.,2012;Mori et al.,2014),进而造成“一带一路”沿线的中亚地区变冷以及地中海至北非地区变暖。该现象可能与秋季北极海冰减少有关(Liu et al.,2012;Mori et al.,2014)。此外,通过影响对流层与平流层之间的准定常行星波的上传和下传活动(Christiansen,2001)、北太平洋海气相互作用(Gong et al.,2011)、欧亚雪盖异常(Cohen et al.,2014)等,北极涛动的异常信号可以维持一定的时间并影响后期大尺度大气环流的变化,对于“一带一路”沿线欧亚大陆气候预测(如欧亚及北非冬季气温、我国春季沙尘、东亚夏季降水等)有重要意义(He et al.,2017)。

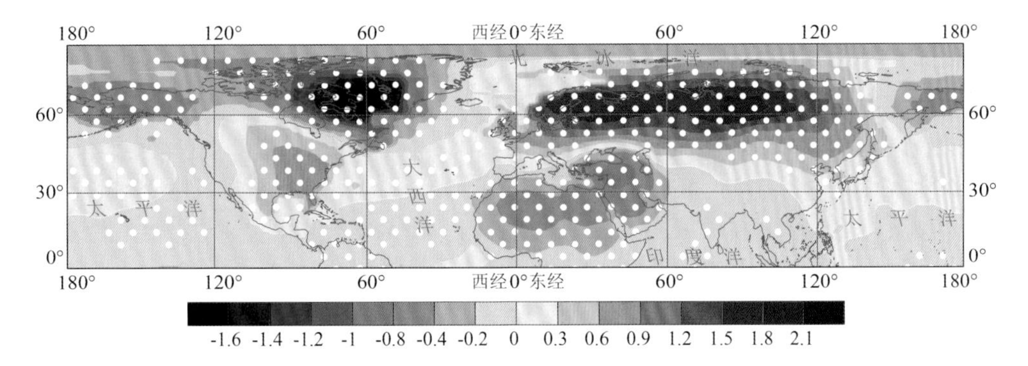

图 1.18　基于冬季北极涛动指数的线性回归系数 1951—2017 年北半球冬季(12 月、1 月、2 月)气温变化
(图中打点区域表示回归系数通过了 95% 显著性检验,单位:℃)
(He et al.,2017,项目组将时间序列延长为 1951—2017 年后重新计算)

冬季北大西洋涛动(简称 NAO,通常被认为是北极涛动在大西洋的组成部分)在 20 世纪 70 年代出现了显著的形态变化,其活动中心向东北方向偏移(Ulbrich and Christoph,1999)。与之伴随的是冬季大西洋急流向北偏移并加强(Luo and Gong,2006)、与平流层极涡耦合更为明显以及显著地表气温异常向东扩展至亚洲地区,这与冬季全球海洋偏暖以及二氧化碳(CO_2)增加有关(Dong et al.,2011)。此外,冬季 NAO 指数在 1950—1999 年呈增加趋势,它引起了欧亚大陆(含“一带一路”中的西亚与北非)在 3 月中的显著降温趋势(Yu and Zhou,2004)。

中高纬大尺度大气环流和东亚冬季风系统受北极海冰变化的影响(Gao et al.,2015)。自有卫星观测资料以来,北极海冰面积持续减少(Serreze et al.,2007;Fetterer et al.,2017)。海冰面积的减少使得北极海洋吸收的热量增加,通过调制近地面热力状况并引起中高纬大气环流的变化,进而影响“一带一路”沿线地区的气候,如欧洲西北部和中部以及我国北部和中部冬季降雪增加(Liu et al.,2012)、欧亚中纬度极端气候事件频次增加(Francis and Vavrus,2012)、东亚冬季风增强及东亚冬季气温偏低(Li et al.,2014)。

夏季,西北太平洋副热带高压(简称西太副高)、南亚高压与高空急流是影响东亚地区气候的主要环流系统。20 世纪 70 年代后期出现了西太副高向西扩展以及南亚高压增强扩张的现象，这与印度洋增暖(Gong and Ho，2002；Zhou et al.，2009)、中东太平洋增暖(Li et al.，2008)及人类活动引起的温室气体与气溶胶排放增加有关(Wang et al.，2013b)。它们导致了我国东部地区夏季降水在20世纪70年代后期出现南涝北旱的年代际转变(Wang，2001；Hu et al.，2003)。此外，西太副高的年代际西伸增强与暖位相AMO有关(Lu et al.，2006)。值得注意的是，2000年以后，夏季西太副高减弱东撤、副热带高空急流减弱以及贝加尔湖地区出现位势高度正异常，对应着江南和黄淮多雨、长江少雨的年代际变化特征；这可能与PDO转为负位相有关(Zhu et al.，2011)。

夏季NAO与丝绸之路遥相关型是夏季中高纬度上两个重要的环流异常型。前者位于“一带一路”上游大西洋地区，后者贯穿“一带一路”沿线地区。夏季NAO的活动中心在1979年后也发生了与冬季类似的向东偏移的年代际变化(Sun and Wang，2012)，这种变化通过波列传播，造成了1979—2009年期间“一带一路”上的我国河套地区的降水由偏少变为显著偏多以及江南地区降水显著偏少。丝绸之路遥相关型的年代际转变则主要表现为位相的变化，它在20世纪90年代中期出现由负位相转为正位相的年代际变化。这种变化引起了欧亚大陆中纬度地区气温呈现纬向非均匀的增温变化特征，尤其是“一带一路”的西亚、地中海地区以及我国西北至蒙古地区出现强增温、中亚地区弱增温；其中的变化原因可能与AMO转为正位相有关(Hong et al.，2017；Wang et al.，2017b)。

1.2.5 过去2000 a古丝绸之路的气候变化

过去2000 a古丝绸之路沿线主要地区均经历了1—3世纪温暖、4世纪—7世纪前期寒冷、7世纪后期—11世纪初温暖、11世纪中期—12世纪初偏冷、12世纪中期—13世纪中期温暖、13世纪末—19世纪寒冷和20世纪快速增暖的波动过程；在年代尺度上，当前30 a温度已超出其前2000 a的最暖水平。同时，干湿变化的区域差异更为显著。其中在多年代至百年尺度上，中国的关中地区960—1250年由湿转干，1250—1430年由干转湿，1430—1645年总体偏干，1645—1900年总体偏湿，1900年以后再次由湿转干。亚洲中部干旱区1000—1350年气候相对偏干，1500—1850年湿润，1850—1970年增暖趋干，20世纪70年代后则从暖干转为暖湿。欧洲中北部及斯堪的纳维亚半岛南部等地1000—1200年气候较1550—1750年偏干；而芬兰和斯堪的纳维亚半岛北部及俄罗斯等地则是1000—1200年较1550—1750年更湿。

历史上的丝绸之路主要指东起我国洛阳，经中国西北横贯欧亚大陆的中纬度地区。该区域内地理环境复杂，气候类型多样。目前还缺乏对丝绸之路历史气候变化的全面深入研究，但从其中一些地区(点)的过去温度、降水、干湿等变化重建结果中，仍可窥视出其历史时期气候阶段变化的简要特征。

1.2.5.1 *温度变化特征*

已有的历史时期温度变化重建主要集中在中国的西北(特别是祁连山地)及欧洲地区，西亚及欧亚之交的土耳其也有一些零星的研究。

(1)中国西北祁连山地区：来自祁连山森林上限树轮重建温度变化序列(Liu et al.，2005；Zhang et al.，2014)显示，自850年来中国西北地区的温度变化基本特征是：9世纪末—10世纪、11世纪后期—12世纪初期、14世纪后期—15世纪前期、16世纪及20世纪气候相对温暖；其余时段，特别是16世纪末—19世纪气候寒冷(图1.19a)。源于历史文献记载的研究结果证实：唐代关中地区的气候较20世纪后期更为温暖，600—800年间，关中地区温度较1961—

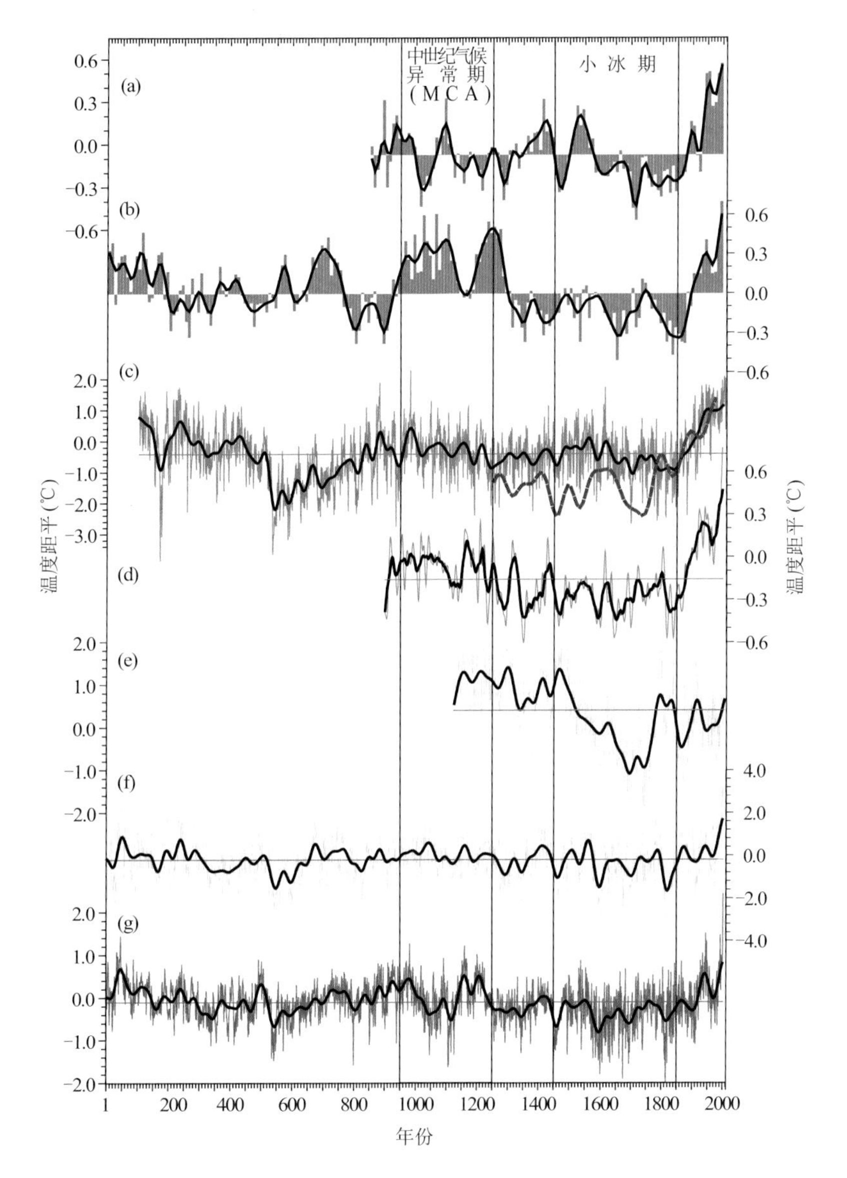

图 1.19 过去 2000 a 古丝绸之路沿线地区的温度变化(a，c，e，f，g)及其与中国(b)和亚洲(d)温度变化的对比
(a)中国西北祁连山地区(年均温;10 a 分辨率;据 Liu 等 (2005) 和 Zhang 等(2014)平均重建);(b) 中国(年均温;10 a 分辨率;Ge et al.，2013);(c) 中亚阿尔泰山地(细灰线:夏季气温;年分辨率;Büntgen et al.，2016;粗灰虚线:3—11 月均温;Eichler et al.，2009);(d) 亚洲(夏季气温;年分辨率;Shi et al.，2015);(e)土耳其西南部(1—5 月均温;年分辨率;Heinrich et al.，2013);(f) 欧洲中部(夏季气温;年分辨率;Büntgen et al.，2011);(g) 欧洲全部(夏季气温;年分辨率;Luterbacher et al.，2016)。所有序列温度距平的基准值:1850—1950 年均值;细横线:序列平均值;粗黑线:30 a 快速傅里叶(FFT)平滑

1990 年均值高 0.4 ℃以上(Liu et al.，2016);此后至 10 世纪中期，气候转冷;但至 960 年前后，中国西北东部的温度又大致回暖至 1951—1980 年水平，然后继续在波动中逐渐趋暖;其中 960—1040 年，气候增暖，1040—1110 年，中国西北地区的气温较 1951—1980 年均值高 0.5～1.0 ℃;1110 年以后，气候转冷，其中最冷的 1170 年前后，当时西夏境内的“贺兰山尊，冬夏降

雪";"积雪大山(即今日的祁连山),山高,冬夏降雪,雪体不融";仅"南边雪化,河水势涨,夏国引水灌禾也";且当时大麦、燕麦至九月才成熟收获;据此估计这一区域当时气温较 1951—1980 年均值约低 1.0 ℃;但在 12 世纪末,这一地区气候又再次转暖,不过持续时段较短;在 1260 年之后,温度迅速下降,自 13 世纪末再次进入寒冷期(郝志新 等,2009)。这些证据表明,这一地区显著存在与欧洲"中世纪暖期"对应的温暖气候。但同中国(图 1.19b)及亚洲(图 1.19c,图 1.19d)的整体温度变化序列(Ge et al., 2013; PAGES 2k Consortium, 2013; Shi et al., 2015)对比表明:西北地区的中世纪暖期持续时间相对较短,且整个时段(950—1200 年)的温度可能也较 20 世纪后期略低;但唐代前期(600—800 年)却可能较 20 世纪后期略暖。

(2)中亚至地中海东部地区:中亚至地中海东部地区有树轮、冰芯、湖泊沉积、洞穴石笋等自然证据。其中位于中亚的阿尔泰山已积累了多个地点的树轮资料,集成这些资料重建的夏季气温序列(图 1.19c;Büntgen et al., 2016)显示,该地区 2—4 世纪尽管曾出现过多个极端低温年份,但气候总体温暖;5 世纪—6 世纪前期,温度在波动中快速下降。536—660 年,气候显著寒冷,被称为"晚古典时代小冰期"(Late Antique Little Ice Age, LALIA)。此后,气候在波动中回暖;9—12 世纪,气候总体温暖,但其间曾在 940 年前后出现过短暂的剧烈降温。12 世纪末起,气候相对转冷,并维持在相对寒冷的水平上波动至 15 世纪后期,其中冷谷分别出现在 1200 年、1250 年、1320 年、1380 年和 1450 年前后。16 世纪再度回暖至过去 2000 a 平均水平,但在 1540 和 1590 年前后曾出现显著降温。自 17 世纪初起,气候又再度转冷,并维持在较寒冷水平上波动直至 19 世纪中期。19 世纪后期起,气候快速回暖,持续至 20 世纪。对比显示,尽管历史上曾多次出现与 20 世纪后期温暖年份相似的极端高温年,但 20 世纪后期是这一地区自 2 世纪以来的最温暖时段;且这一地区中世纪气候异常期(MCA,约 950—1250 年)和小冰期(LIA,约 1450—1850 年)间的温度相差仅约 0.3 ℃,不如其他地区显著;当然这可能也与该重建序列方差解释量仅 24%,因而无法揭示出温度变化的大部分变幅有关。利用俄罗斯南部别卢哈山(Belukha)冰芯 $\delta^{18}O$ 重建的 1250 年以来温度年代际变化记录也显示:在 1450 年和 1540 年前后,温度曾显著下降,1650—1760 年为显著冷期,而 1850 年之后气候又迅速增暖(Eichler et al., 2009);这与阿尔泰山树轮资料所显示的冷暖波动过程基本一致,只是其温度变幅更大,且自 LIA 冷谷至 20 世纪末的增暖趋势也更为显著,而这也可能与其所处位置的海拔更高有关。

欧亚之交的土耳其也有利用树轮重建的 1125—2006 年温度变化序列(图 1.19e; Heinrich et al., 2013),结果显示:12—15 世纪,这一地区尽管曾在 1270 年、1330 年、1380 年和 1440 年前后出现年代尺度的显著降温事件,但其间的气候却相对暖期,且持续时间也相对较长;直至 16 世纪起,才出现明显的百年尺度降温过程,因此其进入小冰期的时间也较晚,其中冷谷分别在 17 世纪 90 年代和 18 世纪 40 年代。此后至 1800 年前后,气候回暖;然后呈现典型的多年代尺度波动直至 21 世纪初;但整个 20 世纪却未像全球其他大多数区域一样持续快速增暖,仅 20 世纪末期温度有显著上升。这可能是该区域树轮资料的空间代表性有限所致(Ramzi et al., 2007)。尽管如此,该序列所揭示的 12 世纪—15 世纪末几次年代尺度显著降温事件以及小冰期的最寒冷时段,与上述阿尔泰地区曾出现的转冷事件和寒冷期基本一致。

(3)欧洲:具有丰富的气候变化代用资料,如树轮、植被分布、农作物种植范围及收获期、冰川与冰缘活动、湖泊纹层沉积物等。Lamb(2013)总结了欧洲地区 20 世纪 80 年代前所获取的历史气候变化代用证据,初步描绘了过去 2000 a 的冷暖阶段变化。结果显示:自公元前 1 世纪起，欧洲（特别是西欧及其周边地区）气候转暖，并持续了数百年，约至4世纪中期转为寒冷，此后则数度波动（其中5—6世纪、7世纪后期—8世纪前期、9世纪中期—10世纪前期寒冷，其他时段则短暂回暖），直至10世纪以后再度明显转暖，11—13世纪温暖，14世纪从温暖转为寒冷，15—19世纪寒冷，20世纪又再度回暖；温暖时段与寒冷时段之间的温度差异大致为1～2℃；并提出了“中世纪暖期”和“小冰期”等术语描述百年尺度的冷暖阶段，其中中世纪暖期约出现在950—1200年间，持续200～300 a；小冰期的持续时间约为15—19世纪，其中最寒冷的时段为1550—1700年。后人又明确将公元前1世纪—公元4世纪中期的温暖及其后的寒冷期（约4世纪末—10世纪前期）分别称为“罗马暖期”和“黑暗时代冷期”（Bianchi and Mccave，1999；Patterson et al.，2010）；从而形成了欧洲过去2000 a温度变化呈2暖（罗马暖期和中世纪暖期）2冷（黑暗时代冷期和小冰期）及其后20世纪再度显著增暖的基本框架。

最近20 a，欧洲又获取了大量的温度变化代用证据（PAGES 2k Consortium，2013），利用这些证据对过去2000 a欧洲中部（图1.19f）和整个欧洲（图1.19g）夏季温度变化的最新集成重建结果（Büntgen et al.，2011；Luterbacher et al.，2016）均显示：1—3世纪、9—11世纪和12世纪末—13世纪初、20世纪欧洲夏季气候温暖，且1世纪、2世纪、8世纪和10世纪的温暖程度与20世纪基本相当，其中1世纪和10世纪的温度甚至较20世纪还高约0.1℃；4—7世纪和14—19世纪寒冷，仅16世纪中期有短暂回暖（Luterbacher et al.，2016）。这一变化过程再次确认了Lamb(2013)所划分的过去2000 a百年尺度冷暖阶段变化结果。此外，对比显示：对整个欧洲与欧洲中部温度变化的2个集成重建结果基本一致；二者仅在1020—1060年和1190—1230年2个时段不同。这证明欧洲大多数地区的温度长期变化虽然具有较好一致性，但也存在一定区域差异，如在11世纪，欧洲北部温暖程度更显著，但在中部和西南部，夏季气温则相对偏低。而在小冰期期间，东北部在13世纪中期和15世纪中期气温更低，而南部则在17世纪末和19世纪上半叶气温更低。

1.2.5.2 降水变化特征

丝绸之路横跨欧亚大陆，降水变化区域差异大，且代用证据还可能受局地降水的影响，因此利用代用证据重建的降水变化通常多指示一地干湿或旱涝气候变化；已有研究主要涉及中国的关中盆地和河西走廊、中亚和中西欧地区。

(1)中国关中地区：关中地区是丝绸之路的起点，也是中华文明的发祥地之一，因此历史时期旱涝记载丰富。利用这些记载重建的过去1000 a关中地区最新干湿变化序列（图1.20a）显示：这一地区的干湿变化以年际至百年的多尺度波动为主要特征，存在3～7 a、准10 a、准30 a、准70 a及准100 a周期。从多年代至百年尺度变化过程看，关中地区960—1250年气候由湿转干，1250—1430年由干转湿，1430—1645年总体偏干，1645—1900年总体偏湿，1900年以后再次由湿转干。其中在17世纪和19—20世纪，旱涝事件相对频发，平均约每2 a就会发生一次区域性旱涝灾害（郝志新 等，2017）。

(2)中国河西走廊：河西走廊是丝绸之路的主要廊道。根据树木年轮重建的公元776年以来祁连山中部的年降水量变化序列显示（图1.20b），降水存在显著的多年代际周期（34～58 a）波动，此外还有显著的2～3 a和73～147 a周期；其间连续重旱（年降水量低于均值的1倍标准差）年份有：838—843年、857—859年、1144—1154年、1486—1489年、1706—1708年、1713—1715年、1795—1797年、1925—1932年和1966—1968年；持续多雨（年降水量高于均值的1倍标准差）年份有：811—816年、894—898年、985—999年、1089—1097年、1843—1846

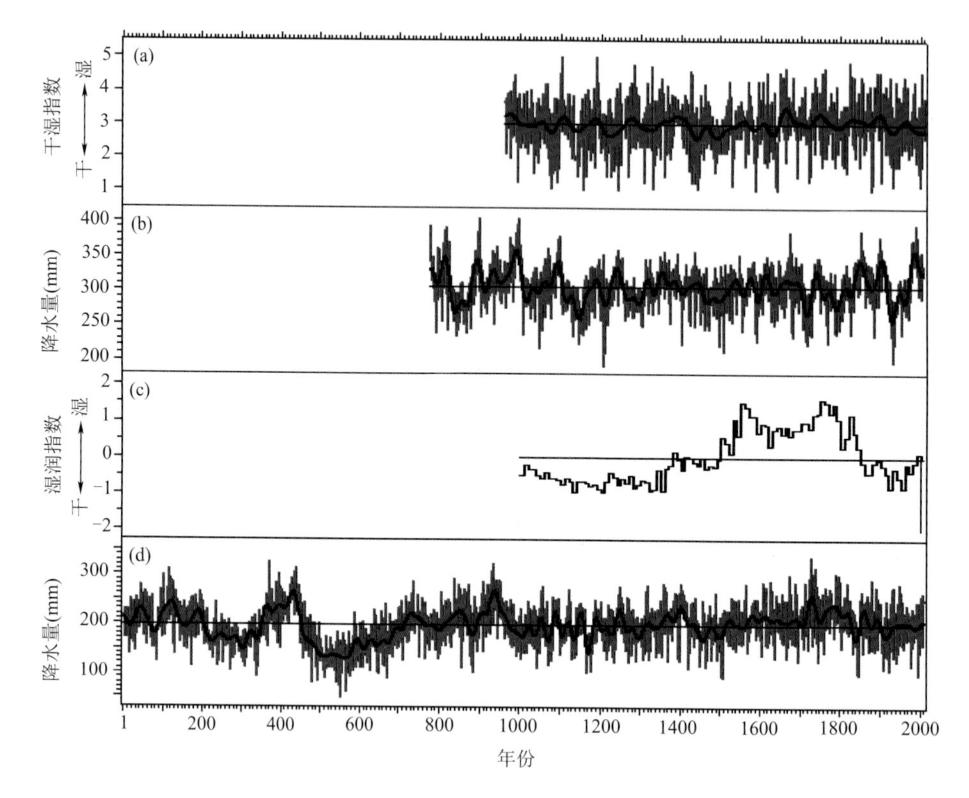

图 1.20 过去 2000 a 古丝绸之路沿线主要地区的干湿(降水)变化

(a)中国关中地区干湿指数(年分辨率;郝志新 等,2017);

(b)中国河西走廊年降水量(年分辨率;Zhang et al.,2011);

(c)亚洲中部干旱区湿润指数(10 a 分辨率;Chen et al.,2014a);

(d)欧洲中部 4—6 月降水量(年分辨率;Büntgen et al.,2011)

年、1854—1856 年、1892—1894 年、1896—1899 年、1901—1907 年和 1979—1991 年(Zhang et al.,2011)。此外,祁连山东段、柴达木盆地东沿至秦岭西侧地区,数十个地点的树轮(Shao et al.,2010;Yang et al.,2014)和万象洞石笋(Zhang et al.,2008b)等资料也显示:过去千年这一地区的干湿有显著的百年际波动,其中 11 世纪、13 世纪中叶、14 世纪、16 世纪后半叶—17 世纪初、18 世纪后半叶、19 世纪后半叶以及 20 世纪后半叶气候湿润,其他时段气候干旱;最干旱的 3 个时段分别出现在 12 世纪、15 世纪和 17 世纪后期—18 世纪初。

(3)中亚干旱区:对过去千年 17 个地点的干湿变化代用资料集成分析显示,整个亚洲中部干旱区的干湿变化具有一定同步性。其中 1000—1350 年间相对偏干;1500—1850 年间降水偏多、气候湿润,其间存在 16 世纪中期和 18 世纪中期两个湿润峰值;近几十年气候则从暖干转为暖湿(Chen et al.,2010;图 1.20c)。而在干旱区以西的土耳其树轮降水重建结果则显示:这一地区降水变化虽与中亚干旱区有类似的趋势,但其在 16 世纪中期的降水峰值明显高于 18 和 19 世纪(Ramzi et al.,2007)。

(4)欧洲:欧洲超过 2000 a 的降水重建主要集中在中部树轮采样密集的区域,Büntgen 等(2011)重建了公元前 500 年以来 6°～12°E 和 48°～52°N 范围内的 4—6 月降水量变化(图 1.20d),结果显示:相对于 20 世纪平均值,250 年之前降水较多,但总体呈减少趋势;250—

550 年间降水出现一次明显的先增后减波动，从年代际尺度看，波动的最大幅度达 100 mm 以上；6 世纪中叶—10 世纪初，降水在波动中呈增加趋势，此后至 10 世纪后期则快速减少。但自 10 世纪末起，这一地区的 4—6 月降水也以年代至世纪尺度的波动为主要特征，但波动幅度明显减小，其中在 12—14 世纪与 18 世纪降水相对偏多，11 世纪、15—17 世纪和 19—20 世纪相对偏少。对比这一序列在 MCA 和 LIA 间的降水均值显示，LIA 的降水均值较 MCA 多 7.9%，均方差大 19.3%；说明欧洲中部地区 LIA 的气候可能较 MCA 更为湿润，但变率更大。

近 1000 a 来欧洲的树轮资料更多，据此 Cook 等(2015)重建了全欧及地中海沿岸的亚洲、非洲区域格点帕尔默干旱指数(PDSI)图集，揭示了欧洲 1315 年、1540 年、1616 年、1714 年、1893 年和 1921 年几次重大旱涝灾害的空间分布。结果显示：除 1315 年大涝几乎波及整个欧洲外，其余 5 次干旱事件的旱区存在差异，欧洲东北部经常在中西欧大旱时仍然相对湿润。对比 1000—1200 年、1550—1750 年和 1850—2012 年三个典型冷暖时段的 PDSI 的多年平均结果(图 1.21)表明：在所有三个典型时段内，东欧的罗马尼亚和乌克兰地区均偏干；1000—1200 年欧洲大陆中北部以及斯堪的纳维亚半岛南部比 1550—1750 年和 1850—2012 年明显偏旱；而芬兰和斯堪的纳维亚半岛北以及俄罗斯区域则均偏湿；这也同样说明：欧洲大陆中北部以及斯堪的纳维亚半岛南部的广大区域 MCA 期间气候较 LIA 偏干。

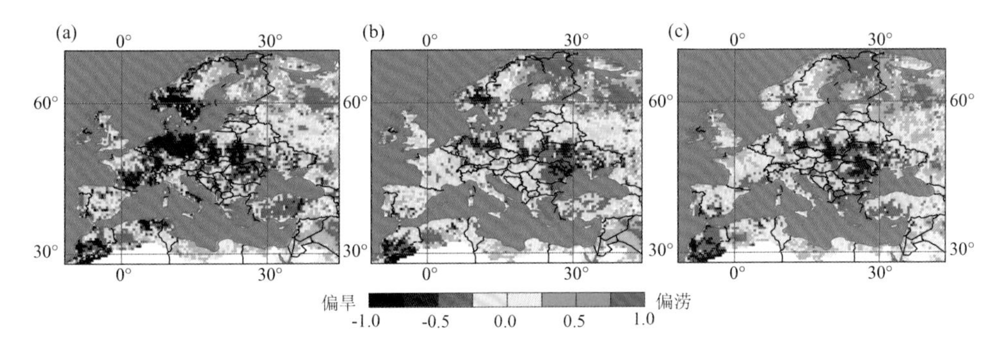

图 1.21　欧洲的 PDSI 多年平均值(Cook et al.，2015)

(a)1000—1200 年；(b)1500—1750 年；(c)1850—2012 年

此外，研究还发现：气候变化可能对古丝绸之路许多节点的文明兴衰造成了显著影响。如在欧洲中部和中亚，自 3 世纪末起气候由暖转冷，至 6—7 世纪的大部分时段气候显著寒冷；欧洲中部春季至初夏(4—6 月)的降水也自 3 世纪后期—7 世纪出现了由显著偏少到显著偏多再到剧烈减少的大幅度波动；这一时期与当时欧洲的大规模人口迁徙、疫病流行、社会动荡、政治混乱和文化衰落等对应。13 世纪末—14 世纪，欧洲中部再次剧烈降温，春季至初夏降水也大幅增加，出现了明显的阴冷潮湿气候，也与当时欧洲的大饥荒和黑死病对应(Büntgen et al.，2011，2016)。而在中国西北干旱区，气候的冷暖变化可显著影响冰雪融化和水资源供给，进而造成绿洲及其聚落的分布与伸缩，以及古丝绸之路主要节点交河古城、高昌古城等的废弃与迁徙(葛全胜，2011)。

1.3 “一带一路”区域极端气候事件及主要气象灾害变化

1.3.1 极端降水事件变化

“一带一路”区域极端降水分布具有很大的差异，其中极端强降水主要发生在东南亚、南亚地区，1960 年以来，欧洲、中亚、东亚地区的极端降水影响范围略有收缩趋势；1990 年以来，“一带一路”沿线的东亚、南亚和中欧地区的极端降水强度和暴雨频次增幅显著。近年来，“一带一路”沿线的欧洲、南亚、东南亚和东亚地区重大雨涝事件有增多趋势；欧洲、北非、中亚、南亚、东南亚以及北亚西部的干旱有明显增加趋势、强度显著增强、干期延长，1990 年以来也是欧洲南部、北非、南亚等地极端干旱最频发的阶段。

1.3.1.1 极端降水的空间分布特征

“一带一路”地区极端降水的空间分布具有南多北少、东多西少的特征。极端强降水主要发生在受亚洲夏季风影响的东亚和南亚，5 d 最大降水量高达 100 mm，10 mm 以上大雨日数高达 20～70 d 以上；西欧至地中海是“一带一路”沿线极端降水的次中心，连续 5 d 最大降水量达 70 mm，10 mm 以上的大雨日数近 20 d；东欧至西亚地区，10 mm 以上的大雨日数为 10 d 以上（图 1.22）。1960 年以来，欧洲、中亚、东亚地区的极端降水影响范围略有收缩趋势，北非的影响范围无明显变化。

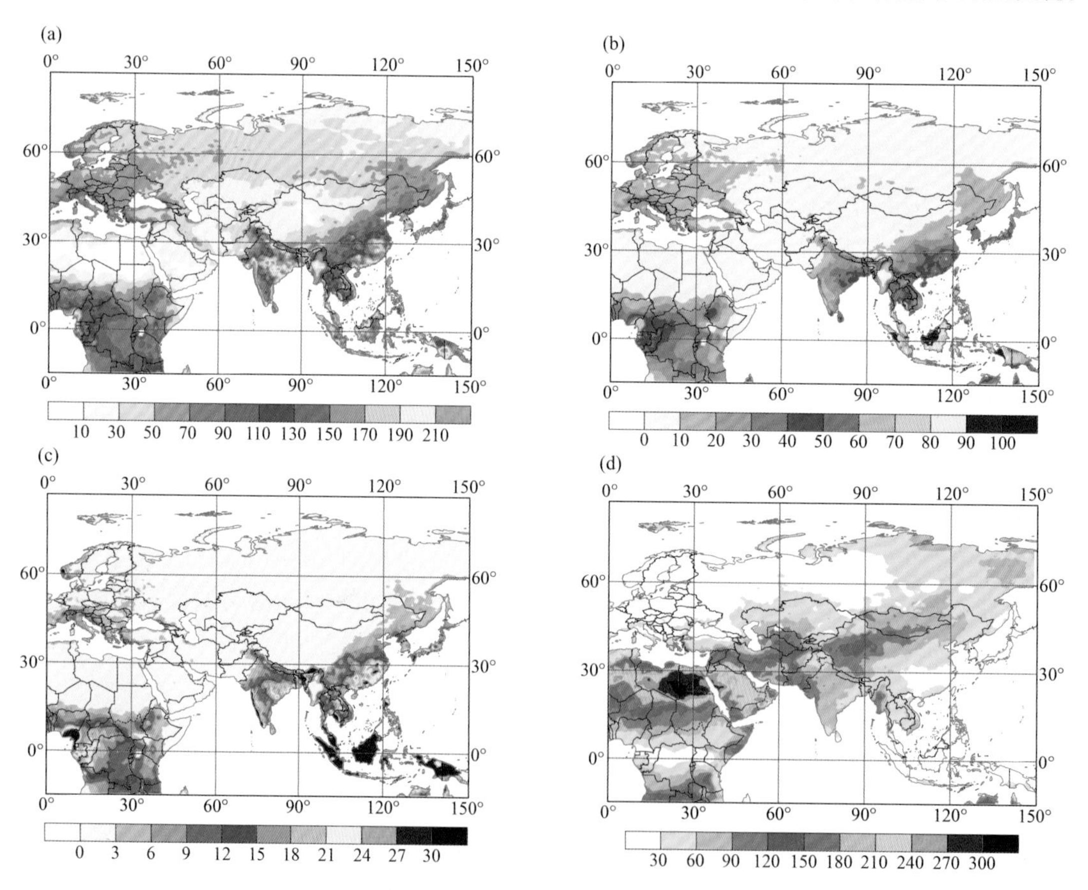

图 1.22 1979—2016 年“一带一路”及周边区域极端降水的空间分布特征（项目组绘制）

(a)连续 5 d 最大降水量(单位:mm)；(b)10 mm 大雨日数(单位:d)；(c)20 mm 暴雨日数(单位:d)；(d)连续干日数(CDD)(单位:d)

1.3.1.2 极端降水的时间变化

"一带一路"沿线的极端降水呈现多尺度增加趋势(图 1.23),极端降水强度增大和频次增加是造成部分地区年总降水量增长的主要原因。中国区域的极端降水事件在 20 世纪 60 年代偏少,80 年代后稳定增多,21 世纪初期有明显增多趋势,且夏季平均最大小时降水强度增加了 11.2%(Westra et al., 2013)。最近 30 多年,中欧、地中海到北非克罗地亚等部分地区以及西亚、南亚、东南亚等地的连续 5 d 最大降水量、10 mm 大雨和 20 mm 的暴雨日数均有显著增加趋势;中亚总降水日数有减少趋势,主要受小雨日数减少的影响,而中雨和暴雨日数略有增加。

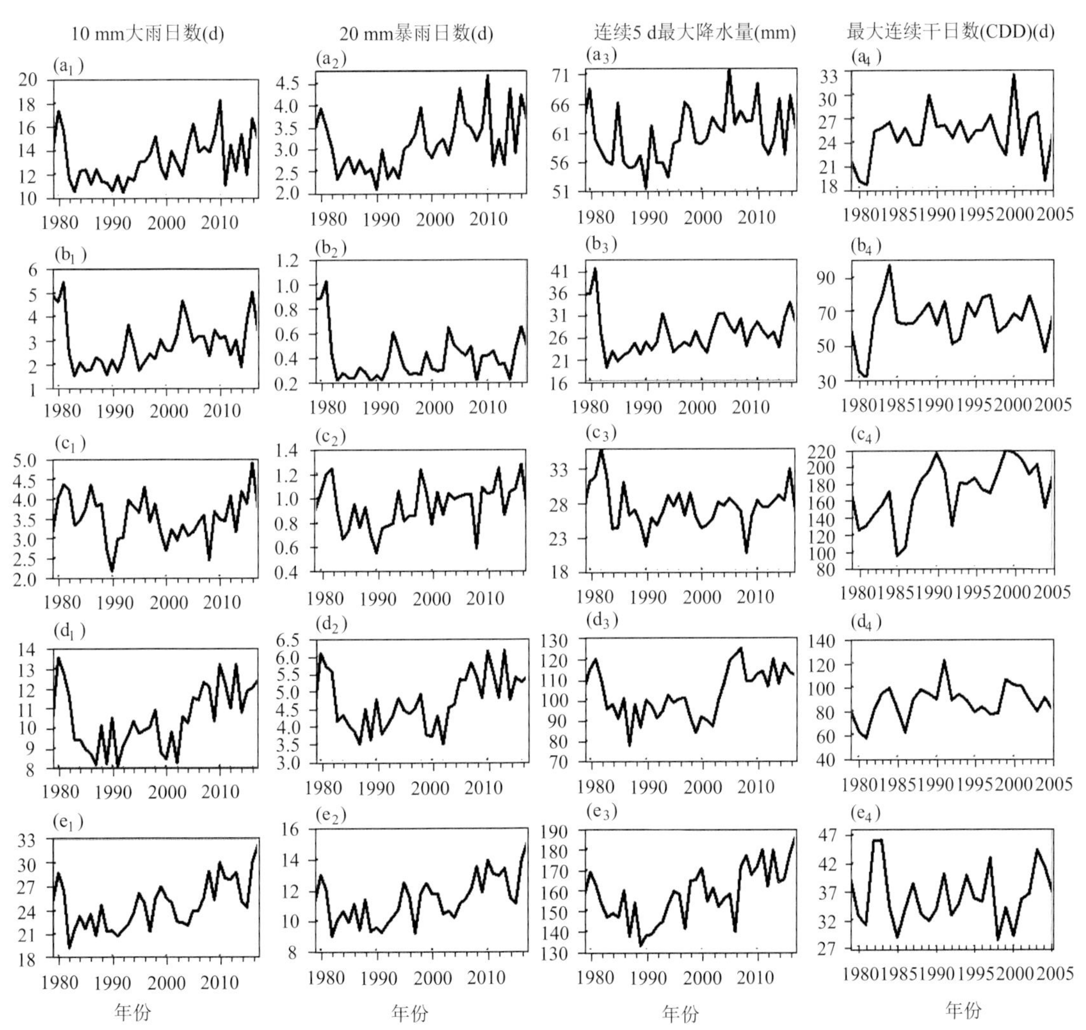

图 1.23 1979—2016 年"一带一路"典型地区 10 mm 大雨日数(第 1 列)、20 mm 暴雨日数(第 2 列)、连续 5 d 最大降水量(第 3 列)以及最大连续干日数(CDD)(第 4 列)的时间演变规律(项目组绘制)

(a)中欧;(b)中亚;(c)西亚;(d)南亚;(e)东南亚

1.3.1.3 极端雨涝与干旱事件

"一带一路"区域极端降水的变化对这一区域的极端雨涝产生了重要的影响,尤其是持续性强降水对极端雨涝起到至关重要的作用。因此,持续性强降水增加的地区更值得关注,特别是南亚、东亚、欧洲等地，2000 年之后的连续 5 d 最大降水量分别高达 110 mm、170 mm 和 60 mm 以上，较之前增加 10～30 mm。2010—2017 年的重大雨涝灾害性天气在欧洲、南亚、东南亚和东亚每年均有发生(图 1.24)，并且 2011 年之后重大雨涝灾害性天气事件的频次和受灾死亡人数在南亚和东南亚有增加趋势。20 世纪 90 年代之后欧洲持续性强降水增加了土壤侵蚀等地质灾害及其带来的次生灾害的风险；2014 年 11 月，马来西亚半岛东北部沿海一带发生了长达一周的暴雨，导致河水泛滥和山洪暴发，带来严重的排水系统失效、房屋倒塌、人员伤亡和财产损失(Fiener et al.，2013)。

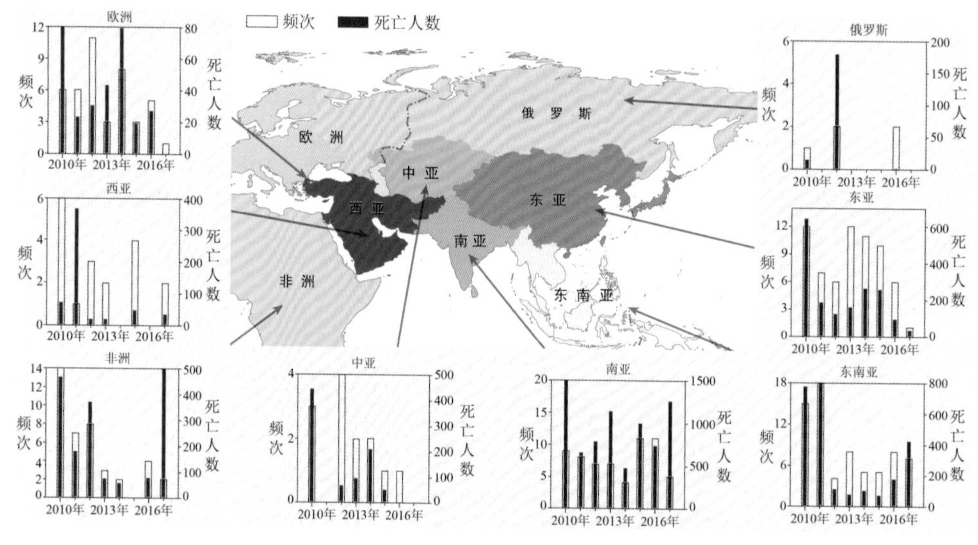

图 1.24　2010—2017 年"一带一路"地区重大雨涝灾害性天气事件频次及死亡人数分布(项目组绘制)

"一带一路"地区的极端干旱分布也有显著的区域差异，极端干旱区主要分布在北非，最长连续干日数长达 150 d 以上；其次是西亚、中亚、青藏高原和中国中西部至蒙古一带，最长连续干日数长达 50 d 以上；印度次大陆和部分东南亚地区则是极端旱涝并存的区域(图 1.22)。百年尺度上，"一带一路"沿线的欧洲、北非、中亚、南亚、东南亚以及北亚西部的干旱有明显增加趋势，干旱强度显著增强、干期延长。近 30 a 是欧洲、北非和中亚等地极端干旱发生最多的阶段(Vicenteserrano et al.，2014)；中亚和西亚地区尤为严重，共发生 19 次严重致灾的干旱事件(Adnan et al.，2016)，西亚在 21 世纪初的最大连续无雨日从 20 世纪 80 年代的 140 d 上升到 180 d(图 1.23)；巴基斯坦在 21 世纪初期出现了长达 3 a 的干旱期，引起严重的水荒；南亚的印度次大陆和部分东南亚地区有明显旱涝并存和极端旱涝增强的现象。极端干旱的影响区域在"一带一路"沿线有扩大和增强趋势(Huang et al.，2015a)，蒸发量增加，导致更严重的干旱，进而影响人体健康，胁迫农林业水分使用，加剧草场退化、沙漠化和生态环境恶化。

1.3.2　极端温度事件变化

1970 年以来"一带一路"沿线绝大多数地区的极端暖事件发生频率增加、极端冷事件的发生频率下降。暖事件的发生频率在 1985 年后明显增加，冷事件的发生频率呈明显的下降趋势。"一带一路"沿线大多数地区夏季日数增加，青藏高原和四川盆地、中南半岛和欧洲小部分山区有所下降；霜冻日数和冰冻日数则普遍减少，特别是在北欧的大部分地区下降最为显著。

全球气候变暖背景下,"一带一路"沿线的高温热浪事件频发。

1.3.2.1 极端温度事件的总体变化趋势

随着全球气候变暖,极端温度事件的频率、强度和分布特征都有可能发生变化,基于全球历史气候网(GHCN)的逐日资料数据集,采用世界气象组织(WMO)推荐的极端气候指数分析发现,"一带一路"沿线地区极端事件的变化趋势和空间分布具有如下特征。

就区域平均而言,暖事件的发生频率在1951—1980年表现相对平稳,但1985年后偏暖程度明显加强,其中暖夜日数上升尤为显著,其次是暖日日数,而夏季日数上升趋势较弱(图1.25)。这与欧亚地区之前的一些研究结果一致(Choi et al., 2009; Andrade et al., 2012; Revadekar et al., 2012)。

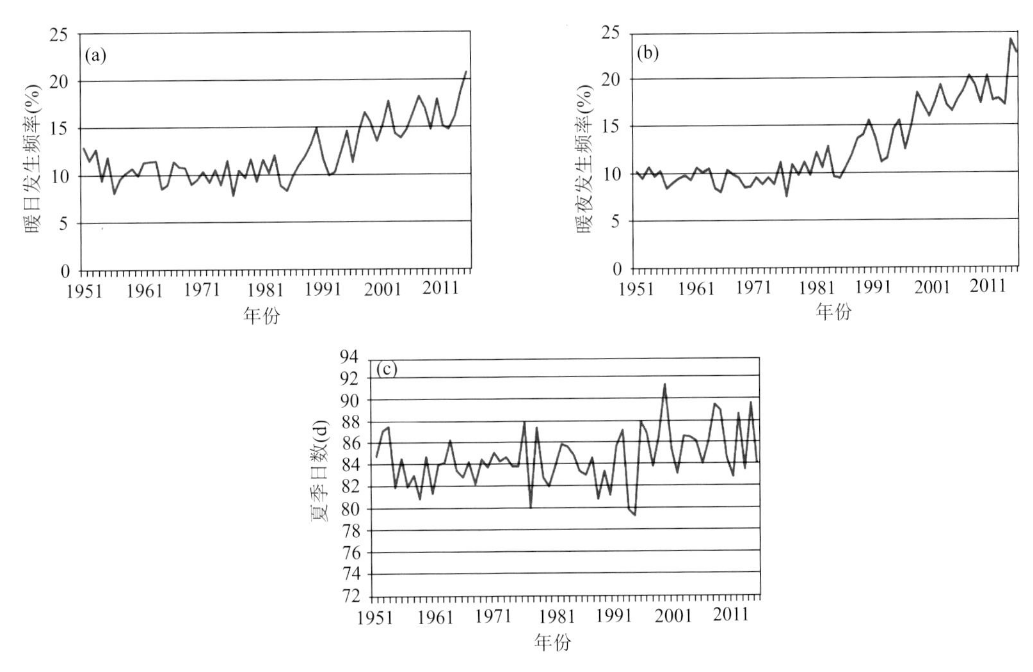

图1.25 "一带一路"及沿线地区暖日(a)(最高气温高于90百分位数)、暖夜(b)(最低气温高于90百分位数)和夏季日数(c)的区域平均序列(项目组绘制)

与暖事件上升相对应,冷事件的发生频率在1965—2000年呈明显的下降趋势,虽然2000年后冰冻和霜冻日数的下降趋势有所变化,但区域总体气温的偏冷程度仍继续降低,特别是冷日和冷夜日数减少最为明显(图1.26)。

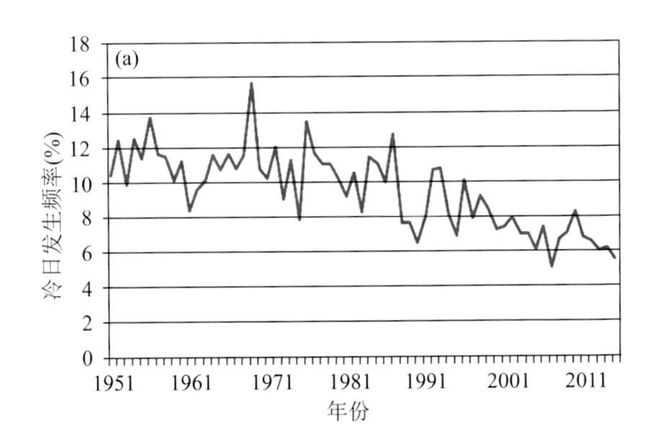

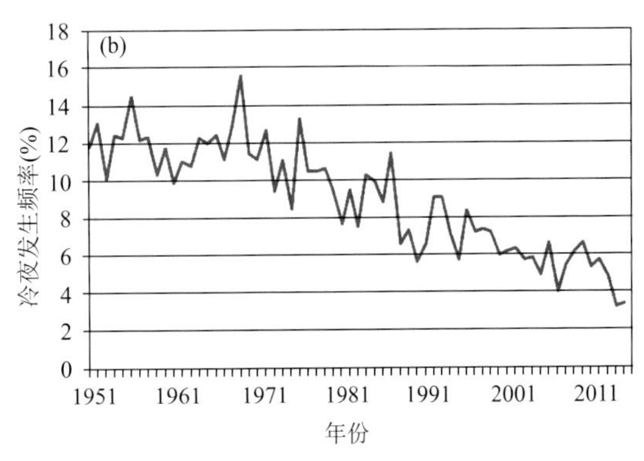

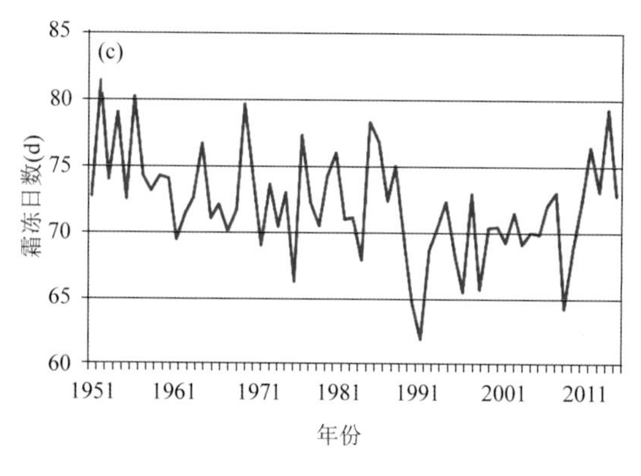

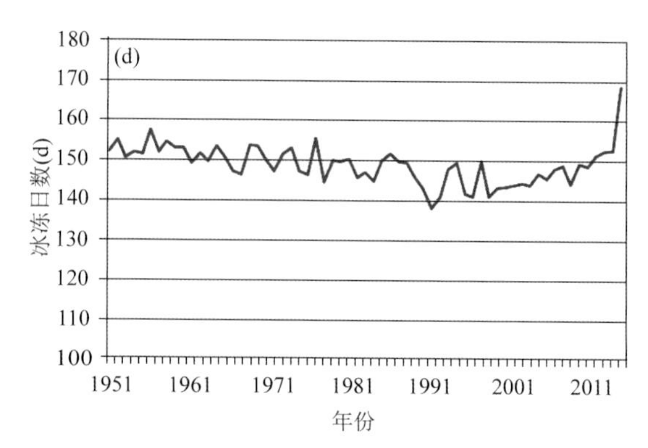

图 1.26 "一带一路"及沿线地区冷日(a)(最高气温低于 10 百分位数)、冷夜(b)(最低气温低于 10 百分位数)及霜冻日数(c)和冰冻日数(d)的区域平均序列(项目组绘制)

亚欧大陆绝大部分地区夜间和白天气温的极端低值均有明显的增加趋势,特别是在中纬度日间气温的极端低值有超过 0.5 ℃/10 a 的明显增加。白天最高气温的变化相对复杂,但绝大部分地区夜间气温的极端高值有明显的上升趋势。总体而言,"一带一路"及沿线地区极端暖事件的发生频率增加,极端冷事件的发生频率下降。

1.3.2.2 极端温度事件变化的空间分布特征

近 60 多年来,"一带一路"区域内较低纬度的中南半岛、中国长江以南地区和 35°N 以南的西亚部分地区冷事件较少,平均全年霜冻日数(最低气温低于 0 ℃的天数)在 20 d 以下,但青藏高原受地形影响大部分地区全年霜冻日数超过 140 d,而高纬的东西伯利亚全年霜冻日数多于 240 d。同为冷事件指标的冰冻日数(最高气温低于 0 ℃的天数)分布与霜冻日数类似,但具有更明显的纬度地带性。与暖事件相关的夏季日数(最高气温高于 25 ℃)纬度带分布特征明显,其中在中南半岛南部超过了 300 d,而在 60°N 以北的高纬度地区和斯堪的纳维亚半岛全年夏季日数均不超过 25 d。

"一带一路"沿线大多数地区夏季日数为增加趋势,仅在我国青藏高原和四川盆地以及中南半岛和欧洲的小部分山区等地有所下降。而霜冻日数和冰冻日数则普遍减少,特别是在北欧大部分地区,其冰冻日数的下降趋势超过 3 d/10 a(图 1.27、图 1.28)。

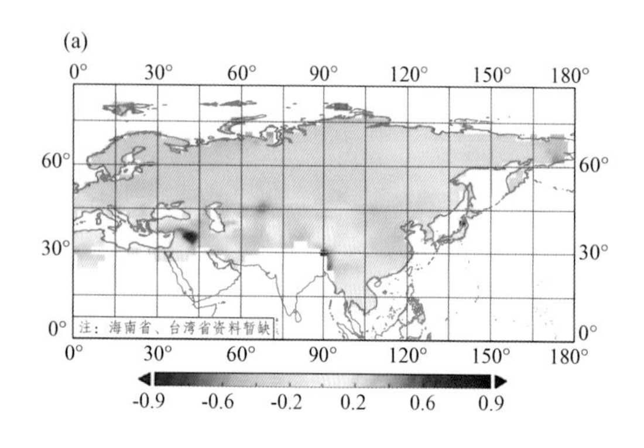

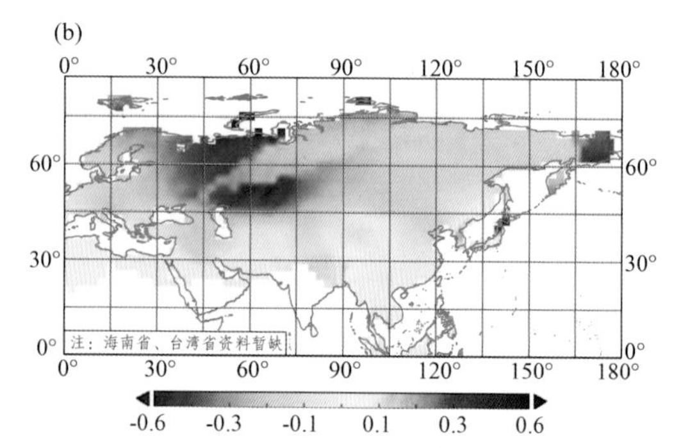

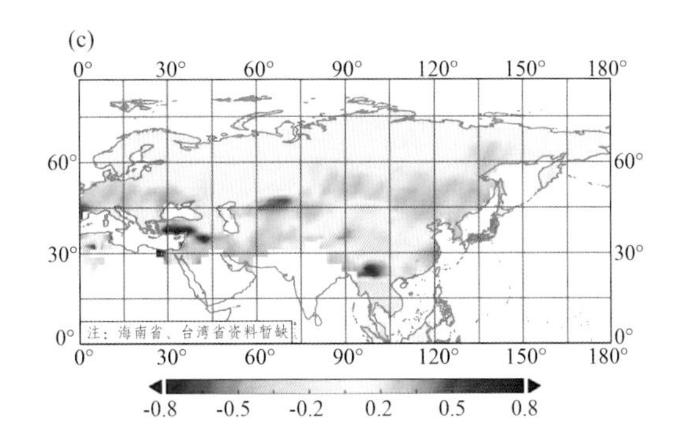

图 1.27 "一带一路"沿线地区 1951—2016 年平均霜冻日数(FD)、冰冻日数(ID)、夏季日数(SU)变化趋势的空间分布(项目组绘制)

(a)霜冻日数(最低气温低于 0℃)的变化趋势分布(单位:d/a);(b)冰冻日数(最高气温低于 0℃)的变化趋势分布(单位:d/a);(c)夏季日数(最高气温高于 25℃)的变化趋势分布(单位:d/a)

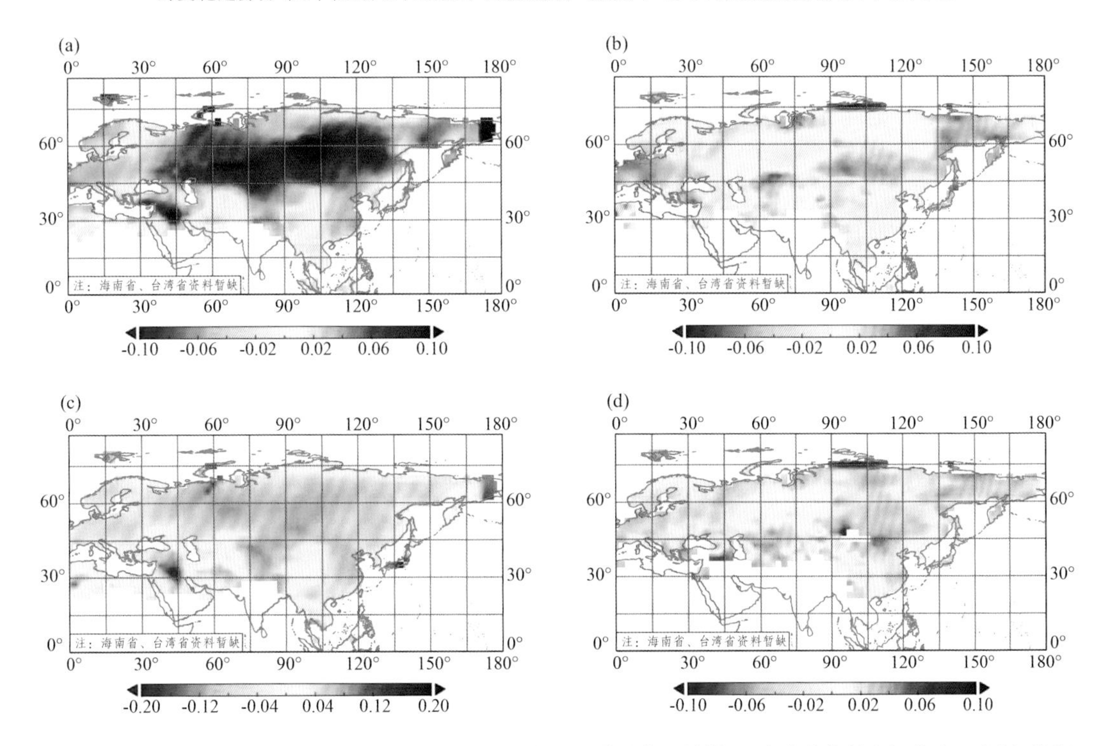

图 1.28 "一带一路"沿线地区 1951—2016 年白天和夜间极端最高、最低气温变化趋势的空间分布(项目组绘制)

(a)日最高气温中极端低值的变化趋势分布(单位:℃/a);(b)日最高气温中极端高值的变化趋势分布(单位:℃/a);(c)日最低气温中极端低值的变化趋势分布(单位:℃/a);(d)日最低气温中极端高值的变化趋势分布(单位:℃/a)

1.3.2.3 高温热浪事件

高温热浪通常指持续多日的 35 ℃以上的高温天气。高温热浪不仅给自然生态系统造成不可逆转的冲击,也对人类经济社会与健康产生巨大的负面影响。自 20 世纪 60 年代以来,地中海东部地区的平均热浪强度、持续时间、发生频数分别增加了 7.6±1.3 ℃、7.5±1.3 d、6.2±1.1 个/10 a(Kuglitsch et al., 2010);非洲萨赫勒地区高温热浪增加显著。近 50 a 来,我国夏季高温热浪的频次、日数和强度总体呈增多、增强趋势,但也呈现明显的阶段性变化特征。20 世纪 60—80 年代前期高温热浪频次和强度呈减少(弱)趋势,80 年代后期以来呈增多

(强)趋势；各区域变化特征明显，华北北部和西部、西北中北部、华南中部、长江三角洲及四川盆地南部呈显著增多(强)趋势；而黄淮西部、江汉地区呈显著减少趋势。自 20 世纪 90 年代以来，我国高温热浪的范围明显增大。

在全球气候变暖的背景下，21 世纪以来“一带一路”沿线的高温热浪事件频发(图 1.29)。2003 年夏季几乎席卷全球的一系列高温热浪事件，使整个欧亚大陆的死亡率在短期内急剧上升；2010 年夏季高温热浪袭击北半球多国，俄罗斯遭受了 40 a 来最严重的高温干旱。2015—2018 年连续 4 a 的高温热浪席卷全球各地，多地破历史纪录：2015 年欧洲遭遇 500 a 来最强热浪；2016 年 5 月，印度的最高气温达 51 ℃，刷新了印度 60 a 来最高纪录，7 月高温热浪席卷中东及北非地区，科威特、伊拉克、伊朗等多国高温突破历史极值；2017 年欧洲、西南亚、东亚等多地区遭受 40 ℃以上的高温；2018 年夏天，欧洲、北非、中亚里海地区，东亚地区高温频繁，法国巴黎气温飙升至 39 ℃，致 1500 人死亡；德国罕见热浪创下 130 a 来的最高纪录；巴基斯坦卡拉奇出现连续 44 ℃以上高温，致 65 人丧生。

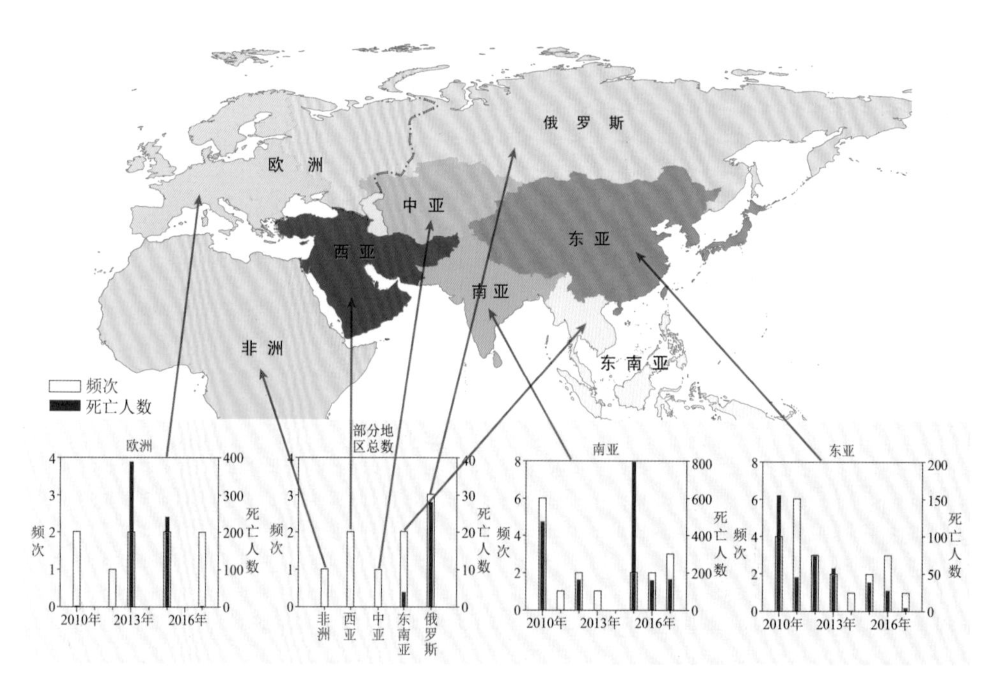

图 1.29　2010—2017 年“一带一路”地区重大高温热浪灾害性天气事件频次和死亡人数分布及部分地区的总频次和总死亡人数(项目组绘制)

1.3.3　大风、沙尘暴变化

近几十年，“一带一路”沿线陆地区域的表面风速有普遍减弱趋势，大风事件有所减少，而南海、孟加拉湾、阿拉伯海等沿线海域的表面风速则表现出了增强趋势，极端风浪事件显著增加。特别是 20 世纪末之后，中亚地区风速减弱，导致乌兹别克斯坦和哈萨克斯坦地区沙尘暴频次减少。

1.3.3.1　近地层风速变化特征

近地表风速对沙尘暴的起沙过程(Kurosaki and Mikami，2007)、雾霾天气(Wang and Chen，2016)以及地表生态系统(徐霞 等，2017)都有重要的影响。过去 50 a，包括东亚、中亚、东南亚—南亚、欧洲、北非等"一带一路"沿线区域在内的全球中低纬陆地近地面风普遍减弱，1979—2008年的30 a间的减弱幅度为5%～15%(赵宗慈 等，2011;Mcvicar et al.，2012)。特别需要指出的是，东亚、中亚、欧洲等区域大风频数下降的趋势比小风频数的下降趋势更为明显(表1.5)(Vautard et al.，2010)。另一方面，不同区域上空的各层风速变化趋势表现出了差异性：欧洲地区1000 hPa等压面以上各层风速均表现为增加趋势，东亚和中亚地区400～500 hPa等压面以上(下)风速呈增加(减小)趋势，而中国地区上空对流层整层风速均呈减弱趋势(张爱英 等，2009;赵宗慈 等，2011)。风速减弱不利于空气污染物扩散，而且会增加夏季高温闷热天气事件发生的风险，值得关注。

表1.5　1979—2008年全球几个地区近地层风速超过某阈值的年频数变化趋势(单位:%/10 a)(赵宗慈 等，2011)

风速(m/s)	欧洲	中亚	东亚	北美
≥1	0	0	2	−1
≥3	−1	−6	−4	−2
≥5	−5	−13	−10	−4
≥7	−7	−18	−15	−5
≥9	−11	−23	−19	−3
≥11	−12	−24	−23	−3
≥13	−11	−22	−30	−3
≥15	−12	−23	−37	−11

注：风速≥1 m/s的年频数即指某年出现风速≥1 m/s的日数，以此类推。

"一带一路"沿线中低纬地表风速的减小以及大风频数的减少与全球变暖密切相关。在全球变暖背景下，位于中纬地区的风暴轴向高纬地区移动，这导致了中纬地区气旋活动的减少，从而引起了中纬地区风速的减弱和大风日数的减少(Ulbrich et al.，2009;Sun and Wang，2017)。此外，由植被覆盖率增加、土地利用、城市化引起的下垫面变化也是近地表风速减弱的重要原因(Vautard et al.，2010;Li et al.，2017b)。

另一方面，海表风速对海上的渔业活动、运输活动、军事活动等都有重要影响。我国每年由大风浪引起的海难造成人员的死亡都在500人左右，经济损失达1亿元(郑崇伟，2013)。尤其在7月，受季风影响，"21世纪海上丝绸之路"沿线的阿拉伯海、孟加拉湾、南海海域的大风频率均高于其他同纬度海域，需要特别注意。卫星观测资料表明，1990—2008年，"海上丝绸之路"沿线海域的海表风速均呈增加趋势，相应的海浪高度也有所增加，其中极端大风浪事件增加尤为显著(Young et al.，2011)。再分析资料也表明，1958—2001年全球海表风速整体呈增加趋势，中低纬印度洋和西太平洋等"海上丝绸之路"沿线海域海表风速增加较为明显(潘静 等,2014)。因此，应格外注意"21世纪海上丝绸之路"沿线海域的风浪天气变化，保障各类社会经济活动的安全。

总体说来，过去几十年"一带一路"沿线的陆地区域和海洋区域的表面风速有着相反的变化趋势，前者地表风速和大风频数皆减少，而后者极端大风浪事件显著增加。这意味着在制定大风事件气象灾害应对措施时应分开考虑陆地区域与海洋区域。至于为何海表风速的变化与地表风速的变化如此不同，其原因值得深究。

1.3.3.2　沙尘暴变化特征

沙尘暴，是干旱半干旱区的自然灾害之一，是指强风将地面尘沙吹起，使空气能见度小于1 km的灾害性天气现象，包括沙暴和尘暴两种类型；具有突发性和持续时间较短的特点。"一带一路"涉及国家主要分布在热带、副热带、干旱半干旱区、中亚干旱区等众多气候变化敏感区，因此"一带一路"地区是沙尘暴频发的区域之一。自2010年至今，"一带一路"地区遭受了多次严重的沙尘暴事件：仅我国北方地区就发生了15次沙尘天气过程，伊拉克遭遇4次强沙尘暴事件，也门在2011年和2012年遭受两次强沙尘暴袭击，导致众多航班取消。此外，2011年罕见强沙尘暴袭击德国北部，致使发生连环撞车交通事故，造成多人死亡和受伤。

就全球而言，沙尘暴的源区主要位于北非，但其影响可波及非洲、中东、欧洲、亚洲、加勒比海和美洲等地(Griffin et al.，2007)。尤其是撒哈拉、中东和蒙古三地，是沙尘暴的多发区域，同时这三个地区也是"一带一路"倡议实施涉及的重要地区。据估计，通过这三个区域向地球大气中每年可运送2亿～50亿t的矿尘(Tegen and Fung，1994)。此外，中亚地区的土库曼斯坦、西亚地区的伊朗和阿拉伯半岛、南亚的阿富汗和巴基斯坦及印度北部也是重要的沙尘活动区(Engelstaedter et al.，2006)。就中亚来说，干旱的气候条件和细粒径地表使得这一地区成为高频率和长时间沙尘暴的多发区；尤其咸海北部国家沙尘暴最为频繁，平均为36～84 d/a，而克孜勒库姆沙漠和卡拉库姆沙漠平均每年发生沙尘暴日数高达40～110 d。20世纪末之后，中亚区域风速减弱，这导致乌兹别克斯坦和哈萨克斯坦地区的沙尘暴频次减少。然而由于人为负载增加，中亚乌斯秋尔特高原、咸海和克孜勒奥尔达地区沙尘暴数量增加(Issanova et al.，2015)。

我国典型强沙尘暴的频发区位于南疆盆地、西北东部及华北北部地区(周自江和章国材，2003)。从时间演变来看，20世纪50—90年代我国北方强沙尘暴频次呈波动变化，其中70年代最多，80—90年代明显减少，21世纪00年代后增加，尤其2006年增加幅度加大(钱正安 等，2002，2006；Zhang et al.，2008a)。2000—2006年，我国北方强沙尘暴事件平均每年出现约6次，主要集中在春季3—5月的午后至傍晚间，特别是4月最多。对于西北东部而言，阿拉善高原、鄂尔多斯高原及河西走廊是强沙尘暴的多发区域，1997—2001年强沙尘暴明显增加(周自江和章国材，2003)。在新疆地区，各强度等级沙尘暴天气的发生区域在1960—2006年逐年缩小，强沙尘暴、扬沙发生区域有东移趋势，而浮尘则呈现向南退缩的趋势(陈丽 等，2014)。

沙尘暴尤其强沙尘暴事件严重地影响人民生存环境，造成交通受阻甚至中断，给经济建设、军事活动带来重大破坏和损失。观测表明"一带一路"沿线地区的中亚乌斯秋尔特高原、咸海和克孜勒奥尔达地区沙尘暴数量在20世纪末之后增加；我国西北东部的阿拉善高原、鄂尔多斯高原及河北走廊等地强沙尘暴在1997—2001年增加趋势明显。因此，关注"一带一路"地区尤其北非、中亚、西亚、南亚及我国北方地区沙尘暴事件的发生，提高沙尘暴的监测能力，可为"一带一路"倡议的顺利实施提供气象保障。

1.3.4 热带气旋和台风变化

全球气候变化对热带气旋的活动产生了十分重要的影响(IPCC，2013)。"一带一路"沿线两个海域(西北太平洋和北印度洋海域)的热带气旋频数和强度变化对全球气候变化的响应呈现出大致类似的特征。总体而言，西北太平洋和北印度洋海域热带气旋总频数呈减少趋势，但强热带气旋的比例呈增加趋势。热带气旋和台风的变化存在显著的区域性差异。伴随全球变暖，西北太平洋热带气旋生成位置呈西移趋势，而热带气旋路径呈向极趋势。

1.3.4.1 西北太平洋台风活动变化

濒临我国的西北太平洋海域(包括南海)是全球热带气旋活动最为活跃的海域，平均每年约有26个热带气旋生成，约占全球热带气旋总频数的1/3。在西北太平洋海域，热带气旋中中心风速达 32.7 m/s(12 级)或以上的称为台风。自 20 世纪 70 年代有卫星监测以来,西北太平洋台风总频数呈明显减少趋势,尤其自 20 世纪末以来西北太平洋海域台风活动处于异常“安静”时期(Liu and Chan,2013),台风活动能量耗散指数(Power Dissipation Index,PDI)呈显著减少趋势(Lin and Chan,2015)。然而与台风总频数减少不同,强台风数目和强台风比例显著增加,该增加趋势与全球变暖的趋势相吻合,很大程度表明了全球变暖对强台风频率和比例的上升可能有重要影响(图 1.30)(Emanuel, 2005; Webster et al. , 2005; Knutson et al. ,2010; Wei et al. ,2015b)。该强台风频数及比例的显著增加可能主要与全球变暖导致的环流变化改变的台风生成位置和盛行路径有密切关联(Wu and Wang,2004)。该结论也进一步得到观测事实的支撑。近几十年来西北太平洋台风生成位置有明显西移趋势(Wu et al. ,2015),盛行路径也呈现出显著的偏西偏北移动趋势(Wu et al. ,2005),更多的台风将在濒临我国的西北太平洋西部生成,东部台风生成显著减少,台风总频数减少,影响南海的台风活动减少,影响菲律宾到中国东部沿海地区的台风活动增多及近海转向的台风活动增多。伴随着台风路径及大气环流变化,台风达到最大强度的位置呈现向极移动的趋势(Kossin et al. ,2014);影响中国的台风降水呈现华东及东南沿海增多,华南沿海、海南岛以及西南地区减少的变化趋势(Ying et al. ,2011; 刘通易 等, 2013);登陆中国和菲律宾的台风也呈减少趋势,登陆韩国和日本的台风呈增加趋势。虽然登陆中国、日本、菲律宾和韩国等地的登陆台风并没有明显趋势(Lee et al. ,2012),但东亚沿海地区强台风路径呈现了显著增加趋势(Zhao et al. ,2018)。

1.3.4.2 北印度洋热带气旋活动变化

北印度洋也是“一带一路”沿线区域的一个主要热带气旋活动海域,该海域平均每年约有 6 个热带气旋生成。在北印度洋海域,热带气旋惯称为气旋风暴。随着该沿海地区人口的不断稠密和经济水平的快速发展,近几十年来气旋风暴活动对安德拉邦和印度的影响日益严重(Raghavan and Rajesh, 2003)。在北印度洋海域,不管是在孟加拉湾还是阿拉伯海地区气旋风暴频数尤其在季风时期都呈减少趋势(Niyas et al. , 2009),这主要与全球变暖导致的该区域垂直切变减少(Evan et al. , 2012; Wang et al. , 2012)及对流减弱密切关联。近几十年来强气旋风暴呈现显著的增加趋势,尤其从 1998 年以来有高达 5 个超强气旋风暴生成在阿拉伯海海域,分析发现强气旋风暴个数的增加主要与全球变暖响应的海温升高密切相关(图 1.31)。除此之外,北印度洋的气旋风暴移动速度对全球变暖也呈显著的区域性响应。气旋风暴移动速度和运动趋势在孟加拉湾与阿拉伯海并不一致,在孟加拉湾近期呈现增加趋势,而在阿拉伯海则呈现减少趋势(Geetha and Balachandran, 2014)。

值得注意的是,当今国际台风气候界对热带气旋活动及气候变化的认识还相当欠缺,一些研究结果仍然存在不确定性(Knutson et al. , 2010; IPCC, 2013; Walsh et al. ,2016)。这主要体现在:①台风资料的可靠性和非均一性带给台风气候变化认识的极大挑战;②台风资料的时限性使得很难断定台风气候变化是受全球气候变化还是自然变率的影响,阻碍了台风活动气候变化归因的确定;③模式与观测结果的不一致甚至相反进一步加大了台风活动气候变化的归因的不确定性;④更为重要的是全球气候变化如何影响台风活动的物理机制或关键物理过程还不清楚。

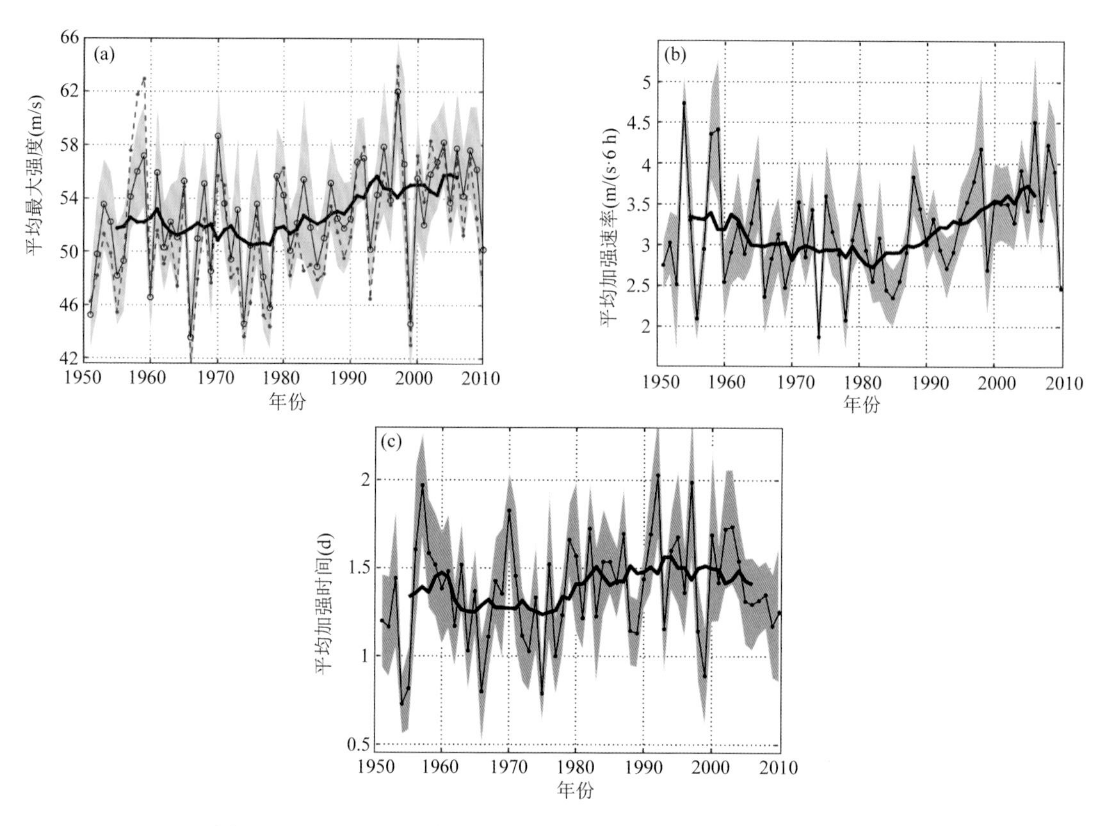

图 1.30 1950—2010 年西北太平洋台风生命史最大强度平均(a)、加强速率(b)和加强时间(c)(Wei et al.,2015b)

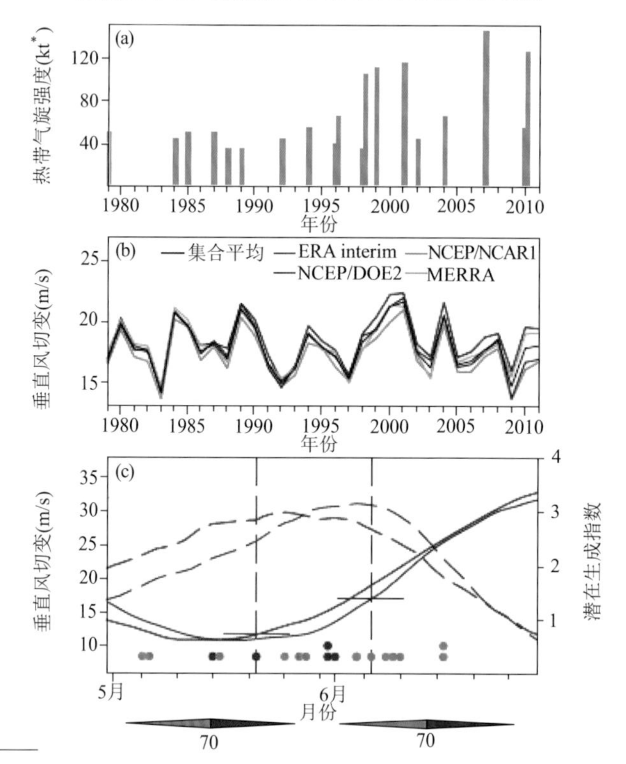

* 1 kt=1 节=1 n mile/h,下同。

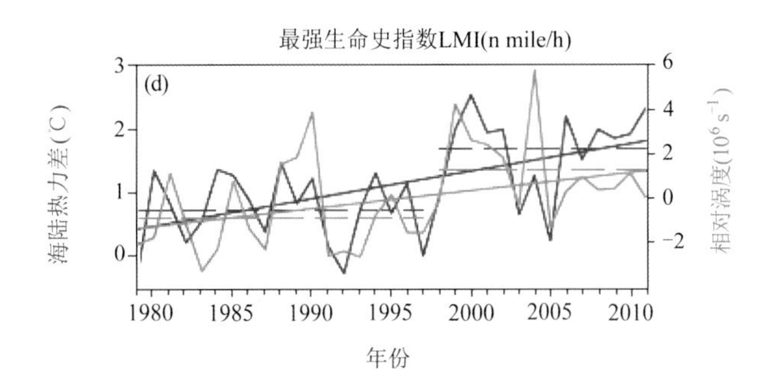

图 1.31　1979—2011 年阿拉伯海海域(a)热带气旋强度;(b)基于多套资料的垂直风切变;(c)两段时期(1979—1997-蓝色和 1998—2011-红色)的垂直风切变(虚线),热带气旋生成指数(实线)和达到最大生命史强度的时间(圆点)及平均时间(垂直虚线);(d)海陆热力差异(红色折线)及 850 hPa 的相对涡度(绿色折线),倾斜直线为相应的趋势线,水平虚线为两个时期(1979—1997 年、1998—2011 年)相应的平均值(Wang et al.,2012)

1.3.5 雪灾变化

"一带一路"沿线区域均不同程度受到异常降雪事件和雪灾的影响,20 世纪 90 年代之后,"一带一路"沿线地区雪灾频发,尤其是中亚雪灾发生的区域范围和频次均明显增加。总体而言,大部分区域的降雪日数存在不同程度的减少趋势,但强降雪日数总体呈增加趋势。

1.3.5.1 雪灾的空间分布特征

雪灾指的是由降雪引起的大范围积雪、暴风雪、雪崩等,并对人类生命财产造成严重影响的自然灾害现象。全球因雪灾致死人数位列自然灾害死亡人数的第五位,"一带一路"地区均不同程度的受雪灾影响。2009 年 12 月持续性暴雪造成波兰、乌克兰、英国等欧洲国家 140 多人死亡;2012 年 3 月多国遭受雪崩的影响,造成阿富汗 65 人死亡,吉尔吉斯斯坦 4 人死亡,印控克什米尔地区 3 人死亡,挪威北部 5 人死亡;2013 年 1 月黎巴嫩暴风雪造成 4 人死亡,50 多人受伤;2016 年 3 月初俄罗斯莫斯科遭遇了 80 a 来最大暴雪,11 月中国新疆塔城、阿勒泰、伊犁河谷等地区发生雪灾,造成 900 间房屋受损、600 余公顷农作物受灾,直接经济损失 2500 余万元;2017 年 2 月,巴基斯坦北部发生雪崩导致包括 6 名儿童在内共 14 人死亡,阿富汗全国大雪造成的雪崩和寒冷天气导致 119 人死亡,80 多人受伤。

中国雪灾一般发生在 10 月—次年 4 月,内蒙古中部、新疆天山以北、青藏高原东北部等主要牧区则是雪灾多发地区(图 1.32)。从空间分布的演变特征来看,1949—1965 年,雪灾主要发生在新疆天山以北和内蒙古中部地区;1978—1990 年,雪灾主要发生在新疆天山西北部、内蒙古中东部、青藏高原东北部一带;1991—2000 年,雪灾发生的主要区域与 1978—1990 年相似,但雪灾发生的区域范围和频次有所增加(郝璐 等,2002)。

1.3.5.2 雪灾的时间变化趋势

雪灾发生频次具有显著的年际、年代际特征,同时这些变化特征与气候变化具有密切的联系。自秦汉以来,我国有记录的雪灾有 203 次,其中半数以上是重大雪灾,由于历史记载的遗失,真实发生的雪灾次数远远大于这一数值,在历史上明清两代是雪灾的频发时期,共发生雪灾 61 次(苏全有和韩洁,2008)。新中国成立以后,我国有 90%以上的年份均有不同程度的雪灾发生,在 20 世纪 50—60 年代我国雪灾的发生具有 3 个峰值,70 年代雪灾发生的次数较少,

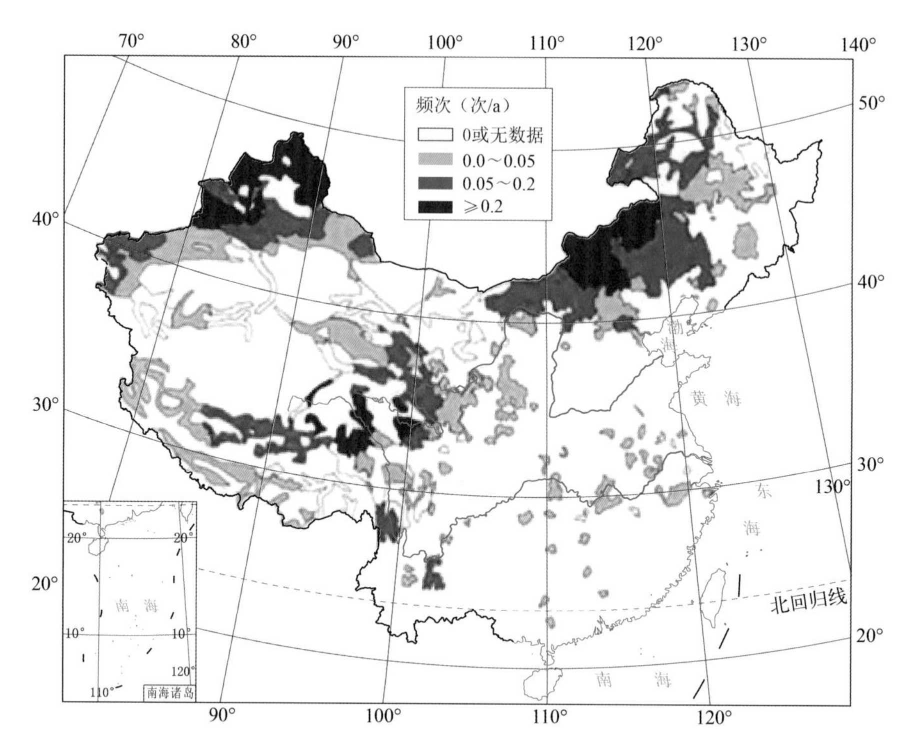

图 1.32　1949—2000 年中国雪灾发生频次数(Su et al.，2011)

80 年代以后我国的雪灾发生次数有明显增加趋势(郝璐 等,2002)。雪灾的发生也具有显著周期性变化,例如:青藏高原的雪灾发生具有 23 a 和 56 a 两个周期(董文杰 等,2001),新疆地区的雪灾发生具有 5～7 a、10 a、14～17 a、23 a 等几个周期(王秋香 等,2015)。雪灾发生频数的时间变化特征主要受气候变化的影响。

降雪是造成雪灾的重要因子之一。我国 1961—2013 年的降雪量在黄河和长江流域有减少的趋势,而在西藏南部、东北、新疆北部有增加的趋势(图 1.33a)。从降雪日数看(图 1.33b),我国大部分地区的降雪日数均有减少的趋势,特别是在我国的东北和西部。然而,在我国大部分地区降雪强度却有显著的增加趋势(图 1.33c)。强降雪主要发生在我国东北、我国东部地区、西藏东部、新疆北部等地区(图 1.34a),同时上述区域也是强降雪日数变化最大的区域(图 1.34b)。总体而言,1962—2000 年,降雪日数有减少趋势,但强降雪日数在新疆北部、西藏东部、我国东北均为增加趋势(图 1.34c),我国东部地区则为减少趋势。

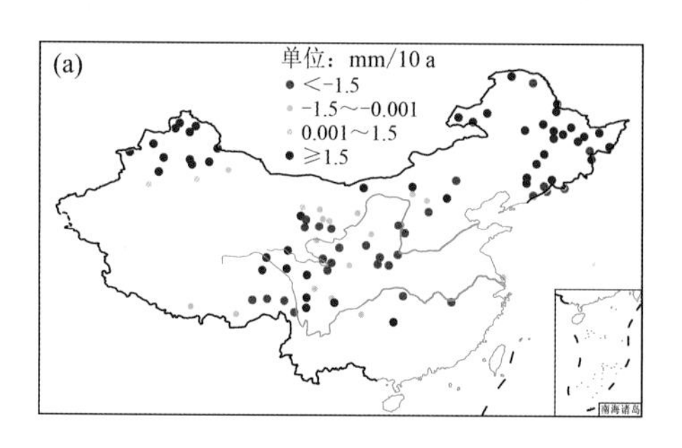

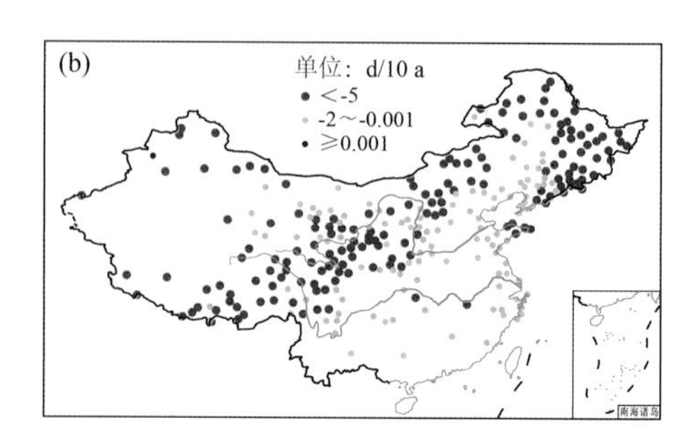

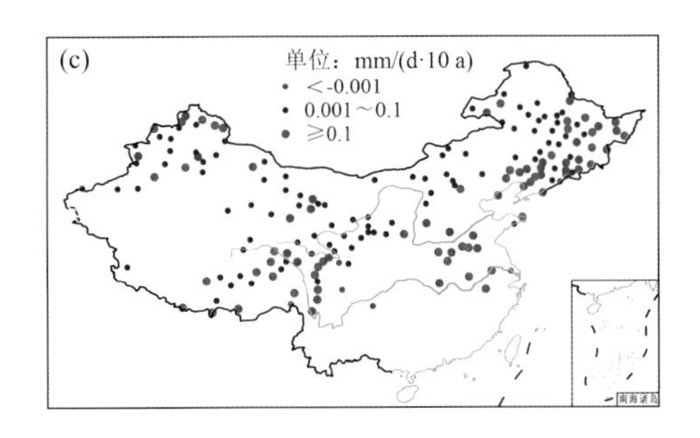

图 1.33　1961—2013 年我国降雪量(a)、降雪天数(b)、平均降雪强度(c)的变化趋势(Zhou et al.，2018a)

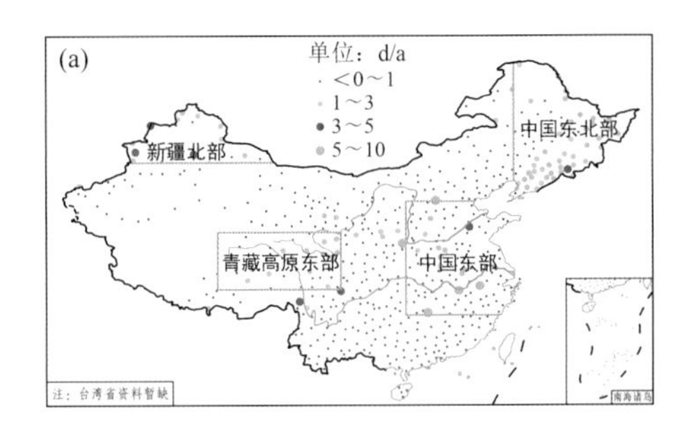

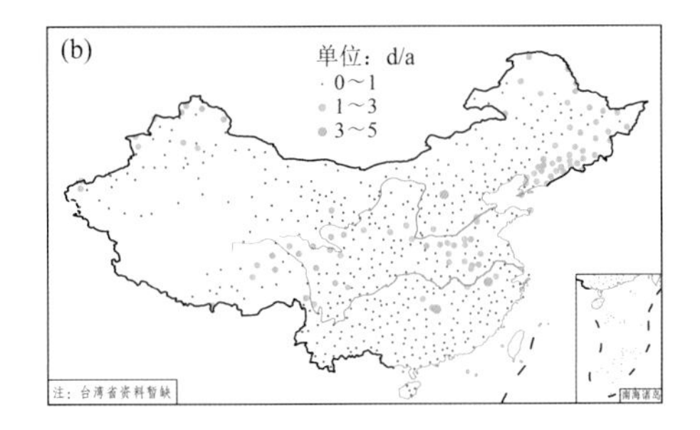

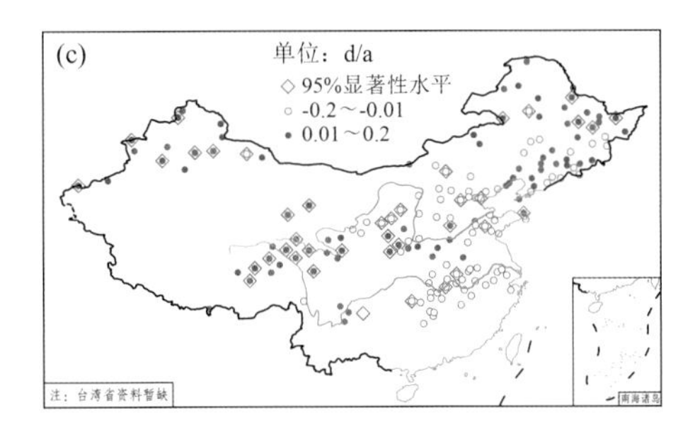

图 1.34　1962—2000 年我国强降雪天气的年平均发生天数(a)及其标准差(b)和线性趋势(c)(Sun et al.，2010a)

1.4　“一带一路”区域冰冻圈及水资源变化

“一带一路”是受冰冻圈影响的区域之一。其主要表现为：①冰冻圈为“一带一路”干旱区提供了水资源；②北极海冰的变化对未来北极航道开通和能源资源利用具有重要影响；③冰冻圈灾害对“一带一路”的社会经济影响。因此，评估全球变暖背景下冰冻圈的变化，对“一带一路”区域可持续发展具有重要意义。本节主要对最近几十年来“一带一路”沿线和周边区域(包括亚洲、欧洲、北极、非洲等)的冰冻圈要素(包括冰川、多年冻土、积雪、海冰、河冰、湖冰)的变化及其对水资源的影响进行评估。

1.4.1　冰川变化

“一带一路”沿线区域分布有数量和面积都非常巨大的冰川，是全球冰川集中分布的地区之一。区域内冰川在过去几十年间发生了以面积整体萎缩、数量大幅度缩减、冰川冰量持续损失等为特点的变化。但部分地区的冰川处于较稳定状态，其中少部分地区还出现了正的冰川物质平衡和冰川前进(跃动)现象。

1.4.1.1 冰川分布特征

在 Randolph 冰川目录(RGI)中，“一带一路”所在的欧亚大陆和非洲地区总计分布有冰川11.4 万条(RGI Consortium，2017)，总面积为 20.5 万 km^2(图 1.35)，分别占全球山地冰川的53.07%和 29.06%。其中，青藏高原及其周边地区冰川总条数和总面积分别占到“一带一路”冰川总数的 85.64%和 48.16%。挪威及其所属斯瓦尔巴德群岛，以及俄罗斯法兰士约瑟夫地群岛、新地岛、北地群岛等地区是“一带一路”区域另一个主要冰川分布区，冰川平均面积均较大(条数仅占区域总条数 5.61%)，面积占比达到 43.24%。俄罗斯中东部地区、欧洲阿尔卑斯山和西亚地区分布的冰川总面积分别占区域的 1.07%(条数 4.07%)、1.02%(条数 3.43%)和 0.64%(条数 1.65%)。热带的非洲维多利亚湖周围地区和赤道新几内亚地区仅分别分布有 36 和 5 条冰川，总面积也仅为 6.54 km^2。

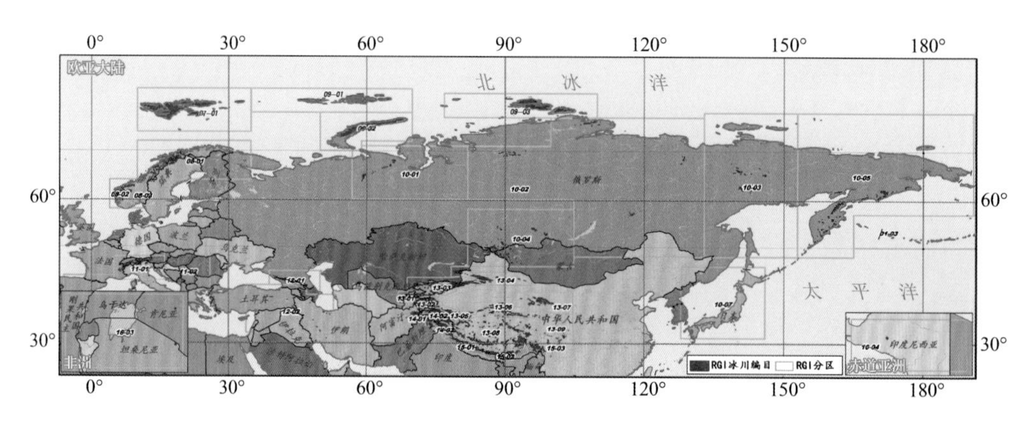

图 1.35 “一带一路”涵盖区冰川分布图(图中数字为 RGI 分区编号，项目组绘制)

1.4.1.2 冰川面积变化特征

全球变暖背景下，“一带一路”的冰川退缩显著。对已发表的资料归纳分析表明(归并为1975—2005 年间的冰川变化图 1.36)，欧洲阿尔卑斯山地区(RGI 分区 11-1)的冰川面积在1975—2005 年间总体萎缩了近 40%，西亚高加索地区的冰川也萎缩了约 23%，而远东地区勘察加半岛的冰川面积萎缩率达到 44%(Paul et al.，2011；Lynch et al.，2016；Tielidze，2016)。北欧的挪威 1975—2005 年间的冰川变化相对较小，仅为−9%。但斯瓦尔巴德群岛和俄罗斯北部乌拉尔山等地区相同时期的冰川面积萎缩达到 15%以上(Kääb，2008；Shahgedanova et al.，2012)。非洲地区冰川面积在 20 世纪期间萎缩幅度超过 80%，印度尼西亚查亚峰的冰川在1850—2000 年间的萎缩幅度达到了 88%(Klein and Kincaid，2006；Mölg et al.，2013)。

上述归纳方法获得的青藏高原西部纳伦河流域和东部祁连山地区在 1975—2005 年间冰川面积都萎缩了约 23%，同时期青藏高原南部喜马拉雅山西段和东段以及天山西段的冰川萎缩率也在 15%以上(Li et al.，2006；Liu et al.，2006a，2006b；Ye et al.，2006a；别强 等，2013；Hagg et al.，2013)。但高原内陆地区、天山东段与北部以及阿尔泰地区的冰川面积萎缩率普遍在 10%以下(Ye et al.，2006b；Niederer et al.，2008；Shahgedanova et al.，2010)。

此外，部分地区的冰川出现了前进现象，如青藏高原、帕米尔高原、喀喇昆仑和西昆仑地区的数百条冰川在过去几十年间出现前进(Yao et al.，2012；Quincey et al.，2015)。部分冰川

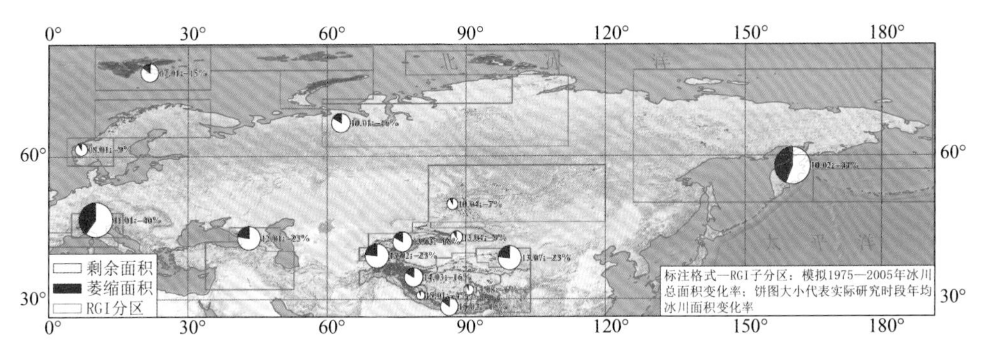

图 1.36 1975—2005 年欧亚大陆冰川变化空间分布特征(项目组绘制)

前进现象是由于冰川本身固有的周期性跃动引起，但也有部分是因为全球气候变暖背景下部分区域气候的反常变化所致(Gardelle et al. , 2013；Mackintosh et al. , 2017)。

1.4.1.3 冰川物质平衡变化特征

“一带一路”涵盖区冰川物质平衡变化分布特征与冰川面积变化类似(表 1.6)。其中，阿尔卑斯山地区的年均冰川物质损失达到 0.69±0.12 m w. e. 至 0.77±0.14 m w. e.，喜马拉雅山西段查谟和克什米尔地区也达到 0.66±0.09 m w. e.(Kääb et al. , 2012；Carturan et al. , 2013)。中亚天山、阿尔泰山和喜马拉雅山中段、东段的冰川物质损失率在 0.38～0.46 m w. e.(Shangguan et al. , 2015；Wei et al. , 2015a；Wu et al. , 2017)。挪威北部、俄罗斯乌拉尔山、青藏高原内部和东北部地区以及兴都库什地区的冰川物质损失率都小于 0.3 m w. e. /a(Haug et al. , 2009；Shahgedanova et al. , 2012；Xu et al. , 2013)。其中，帕米尔、喀喇昆仑的部分地区甚至出现了正的物质平衡(Yao et al. , 2012；Gardelle et al. , 2013)。

北极地区的冰川物质平衡具有极大的空间异质性。斯瓦尔巴德群岛北部 Vestfonna 冰帽在 1980—2010 年间出现了正平衡，而中部迪克森地和东部埃季岛地区冰川物质损失率都超过了 0.5 m w. e. /a(Malecki, 2013；Moeler et al. , 2013)。俄罗斯北极新地岛在 2003—2009 年间的冰川物质损失率也达到了 0.34±0.05 m w. e. /a，但北地群岛和法兰士约瑟夫地群岛却都在 0.1 m w. e. /a 以下(Moholdt et al. , 2012)。

表 1.6 欧亚大陆冰川年均物质平衡特征(项目组根据文献汇总)

(物质平衡单位:m w. e. /a)

RGI 分区	地名	时段	年均冰川物质平衡	RGI 分区	地 名	时 段	年均冰川物质平衡
7-1	北斯瓦尔巴德 Vestfonna 冰帽	1980—2010 年	+0.09±0.15	13-2	西帕米尔高原	2000—2011 年	+0.14±0.13
	中斯瓦尔巴德迪克森地	1990—2009 年	−0.78±0.21	13-3	伊利切克冰川	1975—2007 年	−0.39±0.10
	东斯瓦尔巴德埃季岛	1970—2002 年	−0.50±0.02	13-4	乌鲁木齐河源 1 号冰川	1962—2009 年	−0.44±0.09
	斯瓦尔巴德群岛整体	1965—2007 年	−0.36±0.02	13-7	祁连山团结峰	1966—1999 年	−0.21±0.04
		2003—2008 年	−0.12±0.4	13-8	念青唐古拉山西段	2000—2014 年	−0.27±0.13
8-1	斯瓦提森冰帽西部	1985—2002 年	−0.12±0.09	14-1	兴都库什山	2003—2008 年	−0.21±0.07
9-1	法兰士约瑟夫地群岛	2003—2009 年	−0.07±0.06	14-2	喀喇昆仑山	1999—2008 年	+0.11±0.22
9-2	新地岛	2003—2009 年	−0.34±0.05			2003—2008 年	−0.07±0.04
9-3	北地群岛	2003—2009 年	−0.06±0.05	14-3	印度河源北部	1999—2011 年	−0.44±0.09
10-1	IGAN 和奥布鲁切夫冰川	1963—2008 年	−0.30±0.06		查谟和克什米尔	2003—2008 年	−0.66±0.09
10-4	中国阿尔泰山	1959—2008 年	−0.43±0.03	15-1	喜马拉雅山中段	2003—2008 年	−0.38±0.06
11-1	意大利阿尔卑斯东部	1987—2009 年	−0.69±0.12	15-2	喜马拉雅山东段	2003—2008 年	−0.38±0.09
	瑞士阿尔卑斯	1985—1999 年	−0.77±0.14	15-3	岗日嘎布地区	1980—2014 年	−0.46±0.08

1.4.2 多年冻土变化

"一带一路"区域的多年冻土主要分布在青藏高原及周边区域、西伯利亚、欧洲阿尔卑斯山脉等。近年来"一带一路"区域多年冻土总体呈现退化趋势，具体为多年冻土面积减少，活动层厚度增大，地温逐渐升高，多年冻土分布下限上升等特征。

1.4.2.1 多年冻土分布特征

多年冻土变化严重影响"一带一路"区域水循环、地表能量和水分平衡、地气碳交换、生态系统和工程建设(程国栋和赵林，2000；Zhao et al.，2008)。多年冻土面积在北半球陆地表面大约为 $1.3\times10^7\sim1.8\times10^7$ km^2，如果包含南极洲和海底多年冻土面积约 $1.6\times10^7\sim2.1\times10^7$ km^2，全球多年冻土区域预估面积是 $(2.2\pm0.3)\times10^7$ km^2(Gruber，2012)(表 1.7)。陆地多年冻土主要分布在极地、亚极地高山，由北向南呈连续—不连续—岛状分布，主要服从纬度地带性规律。

表 1.7 全球多年冻土主要分布区域和面积(Gruber,2012)

序号	国家	多年冻土区域面积(10^3 km^2)	多年冻土面积(10^3 km^2)
1	俄罗斯	10968 (9619～12006)	6966～9541
2	加拿大	6031 (5238～6695)	3637～4978
3	中国	2056 (1457～2463)	673～1676
4	美国	1132 (902～1242)	530～877
5	蒙古	530 (357～758)	165～394
6	格陵兰	297 (282～303)	226～276
7	挪威	84 (35～127)	25～65
8	吉尔吉斯斯坦	72 (47～88)	19.6～54
9	瑞典	59 (11.3～123)	4.7～43
10	印度	58 (21～88)	7.8～65
11	塔吉克斯坦	54 (30～62)	11.6～48
12	巴基斯坦	40 (12.2～60)	4.4～43
13	哈萨克斯坦	39 (27～49)	12.2～27
14	芬兰	34 (0.9～97)	2.6～23
15	阿根廷	30 (9.1～76)	3.5～33
16	阿富汗	27 (12.4～40.8)	4.4～26
17	尼泊尔	15.7 (10.5～19.5)	4.5～12.4
18	智利	14.0 (3.5～37)	1.4～15.2
19	意大利	5.1 (2.6～8.4)	0.8～3.2
20	朝鲜	4.7 (0.7～12.5)	0.3～4.1
21	格鲁吉亚	4.7 (2.4～7.6)	0.8～3.2
22	瑞士	4.5 (2.3～6.6)	0.7～2.5

续表

序号	国家	多年冻土区域面积(10^3 km^2)	多年冻土面积(10^3 km^2)
23	澳大利亚	3.6 (1.7～6.3)	0.5～2.3
24	不丹	3.1 (0.8～6.4)	0.3～3.2
25	乌兹别克斯坦	2.8 (1.8～3.7)	0.6～1.8

注:第 3 列括号内数字表示使用不同模式参数设置得到的不确定性范围。

1.4.2.2 多年冻土变化特征

IPCC AR5 指出:从 1950 年全球气温出现剧烈变暖趋势(IPCC, 2013),“一带一路”地区多年冻土地温也出现相同变化趋势(表 1.8)。从 20 世纪 00 年代—21 世纪初,青藏高原多年冻土区年平均气温上升 0.016～0.036 ℃/a,地温增温 0.11～0.98 ℃/10 a,6 m 处地温增温 0.1～0.3 ℃,冻土上限地温达到 0.1～1.6 ℃,变率达 0.013 ℃/a (吴通华,2005; Cheng and Wu, 2007; Wang et al., 2008a; 李韧 等, 2012)。近期研究发现多年冻土升温加剧,高原西南地区冻土变化比其他区域更大。20 世纪 00 年代中期—21 世纪初,西伯利亚气温和多年冻土温度整体呈上升趋势。东西伯利亚气温以 0.065～0.59 ℃/10 a 的速率升高,同一时期年平均地温也显著升高(Anisimov and Reneva, 2006)。1980—1990 年西伯利亚西北部 10 m 深多年冻土温度变化速率约 0.03 ℃/a,预测到 2050 年土壤温度可能为 1.5～2 ℃,到 21 世纪中期浅层(2～5 m)土温可达 2.5～3 ℃;过去 10～20 a 多年冻土上限处温度与气温呈一致性变暖,连续多年冻土区升温最大,融区升温最小,形成高温多年冻土区(Pavlov and Moskalenko, 2002)。过去几十年,阿尔卑斯山冻土呈升温趋势,冻土顶板升温速率在 0.04～0.07 ℃/a (Isaksen et al., 2007)。意大利地区 8 m 以下的冻土温度升高速率在 0.01～0.1 ℃/a(Pogliotti et al., 2015)。意大利、挪威南部和北部、冰岛和瑞士的冻土温度正在升高,多年冻土在过去几十年处于退化状态(Gisnås et al., 2017; Myhra et al., 2017)。

活动层厚度变化是冻土退化的一个重要标志,“一带一路”地区活动层厚度呈迅速增加趋势,但不同区域空间差异较大。20 世纪 80 年代以来青藏高原地区活动层厚度增加了约 0.15～0.67 m,增速约 1.33 cm/a,一般在低温冻土区增长速率是 5 cm/a,高温冻土区则高达 11.2 cm/a,如桃儿九和安多增长速率高达 16.6 cm/a 和 12.4 cm/a (Wu and Zhang, 2010; 李韧 等, 2012)。西伯利亚活动层厚度整体呈增加趋势,东西伯利亚以 0.3～1 cm/a 速率增加,1956—1996 年俄罗斯多年冻土区活动层厚度增加约 20 cm (Frauenfeld et al., 2004; Brutsaert and Hiyama, 2012)。阿尔卑斯山地区挪威南部活动层厚度在 1990 年显著增加,增长率为 2～87 cm/a,瑞士等其他阿尔卑斯山地区也出现不同程度的增加(Christiansen and Humlum, 2008; Hilbich et al., 2008)。活动层的变化与冻土类型、海拔、地表类型和土壤成分密切相关,表现为高温冻土和低温冻土、高海拔地区和低海拔地区、高山草甸地区和高山草原地区以及细粒度的土壤区域和粗粒度的土壤区域之间,前者变化更加明显。

全球气候变化对多年冻土热条件有明显影响,在“一带一路”地区,多年冻土发生退化表现为地温升高、活动层变厚甚至局部地区多年冻土消失,这必将影响工程基础设施、地表和地下水文、生态系统,甚至还将通过从多年冻土层排放储存的碳来反馈气候变化。在高山地区,接近地表的多年冻土层可能会伴随环境条件的变化,导致滑坡、热融滑塌、冰川湖溃决等有关的斜坡不稳定和多年冻土层的危险(Zhao et al., 2008)。因此,有待进一步完善和健全“一带一路”沿线区域冻土监测和灾害研究,为经济社会可持续发展提供重要依据和参考。

表 1.8　多年冻土变化(项目组根据文献汇总)

区域	年平均地温变化	时段	活动层厚度变化	时段	参考文献
青藏高原地区	0.017 ℃/a	1961—2000 年	1.33 m/a	1990—2010 年	吴通华,2005 李韧 等,2012
昆仑山	0.0335 ℃/a	1996—2001 年	0.295 m/a	1996—2001 年	吴青柏 等,2005
五道梁	0.021 ℃/a	1996—2001 年	3.1 cm/a	1996—2001 年	吴青柏 等,2005
北麓河	0.02 ℃/a	2005—2014 年	0.42 m/a	2005—2014 年	Yin et al.,2017
风火山	0.037 ℃/a	1996—2001 年	0.34 m/a	1996—2001 年	吴青柏 等,2005
沱沱河	0.079 ℃/a	1980—2007 年			Xu et al.,2016
唐古拉	0.017 ℃/a	1980—2007 年	3.53 cm/a	1995—2007 年	Wu and Zhang,2010 Xu et al.,2016
安多	0.062 ℃/a	1980—2007 年			Xu et al.,2016
科尔瓦奇峰	升高 1.0 ℃	1988—1994 年		1988—1994 年	Hoelzle et al.,2002
雪朗峰			增厚 5～9 m	1999—2006 年	Hilbich et al.,2008
挪威南部			增厚 0.5～5 m	1860—2012 年	Hipp et al.,2012
詹森豪根			增厚 0.18 m	2005—2006 年	Isaksen et al.,2007
斯瓦尔巴			增厚 0.26 m	2005—2006 年	Christiansen and Humlum,2008
意大利	0.01～0.1 ℃/a	2007—2013 年		2007—2013 年	Pogliotti et al.,2015
俄罗斯	0.5～2 ℃/a	20 世纪以来	增加约 20 cm	1956—1990 年	Frauenfeld et al.,2004 Romanovsky et al.,2010
俄罗斯北极	升高 3 ℃				Revich et al.,2012
东西伯利亚	0.065～0.59 ℃/a	1956—1990 年	0.3～1 cm/a	1950—2008 年	Romanovsky et al.,2007 Brutsaert and Hiyama,2012
西西伯利亚北部	0.01～0.07 ℃/a	1996—1999 年			Pavlov and Moskalenko,2002

1.4.3　积雪变化

“一带一路”区域积雪主要分布在欧亚大陆和北极地区。近几十年来,“一带一路”沿线区域积雪范围明显缩减、雪深呈增加趋势、积雪期缩短、首日延后、消融期提前,但积雪变化存在显著区域差异。

1.4.3.1　欧亚大陆和北极积雪分布特征

积雪是冰冻圈的重要组成部分,通过范围、动态和属性变化对大气环流和气候变化迅速做出反应,是气候变化的重要指示器(King et al., 2008)。全球约有 98%的季节性积雪位于北半球(Armstrong and Brodzik, 2001)。“一带一路”贯穿欧亚非大陆,欧亚大陆是北半球积雪分布的主要区域(图 1.37),冬季积雪约占北半球积雪总量的 60%～65%(Parkinson, 2006)。俄罗斯大部分地区年均最大雪深超过 40 cm,中国东北、北疆和青藏高原是我国积雪分布三大地区,年均最大雪深在 10 cm 以上,部分区域可达 20～40 cm。这些地区积雪变化对人类活动、生物多样性以及生态系统过程都会造成直接影响,已成为制约欧亚大陆和北极地区经济社会发展的重要因素。

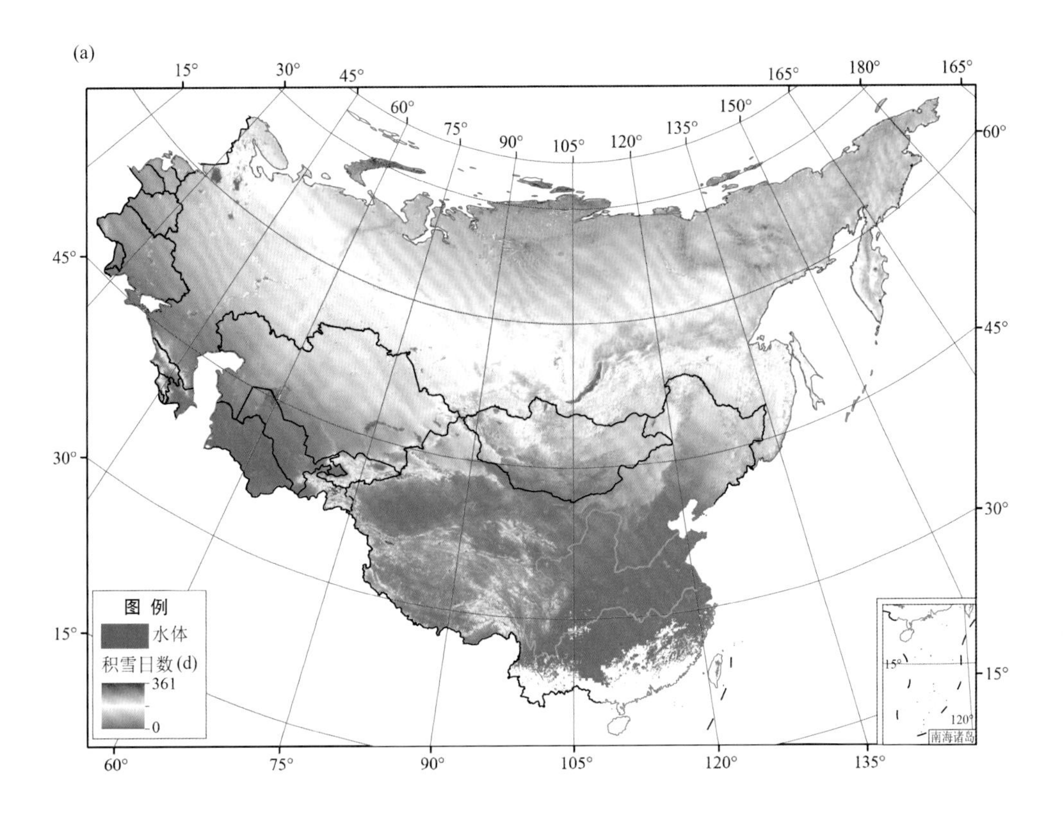

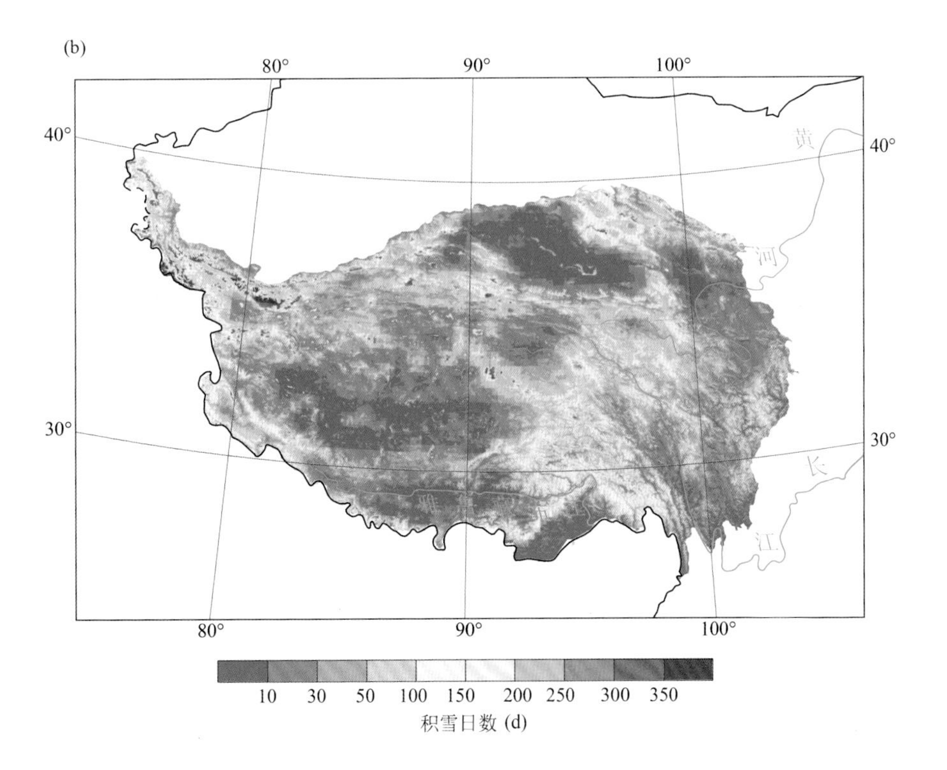

图 1.37 欧亚大陆积雪日数分布图(a)(王云龙 等，2016)和青藏高原积雪日数分布图(b)(Huang et al.，2017b)

1.4.3.2 欧亚大陆和北极积雪变化

随着全球变暖，极端气候事件频发，欧亚大陆和北极地区积雪也在发生显著改变。从20世纪20年代中期—21世纪初，欧亚大陆和北极积雪范围呈减少趋势，20世纪80年代积雪范围减少趋势最为显著(Brown and Robinson，2011；IPCC，2013)。从积雪范围的季节变化来看，20世纪70年代以来欧亚大陆春季积雪范围明显缩减，并成为3月北半球积雪范围减少的主导因素(Brown and Robinson，2011)。近50 a来，北极地区5—6月积雪范围减少了约18%(Callaghan et al.，2011)。

作为积雪基本属性之一，雪深对气候系统具有显著作用。近几十年来“一带一路”沿线区域上欧亚大陆多年平均(最大)雪深总体呈增加趋势(图1.38)，但具有显著的区域差异。其中，欧亚大陆北部、俄罗斯平原东部和俄罗斯北极地区雪深明显增加，近50 a每10 a增加约4～8 cm，俄罗斯平原西部、中西伯利亚高原南部、俄罗斯远东地区雪深则显著减少(Bulygina et al.，2009；Wegmann et al.，2017)。对中国雪深变化研究发现，1957—2009年中国西北冬季雪深呈显著增加趋势，春季雪深总体呈减少趋势(马丽娟和秦大河，2012)。

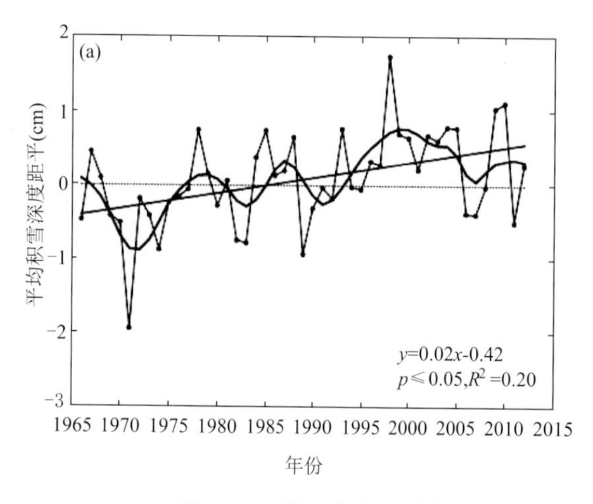

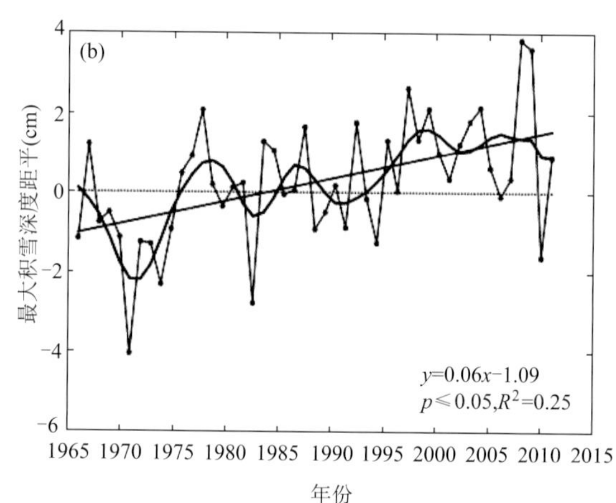

图1.38 欧亚大陆年平均雪深(a)和最大雪深(b)年际变化(Zhong et al.，2018)
(图中带点实线表示雪深的距平；粗曲线为使用小波分析得到的平滑曲线；粗直线为线性回归趋势)

积雪时间是影响积雪范围变化的重要参数，对地表能量平衡和地表反照率产生直接影响。1951年以来，积雪期缩减最显著的区域主要位于俄罗斯欧洲部分西部和南部，但中西伯利亚高原和西西伯利亚平原积雪期略有增加(Bulygina et al.，2011)。1980—2006年欧亚大陆积雪终日每10 a提前约2.6±5.6 d(Peng et al.，2013)。泛北极地区积雪首日每10 a提前约0.5 d，积雪消融期每10 a提前约3.4 d(Eamer et al.，2007)。中国积雪日数在冬季、春季和秋季呈现增加趋势，夏季明显缩短(Huang et al.，2016)。

1.4.3.3 青藏高原积雪变化

青藏高原积雪多呈斑状分布且多为瞬时累积，空间异质性强。研究结果显示：1957—2009年，青藏高原雪深在夏季明显减少；空间变化上，青藏高原东北部雪深呈增加趋势，南部为显著减少趋势，且春季和秋季的减少趋势更明显(马丽娟和秦大河，2012)。1961—2010年青藏高原积雪期每10 a减少3.5±1.2 d，积雪首日每10 a延后1.6±0.8 d，终日每10 a提前1.9±0.8 d(Xu et al.，2017b)。积雪日数显著减少趋势主要分布于西南部，增加趋势零星分布在青藏高原北部和东南部局部地区(Huang et al.,2016)。

1.4.3.4 积雪变化与气候的相互关系

积雪与气候之间存在密切的联系,一方面,积雪是气候变化的产物,另外一方面,积雪的异常变化对气候具有重要的反馈作用。

在全球变暖条件下,北半球年平均雪盖呈现逐年减少现象,尤其是春夏季节雪盖面积明显在减少(Déry and Brown, 2007;Brown and Mote, 2009);积雪的变化很大程度上受到温度、降水等气候要素变化和大气环流异常变化的影响(Seager et al.,2010;Wu and Chen,2016)。秋季气温升高以及北冰洋海冰减少导致海洋蒸发量迅速上升,大气对流层水汽增加,是造成欧亚大陆冬季降雪量增加的一个重要原因(Cohen et al.,2014)。大气环流异常是造成区域积雪变化的重要环流背景,例如冬季太平洋—北美(PNA)遥相关型会影响北美积雪(Ge et al.,2009);北大西洋涛动(NAO)与欧洲雪盖存在明显的负相关关系(Kim et al.,2013; Ye and Lau,2017)。此外,东亚冬季风的减弱、高原南侧冬春季西风的增强及西风扰动活跃是造成青藏高原冬春积雪显著增多的原因(刘华强 等,2005);冬季NAO增强,也有利于青藏高原积雪增加(马丽娟,2008)。

气候对积雪变化具有重要影响,同时积雪变化对气候又具有反馈作用。欧亚积雪会通过地表反照率调节冬季北半球环流异常(Furtado et al.,2016;Zhao et al.,2015)。欧亚大陆积雪通过滞后水文效应影响后期的土壤湿度,进而对东亚夏季风和印度夏季风降水产生影响(Halder and Dirmeyer, 2017);此外,欧亚大陆春季积雪异常可能是通过土壤湿度异常激发出春季异常大气环流型,影响我国江南地区的夏季降水(Wu et al.,2009)。青藏高原积雪异常也是影响东亚大气环流和气候的重要因子,青藏高原积雪对冬到夏季大气的反馈主要表现在前期的积雪反照率效应与后期的积雪-水文效应(朱玉祥和丁一汇,2007)。研究认为高原冬春多雪,增大了冬春高原地表反射率,降低了冬春高原地表温度,减少了冬春高原地表向大气的感热和潜热输送,减弱了高原冬春的热源作用;积雪融化时,融雪要吸收热量;而积雪融化以后,积雪融水使土壤成为"湿土壤",这种"湿土壤"与大气发生相互作用,使得高原积雪异常的信息长期保留,从而与大气发生长期的相互作用。初期的反射率增加减少了太阳辐射的吸收,融雪时的融化吸热,以及后期的湿土壤与大气的长期相互作用,改变了高原热源,是高原积雪影响季风的主要机理。但有关其具体的影响过程,还有待深入研究。

1.4.4 海冰、河冰和湖冰变化

"一带一路"沿线区域的海冰主要分布于北极,近几十年来夏季北极海冰范围快速缩小、厚度减薄,多年冰减少,海冰正处于快速萎缩中。"一带一路"沿线区域的河(湖)冰主要分布在欧亚大陆的高纬度(北极)和高海拔地区(青藏高原),近几十年来河(湖)冰初冰日延后,消融日提前,封冻期缩短。

1.4.4.1 北极海冰变化

海冰的变化受气候变化影响,是极地乃至全球气候的指示器。北极地区增温存在放大效应,气温上升幅度是全球平均值的两倍,这导致了过去几十年北极海冰的加速融化(Stroeve et al.,2012)。同时,北极海冰的变化对气候也有重要影响(Screen and Simmonds, 2010)。随着海冰范围的减小,海水面积随之加大,反照率减小,海水对辐射的吸收加大,从而使得海水温度升高,放大了升温效应 (Screen and Simmonds, 2010)。

随着遥感技术的发展，对海冰的监测从局部(20世纪70年代以前)发展到大范围的连续观测。最新数据表明，北极海冰的范围尤其是夏季海冰范围在加速萎缩(Comiso et al., 2017)。在对海冰厚度的研究上，尽管缺乏长期记录，并且遥感数据在厚度反演中有诸多不确定性，但厚度减薄已成为不争的事实(Perovich and Richter-Menge, 2009)。在对不同类型海冰变化的研究中发现北极海冰中多年冰在减少。IPCC第五次报告指出，1980—2011年，北极多年冰正在以$(8\pm2)\times10^5$ km^2/10 a的速度减小(IPCC, 2013)。另外，研究表明北极海冰融化日期提前(Wang et al., 2013b)，融化期延长(Mortin et al., 2016)。

总的来说，北极夏季海冰范围正在加速萎缩，多年冰减少；但在冰量变化以及海冰与气候的相互作用等方面的研究依然有待加强。

1.4.4.2 欧亚大陆的河(湖)冰变化

在“一带一路”沿线地带，河(湖)冰主要分布在欧亚大陆北部，如芬兰、瑞典等北欧国家和俄罗斯，以及青藏高原(图1.39)。河(湖)冰的发育与气候息息相关，是区域气候变化的敏感指示器(Stewart and Magnuson, 2009)，同时对区域气候产生影响(Cordeira and Laird, 2008)。另外，湖冰对湖泊温室气体等的释放有重要影响(Walter et al., 2007)；河冰阻塞河道从而形成堰塞湖威胁下游安全(Munck et al., 2017)。因此，对河(湖)冰的监测具有重要的理论与现实意义。

对河(湖)冰的监测包括：河(湖)冰物候即初冰日、完全冻结日、开始消融日、完全消融日、完全封冻期、湖冰存在期，以及冰厚及组成等。近几十年来北极地区河(湖)冰初冰日延后，消融日提前，封冻期缩短(Magnuson et al.,2000;Benson et al.,2012)。青藏高原地区湖冰也表现出初冰日延迟和消融日提前，如可可西里(Yao et al., 2015)、青海湖(Cai et al., 2017b)和纳木错(Gou et al., 2017)，其湖冰物候存在显著的空间差异(Kropáček et al., 2013)。然而，与湖冰整体趋势不同的是，俄罗斯贝加尔湖湖冰冰封期提前、融化日延后(Kouraev et al., 2007)。在河(湖)冰厚度及组成研究方面，目前主要集中在方法研究上，如微波遥感(Kang et al., 2014)、模型 (Walsh et al., 1998)等。

总的来说，欧亚大陆河(湖)冰研究在其物候变化方面已经获得丰硕成果，研究结果表明：近几十年来河(湖)冰初冰日延后，消融日提前，封冻期正在不断缩短；但缺乏冰厚乃至冰量的时空变化研究成果。因此，在今后工作中，应将重点放在欧亚大陆河(湖)冰厚度时空变化特征研究上。

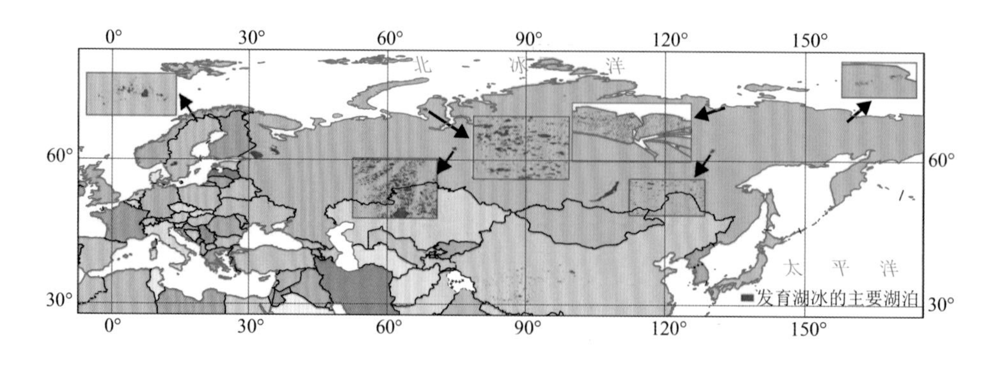

图1.39 “一带一路”沿线湖冰发育的主要湖泊(项目组绘制)

1.4.5 水资源变化

受地理位置、气候等因素的影响,“一带一路”沿线国家水资源分布不均,西亚、北非水资源相对匮乏;受气候变化和经济社会发展等因素的影响,干旱区域河川径流多以减少为主,北部以冰雪融水供给的河流实测径流量具有增大趋势。“一带一路”沿线区域的冰冻圈水资源主要分布在欧亚大陆,是河川径流的重要来源和补给。近几十年来中国冰川融水径流绝对变化量和相对变化量显著增加,反映了冰川消融和物质亏损对径流变化的重要影响。此外,春季雪冰径流产生期提前,导致径流年内分配发生改变。

1.4.5.1 冰冻圈水资源状况及其变化

冰冻圈水资源是维系“一带一路”沿线绿洲经济发展和寒区生态系统稳定的重要保障。例如,青藏高原及其毗邻的喜马拉雅山脉地区被称为“亚洲水塔”,为下游地区几十亿人生产生活提供水源保障;欧洲冰雪资源最为集中的阿尔卑斯山脉为欧洲提供了90%以上的饮用水、灌溉与水力等水资源(Immerzeel et al., 2010; Kaser, et al., 2010)。中国冰川、冻土和积雪储存的水量总计约1.45万km^3,其中,冰川储水量占35.8%,冻土地下冰占64.0%,积雪水当量约0.2%(任贾文 等,2011)。

欧亚大陆冰、雪水资源在区域水资源中占有主导地位,欧洲主要河流的径流有40%以上来自冰雪融水(图1.40)。亚洲地区融水径流约为243 km^3,中亚山区雪冰消融产生的径流占该区总径流的40%~70%(Aizen et al., 2000)。中国境内的冰川每年提供的融水量达615亿m^3(谢自楚 等,2006)。其中,西藏约集中了全国冰川融水径流总量的58%,新疆约占33%。从各山系冰川融水径流水资源的数量(表1.9)来看,念青唐古拉山区约占全国冰川融水径流总量的35%;其次是喜马拉雅山和天山,分别占12.7%和15.9%(康尔泗 等,2000)。由于区域气候系统、冰川规模、地形条件等的差异,冰川融水对河流的补给比重各地不一(表1.10)。新疆冰川融水径流占出山径流的25.4%,西藏占8.6%。就内流水系来说,甘肃河西、准噶尔盆地、柴达木盆地等冰川融水补给比重为17%~28%,而塔里木河水系则上升到38.5%(Gao et al., 2010)。外流水系由西藏东南部的雅鲁藏布江、澜沧江、怒江、察隅河等冰川融水补给比重不足10%,西部的印度河水系的狮泉河、象泉河、朋曲等增加到40%~50%。全国冰川融水径流总量的60%左右汇入外流河流域,约40%汇入内陆河流域(谢自楚 等,2006)。

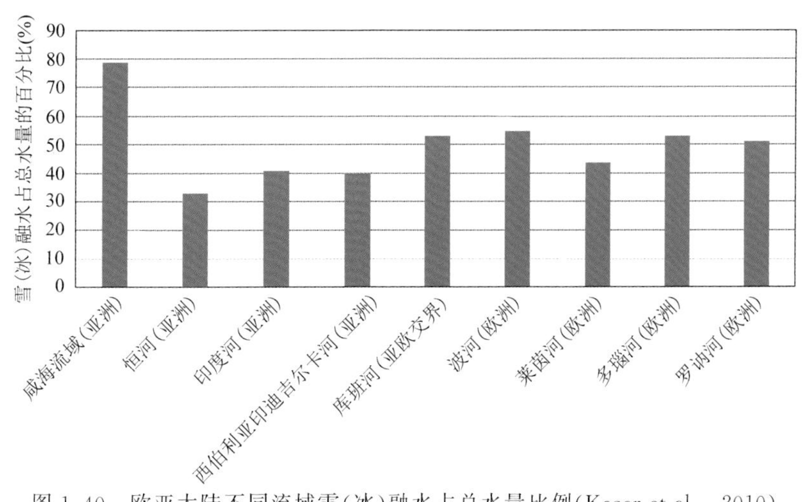

图1.40 欧亚大陆不同流域雪(冰)融水占总水量比例(Kaser et al., 2010)

表 1.9 中国西部山区冰川融水径流量(项目组根据文献汇总)

山 脉	冰川融水径流量(亿 m^3)	占中国冰川融水径流量比重(%)
祁连山	11.32	1.9
阿尔泰山	3.86	0.6
天山	96.30	15.9
帕米尔	15.35	2.5
喀喇昆仑山	38.47	6.4
昆仑山	61.87	10.2
喜马拉雅山	76.60	12.7
羌塘高原	9.29	1.5
冈底斯山	9.41	1.6
念青唐古拉山	213.27	35.3
横断山	49.94	8.3
唐古拉山	17.59	2.9
阿尔金山	1.39	0.2

表 1.10 中国典型流域冰川径流量(项目组根据文献汇总)

流 域	冰川融水径流量(亿 m^3)	冰川融水占流域径流比重(%)
河西水系	11.94	16.5
准噶尔盆地	33.65	26.9
伊犁河	37.14	19.2
塔里木盆地	126.5	38.5
柴达木盆地	13.51	28.4
哈拉湖	0.11	3.4
羌塘高原	29.18	11.9
长江	15.52	8.8
黄河	1.74	0.8
额尔齐斯河	7.73	7.7
澜沧江	4.43	4.0
怒江	24.26	5.9

进入 21 世纪以来,由于气温升高导致全球冰川融水径流发生了变化。中国内流水系中,塔里木河水系冰川融水径流绝对变化量与 20 世纪 60 年代相比,21 世纪 00 年代融水径流增加了 59.34 亿 m^3;青藏高原内流水系与 20 世纪 60 年代相比,21 世纪 00 年代冰川融水相对增加 162.1%;外流水系由于恒河水系冰川面积最大,其平均增加量约 2.87 亿 m^3/a。中国西部从 20 世纪 60 年代的 517.65 亿 m^3 增加到 90 年代的 695.48 亿 m^3,21 世纪 00 年代后更是 46 a 冰川融水径流量最大的时期,平均融水径流量达 794.67 亿 m^3,高出多年平均值 26.2%。表 1.11 为内流水系、外流水系以及整个中国西部冰川融水径流总量变化(谢自楚 等, 2006; Gao et al., 2010; 高鑫 等,2011)。

表 1.11　中国西部冰川融水变化(单位:亿 m^3)(项目组根据文献汇总)

流域水系	1961—1970 年	1971—1980 年	1981—1990 年	1991—2000 年	2001—2006 年
印度河	5.36	7.39	7.96	10.76	12.58
恒河	260.16	298.02	312.22	341.06	379.41
怒江	23.45	24.60	25.43	29.54	35.70
澜沧江	3.83	3.96	4.07	4.52	5.30
黄河	1.75	1.82	1.77	1.91	2.19
长江	17.04	18.75	18.68	22.54	28.47
额尔齐斯河	3.23	3.33	3.32	3.50	3.63
外流水系合计	314.83	357.87	373.45	413.83	467.27
塔里木盆地	121.05	136.73	139.26	157.85	180.39
哈拉湖	0.11	0.12	0.13	0.15	0.16
甘肃河西内陆河	8.12	9.06	9.12	11.67	14.76
柴达木盆地	7.36	8.23	8.62	11.45	14.52
天山准噶尔盆地	17.92	18.81	18.65	20.76	22.73
吐-哈盆地	2.39	2.36	2.40	2.59	3.12
新疆伊犁河	21.16	22.55	22.86	24.79	26.91
青藏高原内流区	24.73	35.13	40.68	52.38	64.81
内流水系合计	202.82	233.00	241.71	281.64	327.40
总计	517.65	590.87	615.16	695.48	794.67

IPCC AR5 预估 21 世纪全球将持续变暖,区域升温可能达到 1～3 ℃(IPCC,2013)。受气候变化影响,未来冰冻圈水资源的变化势必对“一带一路”生态与环境安全及社会经济可持续发展产生重要而深远的影响。鉴于此,应开展不同类型冰川水资源和冻土水资源对气候变化的响应机理、影响评估以及预测研究,从而揭示冰冻圈水资源对地表水及河流水文过程的影响,科学规划区域水资源的分配、利用以及开发,正确认识区域气候对冰冻圈水资源的调控作用。

1.4.5.2　地表水资源状况及其变化

“一带一路”建设主要涉及中国、蒙古、俄罗斯、中亚、东南亚、南亚、西亚、北非及中东欧等地区的大约 65 个国家,根据地理位置可将沿线除中国外的 64 个国家划分为五大板块:一是蒙俄及中亚板块(7 国),包括蒙古、俄罗斯、中亚 5 国等;二是东南亚板块(11 国),包括东南亚国家和南太平洋国家等;三是南亚板块(8 国),包括印度、巴基斯坦、孟加拉等国;四是西亚北非板块(16 国),包括部分西亚国家和埃及;五是中东欧板块(22 国),包括部分中欧国家、东欧国家以及格鲁吉亚、亚美尼亚和阿塞拜疆等高加索 3 国。

中国入境水资源仅占水资源总量的 1%,而其他区域入境水资源均超过区域水资源总量的 20%,其中,蒙俄及中亚区、西亚北非区和中东欧地区入境水资源可占区域水资源总量的 35%左右(表 1.12),跨境水资源利用问题是“一带一路”沿线国家的重要问题之一。

就人均水资源量来看,蒙俄及中亚、东南亚板块人均水资源量最为丰富,分别是中国的 10.6 倍和 3.9 倍,南亚、西亚北非板块人均水资源量最少,仅为中国的一半左右。考虑入境水量,则南亚板块人均总水资源量显著增加,并略高于中国(表 1.12)。

表 1.12 "一带一路"沿线不同板块水资源量基本情况

国家/板块	年降水量(mm)	地表水资源量(mm)	地表水资源量(亿 m^3)	水资源总量(亿 m^3)	人均水资源总量(亿 m^3/人)	人均总水资源量(含入境)(亿 m^3/人)	入境水量占总水资源量的比例(%)
中国	645	283	27120	28130	1999	2018	1.0
蒙俄及中亚	410	187	42427	45413	21248	22399	34.4
东南亚	2330	1074	48344	49932	7882	10096	21.8
南亚	970	370	19010	19822	1137	2174	29.3
西亚北非	182	45	3323	4120	1017	1301	35.0
中东欧	629	193	4446	4832	2540	6517	35.8
合计/平均	654	280	144670	152249	3314	4262	31.5

注:资料来源于联合国粮农组织数据库。

由于气候特征各异,沿线国家水资源变异性差别较大,中国、蒙俄及中亚、西亚北非受大陆性气候影响,水资源年际变化较为剧烈,其中西亚北非板块年际变化最为剧烈。从季节变异程度分析,受季风气候及冰川径流变异性等因素影响,中国、蒙俄及中亚、东南亚、南亚的水资源季节变化较为剧烈。中东欧各国水资源的年际和季节变化均较为缓和。

跨境河流是"一带一路"沿线国的一个重要特征,根据近 60 a 的实测河川径流资料分析结果表明:①南亚、东南亚、非洲地区的主要江河实测径流呈现减少趋势,其中,恒河、印度河、尼罗河呈现显著性减少趋势;经济社会发展引起需水量的增多是径流减少的重要原因之一。②北亚地区的一些河流实测径流量呈现显著性增加趋势,如勒拿河、叶尼塞河;全球变暖引起冰雪融水增加对径流变化具有较为明显的作用。③莱茵河、多瑙河、涅瓦河等欧洲的主要河流和东南亚的湄公河等河流的实测径流呈现或增或减显著性变化,但变异性增大(图 1.41)。

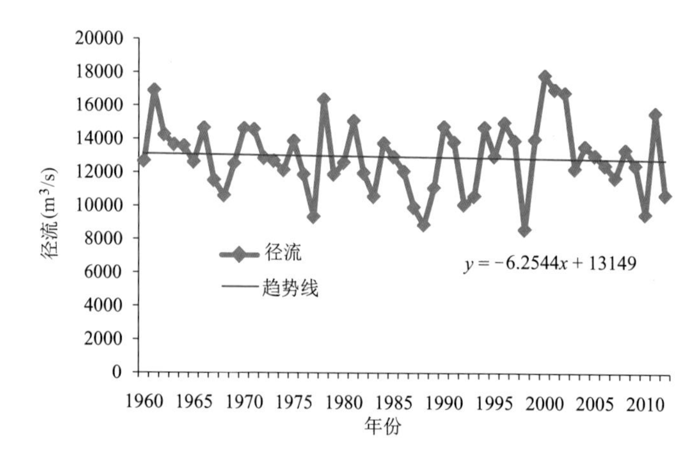

图 1.41 湄公河流域上丁站(Stung Treng)实测流量变化(项目组绘制)

由图 1.41 可以看出,1990 年之前,年均最大流量和最小流量分别为 16920 m^3/s 和 8898 m^3/s,最近 20 a 的年均最大流量为 17865 m^3/s,较前期最大值有不同幅度的增大,而最小流量为

8634 m^3/s,较前期有一定程度的减小。实测径流量的变异性增大在一定程度上加大了水资源利用的难度。

1.5 “一带一路”区域陆地生态系统变化

“一带一路”区域自然生态系统复杂多样,不仅包括热带、温带、寒带等森林生态系统,还包括草原、荒漠等生态系统,此外湖泊和湿地分布广泛,中亚干旱区生态系统面临严峻威胁。

“一带一路”监测区域地理跨度大,土地覆盖类型多样,监测区域内的土地覆盖类型以森林、草地和农田为主(图 1.42)。其中,陆地森林生态系统分布广阔,主要集中在西伯利亚—西欧、东北亚东北部及东南部、东南亚、非洲中部和大洋洲环东海岸等地。草地(含苔原)在俄罗斯分布最为广阔,其次在东亚西部、中亚北部、非洲等地。农田分布最主要的集中区域包括西欧平原、中欧平原和东欧平原,还有西西伯利亚、南亚、印度半岛和东亚东部等,我国东北平原、华北平原和长江中下游平原是主要农田区。另外,裸地面积也较多,主要分布在亚非荒漠区和蒙古高原地区。

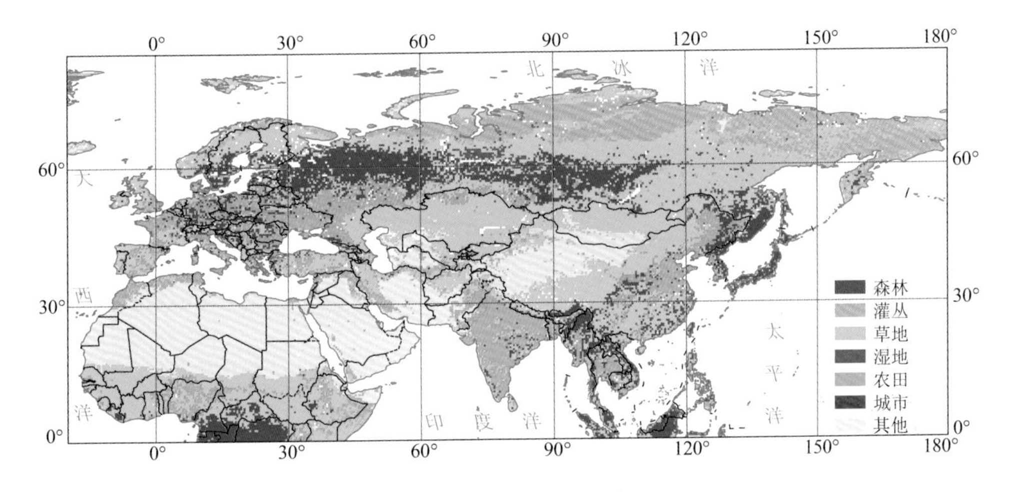

图 1.42 “一带一路”区域主要生态系统类型(项目组绘制,数据来源于 2016 年美国卫星中分辨率成像光谱仪(Moderate-Resolution Imaging Spectroradiometer, MODIS)土地覆盖产品)

“一带一路”区域涵盖世界主要的人口聚居地,土地利用强度大。在气候变化的大背景下及人类活动的影响下,“一带一路”区域的生态系统也正在发生着深刻的变化。总体而言,“一带一路”区域热带雨林面积持续减少,与全球森林变化趋势一致;欧亚大陆高纬度地区,由于气温升高导致温带森林表现出不同程度的增加。“一带一路”区域温带草原(荒漠)生态系统对气候变化的响应非常敏感:草地沙漠化和荒漠植被退化比较严重;中亚区域干旱生态系统净初级生产力(NPP)显著降低;但西非荒漠(Sahel)及东亚(中国、蒙古荒漠(草原))近 20 a 来呈现绿化趋势。“一带一路”沿线的湖泊面积在近年来呈现增加趋势,而大部分湿地则呈现多样化的退化趋势。21 世纪以来,受经济发展、城市化进程、气候变化等影响,“一带一路”沿线的湿地退化明显。

自美国国家航天航空局(NASA)全球检测与模型组(Global Inventor Modeling and Mapping Studies, GIMMS)卫星观测净初级生产力(NPP)资料和植被归一化植被指数(NDVI)发布以来，关于各区域的植被覆盖的分析才逐渐丰富起来。Nemani 等(2003)发现 1981—1999 年，40°～70 °N 一带的欧亚大陆、中国华北、印度半岛、东非和西非萨赫勒地区的 NPP 增大，但是在 60 °N 以北的欧亚大陆、中南半岛北部到中国华南、欧洲东南部和西非南部等地的 NPP 减小。这与植被生长状况，即 NDVI 揭示的植被覆盖度的变化联系在了一起。1982—1999 年，40°～70 °N 的欧亚大陆从中欧贯穿西伯利亚直至外兴安岭一带约有 61%的植被覆盖区(其中森林面积约占 58%)在生长季植被生长状况趋好，这与区域内温度升高有关；同时亚洲东北部由于干旱程度加剧，森林生长状况转坏(Zhou et al.，2001)。最新的研究表明，23.5 °N 以北的欧亚大陆整体呈现植被生长向好的趋势，但是处于生长季节的植被 NDVI 在 1982—1997 年上升，1997—2006 年下降(Piao et al.，2011)。而 Hua 等(2017)发现中国区域约 34%的植被覆盖地区植被生长季 NDVI 显著增加且主要分布在华北地区，只有不到 5%的植被覆盖地区 NDVI 减小。

1.5.1 森林生态系统变化

“一带一路”区域森林生态系统主要包括欧亚大陆北部的寒带森林，中国、东南亚与南亚温带(亚热带)森林以及东南亚热带雨林等，总面积约 1280 万 km^2(“一带一路”生态环境状况报告编写组，2015)。受气候变化及人类活动影响，上述森林生态系统出现不同变化特征。联合国粮农组织(FAO)统计报告表明(FAO，2015a)，2015 年的森林覆盖面积与 1990 年相比，中国从 157 万 km^2 上升到 208 万 km^2，增加约 32.5%；印度从 63.9 万 km^2 增加到 70.7 万 km^2；而印度尼西亚热带雨林从 118 万 km^2 下降到 91 万 km^2，减少约 23%；东南亚和南亚森林面积略有下降，但各国情况不同，其中马来西亚森林面积基本不变，越南增加 57.4%(从 9.4 万 km^2 上升到 14.8 万 km^2)，泰国与老挝森林面积也有所增加，但缅甸和柬埔寨森林面积减少显著，均减少约 26%，分别从 39.2 万 km^2 和 12.9 万 km^2 下降到 29.0 km^2 和 9.5 万 km^2；“一带一路”区域俄罗斯和蒙古地区森林面积最大，略有上升。

“一带一路”区域热带雨林面积持续减少，与全球森林变化趋势一致。南美亚马孙雨林被认为是 21 世纪最可能发生突变(tipping point)的陆地生态系统之一(Lenton et al.，2008)。与之相比，东南亚雨林由于雨量相对较大，受气候变化的可能影响相对较小，但仍有各种森林退化(forest degradation)的潜在威胁。例如，南亚与东南亚森林为全球森林冠层覆盖下降(Partial canopy cover loss，PCCL)面积最大区域，超过 50 万 km^2(FAO，2015a)。导致 PCCL 的主要原因，除了森林砍伐以及转化为农业用地，还包括由于森林管理方式及自然因素(如火灾、病虫害、干旱等)导致森林生态功能退化等。

北方森林也被认为是可能发生生态突变的潜在区域(Lenton et al.，2008)。在欧亚大陆高纬度地区，气温升高趋势比全球其他地区更为显著。随着温度升高以及生长季变长，一方面，寒带森林向北侵入苔原区域(树线北推)，降低了后者的反照率，从而进一步加剧增暖的趋势；另一方面，由于温度升高导致林火频次的增加、局部干旱化加剧等因素，使得针叶林向落叶林转变(Wolken et al.，2011)。需要指出的是，关于北方森林的观测和试验研究与其他区域相比相对较少，不同资料、理论及模式之间关于气候变化下北方森林的演变尚无一致结论，例如 FAO 统计表明，1990 年以来全球北方森林面积变化较小，但 Hansen 等(2010)基于卫星影像资料分析则认为北方森林是全球森林覆盖减少最大的区域。这表明目前对于北方森林生态系统特征及其演变的认识尚有待进一步深入。

由于气候条件及人类活动影响，温带森林面积远低于热带及寒带森林，且存在着生态功能单一、生态多样性低等情况。然而，得益于人工造林（次生林），温带森林是全球森林面积增加最显著的区域（FAO，2015b）。

1.5.2 草原与荒漠生态系统变化

“一带一路”陆域草地（含苔原）主要包括分布在俄罗斯的寒带草原、中亚诸国、蒙古及我国西北的干旱半干旱温带草原和青藏高原的高寒草原区等。

气候变化、火及放牧是影响草原生态系统结构和功能的重要驱动因素（Lei et al.，2016）。生物多样性的增加可提高草原生态系统生产力及稳定度（Borer et al.，2017）。由于暖干化以及多年超载放牧，青藏高原高寒草甸正在退化（周华坤 等，2008；刘兴元，2012；赵贯锋 等，2013），表现为草土比降低，植物总量和植物根系生物量减少，植物群落多样性指数和均匀度指数降低等。

由于气候变化与人类活动影响，许多干旱半干旱草原受到灌丛入侵（shrub encroachment）威胁，并伴随着土壤退化过程，例如我国内蒙古草原近 50 a 来许多地区由于过度放牧造成草原退化成灌丛或荒漠。灌木入侵干旱草原常常在时间或空间上非常剧烈且不可逆转，表明灌木林带具有更高的稳定度（D'Odorico et al.，2012）。而在高纬度地区，近几十年冬季温度升高导致灌木覆盖范围与覆盖度增加（Sturm et al.，2005）。同时，基于卫星监测资料分析，西非荒漠（Sahel）及东亚（中国和蒙古地区荒漠、草原）近 20 a 来呈现绿化趋势（Helldén and Tottrup，2008）。

1.5.3 中亚干旱区生态系统变化

中亚植被生长总体受降水限制并同气温成负相关，沿西风环流的水汽梯度自西向东减少。异于亚欧大陆中高纬区域 NPP 大幅增长的总体格局，中亚地区因水分胁迫抑制了升温和 CO_2 施肥效应，导致 1980—2014 年 NPP 下降了约 10%、有机碳库损失 460 百万 t。1998—2008 年间两次长时期 La Niña 事件的遥相关效应造成植被生物量损失 14%。人类活动（如耕作模式的改进和大规模弃耕）促进了中亚 5 国生态系统生产力的提高和恢复。

作为“一带一路”的核心地区，中亚干旱区包括中亚 5 国（哈萨克斯坦、乌兹别克斯坦、土库曼斯坦、吉尔吉斯斯坦、塔吉克斯坦）以及中国新疆地区，总面积 560 万 km^2，是世界上最大的内陆干旱区，拥有全球 80%以上的温带荒漠（Li et al.，2015b；Zhang et al.，2016a）。研究表明中亚干旱草原是全球七大气候变化敏感区之一（Seddon et al.，2016），面临着剧烈的气候变化（陈发虎 等，2011）。近 32 a 中亚升温速率达 0.4 ℃/10 a，显著高于北半球陆地（0.3 ℃/10 a）和周边地区升温幅度，而区域降水表现出强烈的空间异质性和显著的年代际波动（陈发虎 等，2011）。在 20 世纪末的 30 a 间，中亚西北地区发生了严重的干旱，而同期中亚东部的中国新疆地区降水显著增加（Chen et al.，2014a）。1980 年以来的气候变暖总体上促使荒漠灌丛以外的中亚植被生长期延长，其中落叶、阔叶林的生长期延长趋势最明显，变化强度也最大，其次是混合林、草地和农用地（马勇刚 等，2014）。而荒漠植被的生长期主要受到降水变化的影响，并同气温呈负相关，总体上并未表现出显著的生长期变化（Kariyeva et al.，2012）。除了少数深根灌木（如柽柳）以外，中亚温带荒漠植被的生物量的年际动态主要同生长季降水相关，在空间分布上总体沿着西风环流的水汽梯度自西向东减少（Zhang et al.，2016a）。1998—2008 年哈萨克斯坦西北部地区的严重干旱导致了其植被盖度显著减少(de Beurs et al.，2009；Piao et al.，2011)。几乎同时，降水的增加使新疆北部古尔班通古特沙漠出现了植被恢复的迹象(Piao et al.，2005)。人类活动对中亚植被也有重要影响。例如中亚农田生长期的延长可能同耕作模式的改进有关(马勇刚 等，2014)，而苏联 20 世纪 90 年代初期解体后大量的农田弃耕和畜牧减少促进了乌兹别克斯坦干旱荒漠的植被恢复(de Beurs et al.，2015)。

因降水减少和气温上升带来的蒸散增加导致的水分胁迫增强，中亚地区 1997—2014 年的 NPP 相比 1980—1997 年下降了 10%左右，而中国、印度和俄罗斯 NPP 同期增长了 8.5%～13%(Zhu et al.，2007；Sirotenko and Abashina，2008；Singh et al.，2011)。中亚 NPP 在 20 世纪末快速下降而在 21 世纪初恢复的格局(图 1.43)也同亚欧大陆中高纬地区的总体格局相反(Piao et al.，2011)。

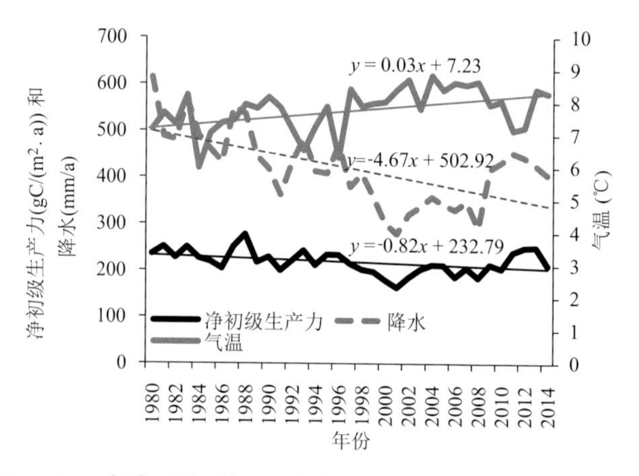

图 1.43　1980—2014 年中亚地区气温、降水和 NPP 变化趋势(Zhang and Ren，2017)

1980 年以来，由于植被生物量的减少，中亚地区损失了 4.6 亿 t 生态系统有机碳(Li et al.，2015a)。研究表明中亚生态系统碳动态同厄尔尼诺与拉尼娜(El Niño/La Niña)海气过程遥相关。伴随着 1998—2008 年间的两次长时期 La Niña 事件，植被碳损失了 14%(图 1.44)。碳库的损失主要发生在面临严重干旱的哈萨克斯坦西北草原区(气象站点记录降水减少趋势达 90 mm/10 a)。与之对照，中国新疆北部因降水增加气温升高而出现碳库增长的现象(图 1.45)。

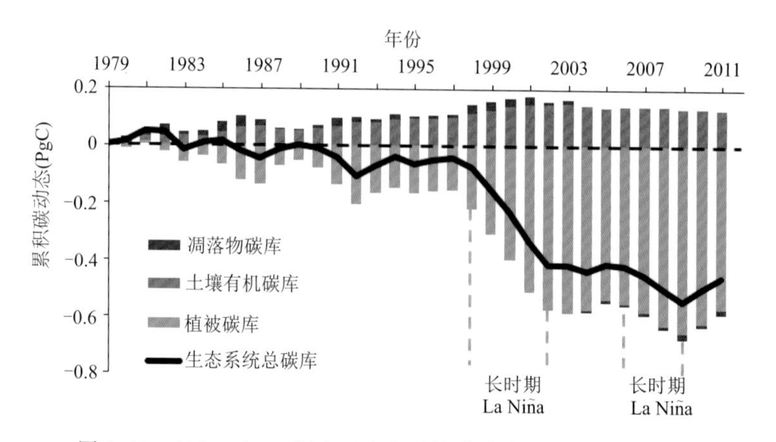

图 1.44　1980—2011 年中亚生态系统碳动态(Li et al.，2015a)

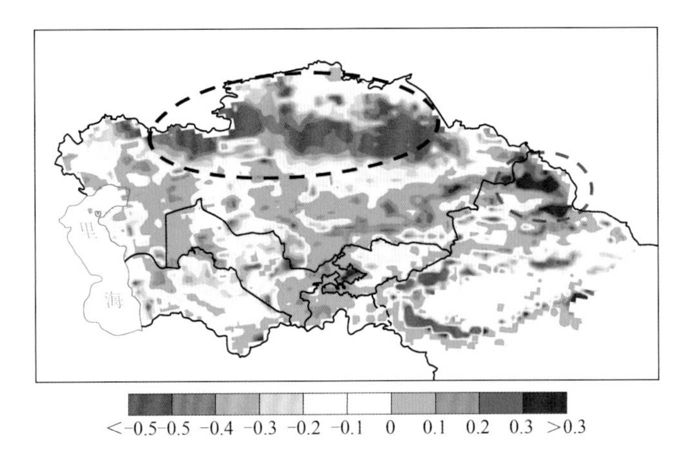

图 1.45　1980—2011 年气候变化影响下中亚生态系统碳库(单位:kg C・m^{-2})变化的空间格局(Li et al.,2015a)
(黑色虚框标识发生干旱的哈萨克斯坦北部草原区;红色虚框标识中国新疆北部因降水增加气温升高而出现碳库增长的地区)

1.5.4　湖泊与湿地变化

“一带一路”沿线的湖泊面积在近年来呈现增加趋势,而大部分湿地则呈现多样化的退化趋势。湖泊和湿地的变化不仅与人类活动有关,而且与气候变化关系密切。

“一带一路”沿线区域是全球湖泊集中分布的地区之一,占全球天然湖泊面积的 39.6%(Messager et al.,2016;图 1.46)。湖泊密集带主要集中在斯堪的纳维亚以及俄罗斯的部分地区,其次是喜马拉雅山脉附近地区。中亚拥有 6000 个总面积超过 123000 km^2 的湖泊,主要分布在咸海流域、楚河流域、伊犁河流域、额尔齐斯河流域,以及东部的帕米尔高原和天山山脉;青藏高原分布着 1200 多个面积大于 1 km^2 的湖泊,占中国湖泊总数量与面积的一半(Ma et al.,2011)。欧洲的湖泊主要位于 58°～65°N 和 38°～48°N 两个纬度带内,呈两极分布,其中世界上最大的湖泊——里海占据了欧洲大型湖泊(>100 km^2)面积的 75%(Noges et al.,2008)。

湿地拥有众多野生动植物资源,与海洋、森林并称为地球三大生态系统。湿地占全球陆地面积的 6%,总面积约为 5700000 km^2。“一带一路”沿线是全球湿地集中分布的地区之一,有湿地总计约 14000 km^2(图 1.47),其中,欧洲大陆是国际重要湿地数量最多的地区,包括 898 个湿地,占全球湿地总面积的 12%,其次是亚洲,包括 315 个湿地,占全球湿地总面积的 45%,并拥有世界上独特的青藏高原湿地(1319 km^2)。

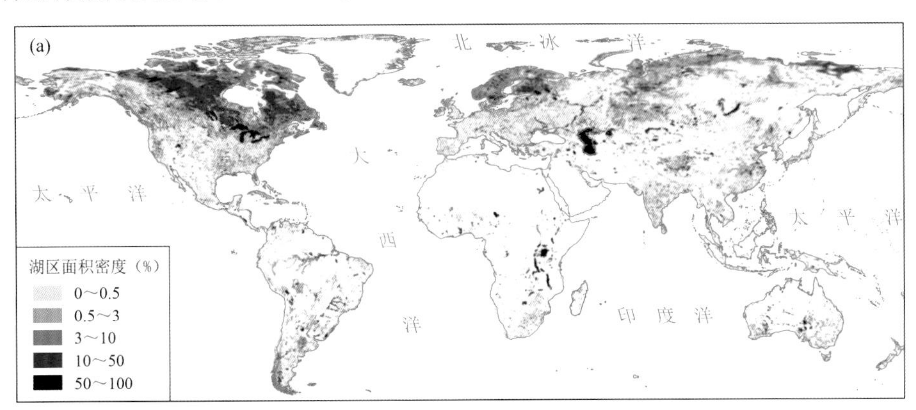

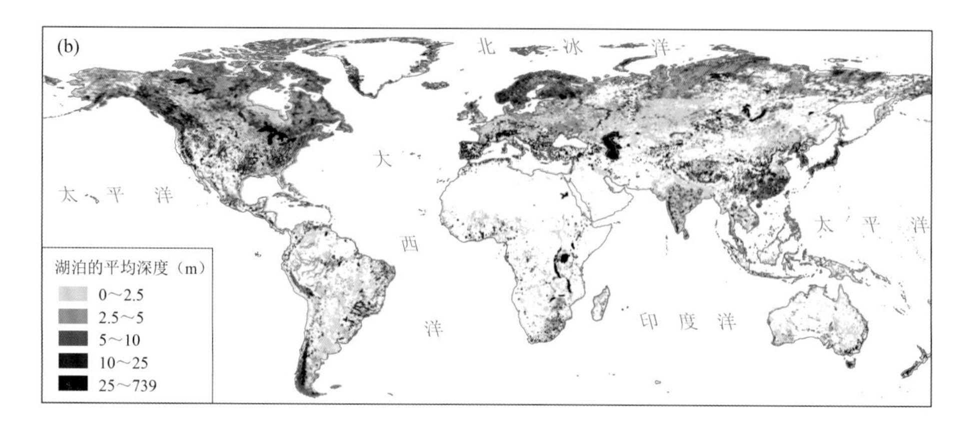

图 1.46　全球湖泊分布格局(Messager et al.，2016)

(a)25 km 半径范围内湖泊覆盖面积计算的湖区面积密度;(b)25 km 半径范围内湖泊的平均深度

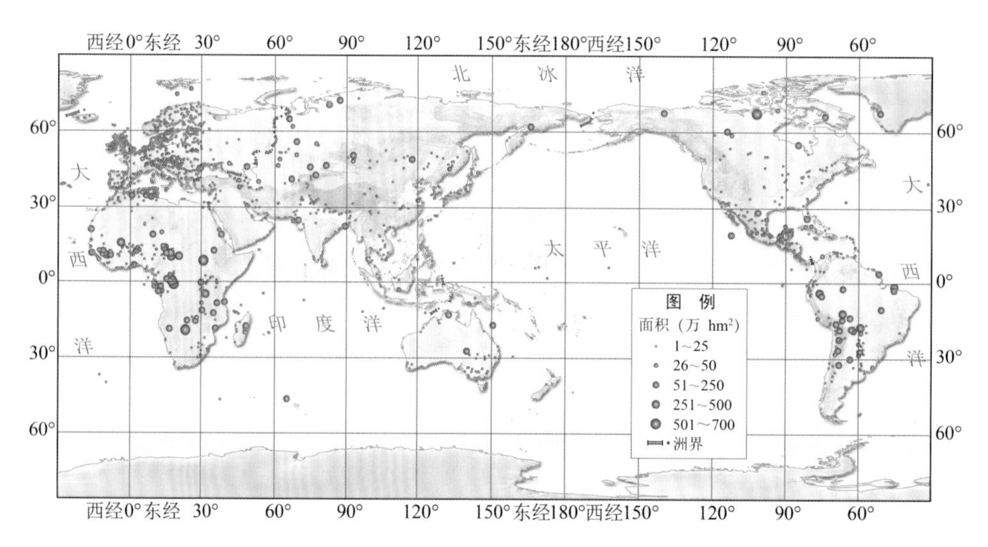

图 1.47　全球重要湿地分布(http://www.chinageoss.org/gee/2014/index.html)

"一带一路"沿线的湖泊变化与气候变化关系密切。100 a 前,中亚以及西北地区处于小冰期时代,湖泊水位偏低(施雅风 等，2003)。但在过去 100 a 中,全球气温升高、降水量增加、冰川萎缩等造成湖泊水位上升、水域面积扩大(Yashon and Tateishi，2006),中亚的巴尔喀什湖的水位明显上升;1987 年以来的博斯腾湖水位也持续上升,至 2011 年恢复到了 1956 年的水平;赛里木高山湖水位平均每年上升 3～5 cm。此外,青藏高原除了南部地区(雅鲁藏布江流域)均呈现湖泊的扩张和新湖泊的出现 (Tao et al.，2015);近 40 a 来青藏高原湖泊面积增加了 7240 km^2(Zhang et al.，2017)。欧洲里海在 1933 年出现了明显的湖面萎缩,这与工业化、城镇化、农业发展等有密切的关系(Gunduz，2014)。

"一带一路"沿线区域大型国际重要湿地面积总体保持稳定,但是部分湿地的干扰/退化较为严重。21 世纪以来,受经济发展、城市化进程、气候变化等影响,"一带一路"沿线的湿地退化明显(Yang,2002)。据经济合作与发展组织估计,从 1900 年开始,全球在一个世纪之间约失去了一半的湿地。2001—2013 年,"一带一路"沿线湿地退化形式多样。亚洲的湖泊、内陆季节性草本沼泽和永久性草本沼泽减少1%，其中，24.58%的滨海季节性草本沼泽（1.52万 hm^2，约占0.08%）、15.58%的内陆永久性草本沼泽（3.98万 hm^2，占0.22%）和14.87%的滨海永久性草本沼泽（1.29万 hm^2，约占0.07%）转变为非湿地；自然湿地类型内部也存在着明显的变化，如水体与洪泛湿地、季节性草本沼泽与洪泛湿地之间的转变。欧洲湖泊和森林（灌丛）沼泽减少约3%（11万 hm^2）；人工湿地类型的12%（0.19万 hm^2，约占0.04%）转变为非湿地。非洲重要湿地的面积变化不大（减少2万 hm^2）。严重的湿地退化将导致湿地生态功能削弱、甚至消失，危及人类生存环境，影响人类生态安全。

1.5.5 土地覆盖变化

人类活动引起的土地利用/土地覆盖变化（Land Use and Cover Change，LUCC）是影响全球和区域气候的重要外强迫因子之一。自工业革命以来，受到人类活动影响，历史时期的土地覆盖发生了显著的改变（Hurtt et al.，2009，2011）。"一带一路"区域土地利用程度差异明显，但总体上高值区域与人口分布的稠密区域吻合。历史时期LUCC主要表现特征为森林砍伐和农田扩张，从空间分布上看，东欧和西西伯利亚、我国中东部地区以及印度—中南半岛是人类活动引起土地覆盖变化的关键区（图1.48）。中南半岛、南亚、欧洲和小亚细亚半岛等地海拔较低，水热组合条件较好，农耕历史悠久，农田利用程度和建设性用地比重较高。亚欧大陆北部属严寒区，生态环境相对严酷，土地开发利用程度较低。青藏高原西北部、中亚区、西亚区和非洲东北部地区由于降水稀少，裸地和沙漠广布，只有少部分具备灌溉条件的土地开辟为农田。

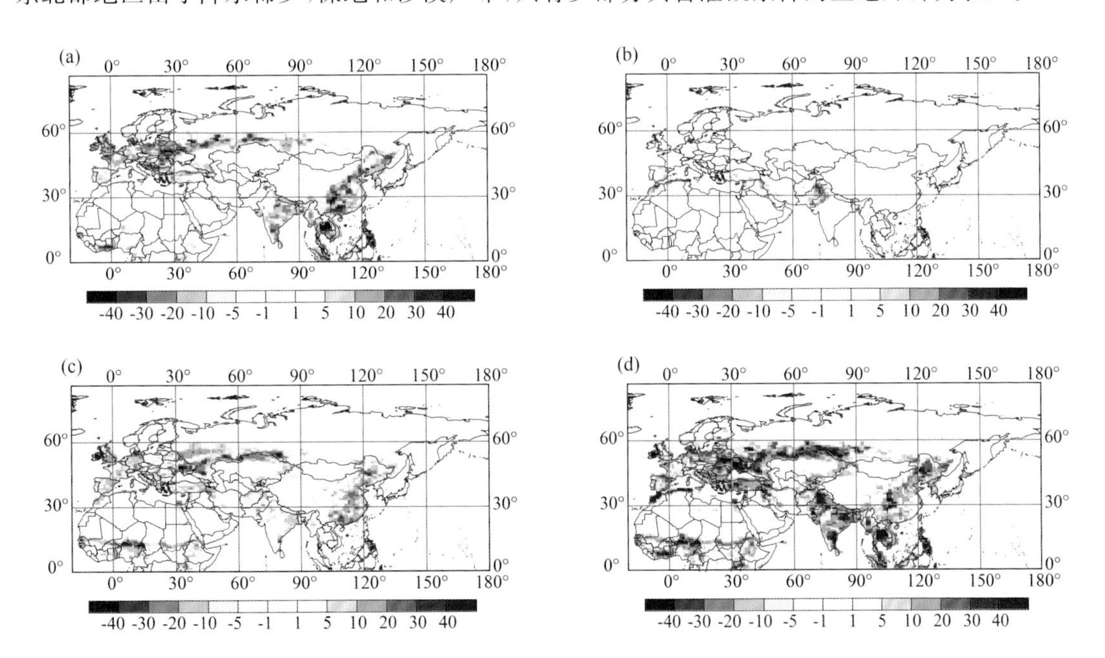

图1.48 "一带一路"监测区域当代与历史时期主要生态系统类型的变化百分比差异（%）（项目组绘制）

(a)森林；(b)灌丛；(c)草地；(d)农田

"一带一路"沿线地区尤其是欧洲—蒙俄、我国华北—东北地区以及印度地区其土地利用程度十分高，而这些地区也主要是农田分布的地区，这说明"一带一路"沿线地区的人类活动正在显著地改变地表覆盖状况。"一带一路"生态环境状况报告编写组（2015）利用2014年陆表土地覆盖和土地利用程度指数遥感监测产品，对"一带一路"陆域土地覆盖和土地利用状况进行分析，揭示了不同地区典型生态系统类型和土地利用程度的区域差异和特征。监测区内土地覆盖类型以森林、草地和农田为主，总面积分别为 1279.33 万 km^2、1234.42 万 km^2 和 1159.77 万 km^2，所占面积比例分别为 24.07%、23.22%和 21.82%。与全球(不含南极洲)土地覆盖状况相比，"一带一路"监测区域农田和人造地表的面积比例均高于全球平均水平，可见该区域人类活动强度高于全球平均水平。另外，裸地比例也高于全球平均水平，而森林、草地和灌丛所占比例明显低于全球平均水平，生态系统较为脆弱。

IPCC AR5(IPCC，2013)指出：由于土地利用引起的反照率的变化大约导致自 1750 年以来全球平均的辐射强迫下降约−0.15 W/m^2，这相比于其他温室气体气溶胶的辐射强迫是一个非常小的值(如 CO_2 约 1.68 W/m^2)。虽然 LUCC 的全球平均气候效应评估很微弱，但是这并不意味着 LUCC 对全球气候影响是不重要的，因为仍有很多研究指出局地 LUCC 的信号不仅仅可以影响局地的气候(Pitman and Zhao，2000；Chase et al.，2001；Lee et al.，2011)，甚至可以通过非线性过程(如遥相关)影响到其他区域(Pielke et al.，2011；Mahmood et al.，2014)。LUCC 以及其相关过程也会显著地减少极端高温天气的发生(Pitman et al.，2012)，这也是地球系统工程中人为减缓全球变暖的一个重要的可行因素，尤其是对"一带一路"沿线国家相关决策的制定是十分重要的。

1.6 "海上丝绸之路"沿岸海平面、风暴潮及近海海洋环境变化

"海上丝绸之路"沿岸各国海洋环境状况复杂多变，存在许多区域差异，掌握海上航道的海洋状况是保证生命财产安全和航行顺畅的保障。"海上丝绸之路"的健康发展受气候变化影响显著。越来越多的证据表明全球变暖已经影响到丝路海区的海平面、风暴潮和近海海洋环境变化。在全球变暖背景下，近几十年来丝路海区的海水显著变暖、海平面明显升高、沿海湿地面积减少、台风诱发的风暴潮频次增多、灾害影响区域及程度日益严重、沿海国家的海洋环境大部分都有恶化的趋势，这些变化将会给沿海环境、经济、社会带来极大影响。

1.6.1 海平面变化

气候变化背景下，丝路海区的海水显著变暖，热比容效应引起海水体积膨胀，促使海平面升高明显。海平面未来将持续上升，但上升速率减缓。海平面上升对近海和海岸带环境产生了重要影响，引起了海水入侵、红树林衰退、近岸低地淹没，使沿岸低地国家的经济、社会的可持续发展和人文活动面临着不同程度的威胁。

丝路海区的海面温度升高，海洋上层 700 m 热含量增加。IPCC AR5 指出 1950—2009 年，印度洋和太平洋平均海面温度分别上升了 0.65 ℃和 0.31 ℃。热带西太平洋暖池区延伸至澳大利亚西部海域、南海和孟加拉湾南部等东亚海域的中心海区以及黑潮流域和日本海，是丝路海区上层海洋热含量变化主要的正值区，该增暖趋势自 20 世纪 90 年代中后期较为明显。

海水增温相对应的热比容效应导致了海平面显著上升，丝路沿岸海域为海平面上升大值区(图 1.49)。根据验潮站及卫星高度计资料的统计结果，全球平均海平面 1993—2012 年间上升速率约为 3.2 mm/a，其中海水热比容引起的海平面上升速率约为 1.1 mm/a。卫星资料

分析发现，1993—2011 年我国东海平均海平面和比容海平面平均增长速率分别为 3.3 mm/a 和 1.8 mm/a(图 1.50)。北太平洋 1993—2006 年比容海平面的线性上升速率为 1.4 mm/a。1993—2012 年太平洋和印度洋比容海平面也存在较强的上升趋势，其中，热比容对西太暖池海平面的长期上升贡献很大，北印度洋沿海平均海平面上升速率约为 3.2 mm/a。

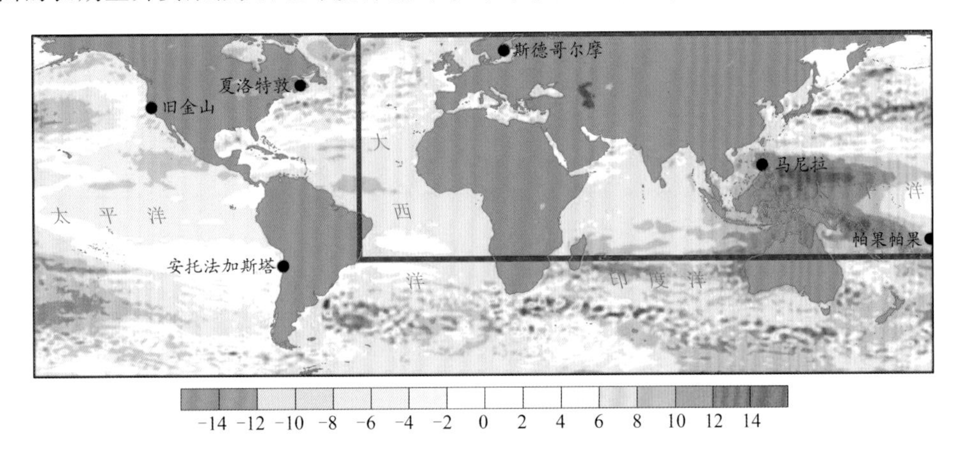

图 1.49 1993—2012 年全球海平面变化趋势(单位：mm/a)(IPCC,2013)

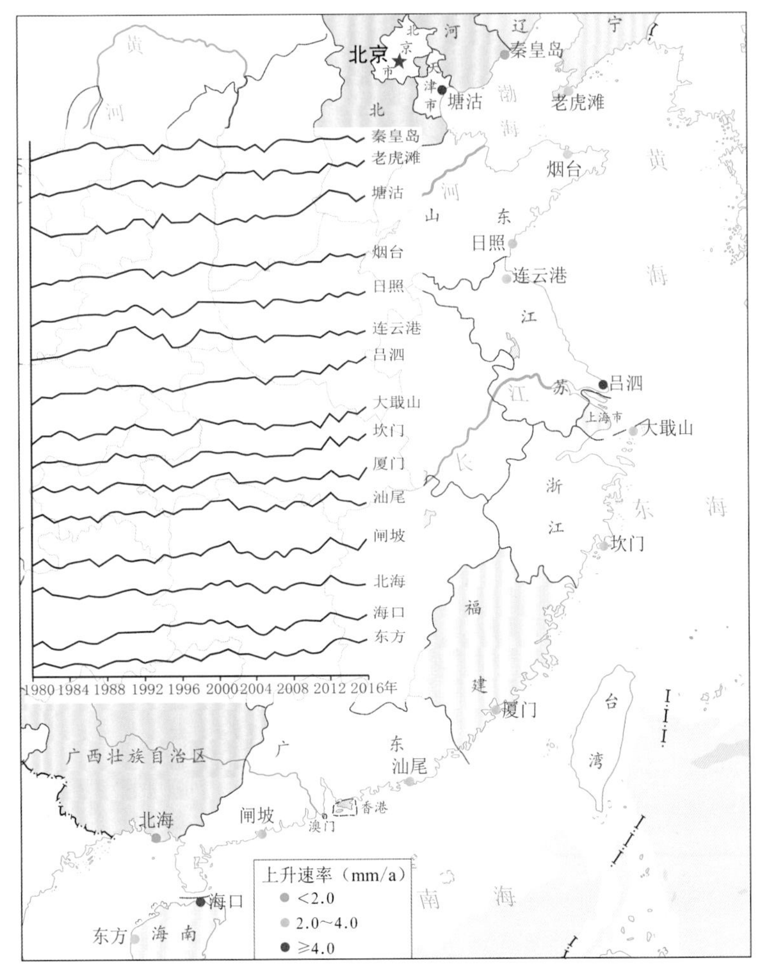

图 1.50 1980—2016 年中国沿海主要监测站海平面变化(国家海洋局,2017)

海平面的持续上升导致湿地面积减小、海水入侵和土地盐渍化、河口咸潮入侵、近岸低地淹没、红树林衰退，对丝路沿岸国家的经济发展带来前所未有的负面作用。目前东亚地区沿海湿地已遭到严重的破坏，潮间带湿地丧失了57%，以黄海南部和东海沿岸为例，湿地生态服务功能的下降程度已达30%～90%(张乔民和隋淑珍，2001)。同时，现有红树林面积显著衰退，中国已从原有的5.5万 hm^2 减少到不足1.5万 hm^2，减少了73%(范航清 等，2000)。海水入侵威胁东南亚、南亚和西亚地区地势低洼国家的生存发展，大大地增加了国家的经济负担。以新加坡为例，保护海岸的年度成本随着时间的推移而日益上升，现在的成本范围在17万～308万美元，2050年将达到30万～570万美元，2100年将高达90万～1680万美元(Ng and Mendelsohn，2005)。

1.6.2 风暴潮变化

风暴潮对沿海环境、生态以及经济社会造成的影响不容小觑，海啸、地震、台风、温带气旋等现象都会导致风暴潮的发生。其中濒临西北太平洋海域台风次生的风暴潮在“海上丝绸之路”沿海各国中造成的影响最为重大，东亚、东南亚、南亚、大洋洲等地区均受到台风次生风暴潮的威胁。

伴随着海平面的不断上升，台风风暴潮导致的灾害在中国沿海地区发生频次增多、灾害区域扩大、风暴潮灾害的损失程度日趋加重。当风暴潮与近岸浪叠加时，造成的危害将更为严重，在过去的200 a间，全球有260万人死于风暴潮。风暴潮灾害对东亚沿岸造成重大的影响，其中中国沿岸受到的影响最为严重，从2000—2016年的17 a间，风暴潮灾害对中国造成的直接经济损失累计高达1900多亿元，死亡人数总计达828人。天津地区在20世纪60年代以前，平均每10 a发生一次增水100 cm以上的风暴潮灾害，至90年代以后则每3 a左右发生一次，类似的情况在长江三角洲和珠江三角洲区域也有发生。

2014年1409号超强台风“威马逊”在中国海南省文昌市登陆，沿海风暴增水最大为392 cm，是1949年以来登陆中国的最强台风，受灾人口超过500万人，直接经济损失超过80亿元人民币。2016年9月，台风“莫兰蒂”和“马勒卡”先后侵袭中国沿海，登陆时均恰逢天文大潮和季节性高海平面期，台风、海平面异常偏高和天文大潮共同作用，造成了严重的风暴潮灾害，沿海监测到的风暴增水达到288 cm，致使近50万人受灾，经济损失接近10亿元人民币。

在南亚和东南亚沿岸，风暴潮(主要集中在孟加拉湾)造成的灾害也十分严重，1991年4月的一次特大风暴潮，在发出热带气旋及风暴潮警报的情况下，仍然夺去了13万人的生命。2007年11月发生于孟加拉湾的风暴潮造成3000人死亡，5万人受伤，摧毁了150余万家庭的房屋，受灾人口达700万。2008年5月，发生于缅甸的风暴潮死亡人数超过8万，700万人的生活受到严重影响。

在东南亚沿海地区，海岸侵蚀、盐水入侵等时有发生，红树林经济衰退和恶化。海平面上升将加剧这些问题的发生，特别是沿海的红树林覆盖区，因为它们居于平均海平面和高潮期之间，所以其对相对海平面的变化非常敏感(Mimura et al.，2000)。新加坡的红树林面积从1819年的75 km^2 下降到2014年的6.59 km^2(Cook and Hangzo，2014)。

虽然海岸侵蚀比海水入侵更难预测，但Bruun规则和其他简化程序表明，30 cm海平面的上升将侵蚀海岸15～30 m。建立在更高的海平面基础上的风暴潮和更慢的雨水下渗将使得洪水发生更加频繁，导致河口和含水层的盐度增加，将进一步威胁供水和水生生物生存（Filizadeh，2010）。

因此，风暴潮带来的海洋环境、生态破坏以及沿岸各国的经济和社会损失值得我们关注和研究。

1.6.3 近海海洋环境变化

近海海洋环境包含多种要素，如温度、酸度以及石油泄漏导致的海水污染等。这些海洋要素的变化都会对“海上丝绸之路”沿岸各国间合作交流造成影响。

“21世纪海上丝绸之路”跨越中国东部沿海、南海、北印度洋以及地中海和黑海等，1940—2015年，上述海区的海温均发生了显著的变化特征。中国近海各海区海水自20世纪80年代以来增暖明显，其中以20世纪90年代至今各海区的增暖趋势最为明显。这与东亚季风、西太平洋副热带高压和气温的变化有密切的关系（方国洪 等，2002）。1971—2003年，南海北部珠江口海面温度呈显著上升趋势，线性上升速率为（0.019～0.034）℃/a，且珠江口外高于口内。南海中部表层水温在1950—2006年间约上涨了0.92℃（李立 等，2002），而南海上层海水的变暖也使得南海水温总体呈现上升的趋势。1934—1989年，南沙海域的表层水温上升0.6℃（谢强 等，1999）。

北印度洋的升温主要位于赤道至南北纬10°范围内，以及阿拉伯海西北部沿海和孟加拉湾东部及东南沿岸海域，1940—2015年的升温幅度在0.6～1℃。作为欧亚内陆海的地中海和黑海在1940—2015年间水温也升高明显，尤其是地中海，存在3个主要的升温带，即东部、西部和中部，升温幅度均在0.8～1℃，而黑海的升温幅度相对较小。总体上，丝路海区海面温度均出现升温，上升幅度显著，值得关注的是，我国东部沿海，缅甸、越南、阿曼、斯里兰卡和索马里等地区的沿海海面温度上升明显。赤道印度洋和热带西太平洋的大幅升温会通过海气相互作用等过程引起相关的海洋和气象灾害。尤其是，足够暖的海面温度对热带气旋的发生发展至关重要，进而会严重影响海上航线运输乃至航运的安全（齐庆华和蔡榕硕，2017）。

人类生产活动中，如燃烧化石燃料及土地利用，均会排放大量的CO_2，其中海洋吸收约25%，CO_2溶解在海水中形成碳酸。海洋吸收CO_2会造成其化学成分发生改变，结果是海水中溶解的酸性成分增多。海洋酸化是大气中CO_2含量的持续增加所产生的直接后果之一。根据IPCC报告中关于海水中碳酸盐体系以及海水表层温度变化的数据，假设活性酸盐浓度为0.5 μmol/L，硅酸盐浓度为4.8 μmol/L的情况下，用碳酸解离常数进行修正，预测了海洋酸化及碳酸盐体系的变化情况如表1.13所示。在未来可以预见的时间尺度，海洋酸化现象将进一步加剧（即表层海水的氢离子浓度指数（pH值）具有持续下降的趋势）（IPCC，2001）。

表1.13　海洋酸化及碳酸盐体系的变化（Yakushev and Sørensen，2010）

参数	符号	单位	冰河时代	工业革命前	现在	$2\times CO_2$	$3\times CO_2$
温度	T	℃	15.7	19	19.7	20.7	22.7
盐度	S		35.5	34.5	34.5	34.5	34.5
总碱度	A_T	$\mu mol\cdot kg^{-1}$	2356	2287	2287	2287	2287

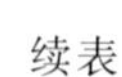

续表

参数	符号	单位	冰河时代	工业革命前	现在	$2\times CO_2$	$3\times CO_2$
水体 CO_2 分压	p_{CO_2}	μatm	180 (−56)	280 (0)	380 (35.7)	560 (100)	840 (200)
碳酸	H_2CO_3	$\mu mol\cdot kg^{-1}$	7 (−29)	9 (0)	13 (44)	18 (100)	25 (178)
碳酸氢根离子	HCO_3^-	$\mu mol\cdot kg^{-1}$	1666 (−4)	1739 (0)	1827 (5)	1925 (11)	2004 (15)
碳酸根离子	CO_3^{2-}	$\mu mol\cdot kg^{-1}$	279 (20)	222 (0)	186 (−16)	146 (−34)	115 (−48)
氢离子	H^+	$\mu mol\cdot kg^{-1}$	4.79×10^{-3} (−45)	6.92×10^{-3} (0)	8.92×10^{-3} (29)	1.23×10^{-2} (78)	1.74×10^{-2} (151)
方解石饱和度	Ω_{calc}		6.63 (20)	5.32 (0)	4.46 (−16)	3.52 (34)	2.77 (−48)
文石饱和度	Ω_{arag}		4.26 (19)	3.44 (0)	2.9 (−16)	2.29 (−33)	1.81 (−47)
溶解无机碳	DIC	$\mu mol\cdot kg^{-1}$	1952 (−1)	1970 (0)	2026 (2.8)	2090 (6.1)	2144 (8.8)
总 pH	pH_T		8.32	8.16	8.05	7.91	7.76

注:①$2\times CO_2$ 和 $3\times CO_2$ 分别指 CO_2 含量增加到工业革命前之前含量的 2 倍和 3 倍;②括号中的数字表示相对于工业革命前数值的变化百分比。

中国沿海海水 pH 值南北相差不大(平均 8.1 左右),但在个别海区的长期监测数据中显示海水 pH 值呈现稳中有降的趋势,如三亚湾海域。但是目前研究数据的精度、时空覆盖率以及连续性还难以评估或证明中国近海酸化变化特点(表 1.14)。已观测到的个别海区 pH 变化受到多种因素共同作用。例如,高密度水产养殖、城市污水排放、工业排污和某些生物暴发性增长等影响的海区和缺氧海域,观测到的海水 pH 值比较低。因此,评估中国海洋酸化状况还需要更多的监测与研究数据。

表 1.14　中国部分海区海水 pH 值变化趋势(项目组根据文献汇总)

海区	pH 值	时间	文献来源
渤海湾沧州沿岸	8.2	2004 年	辛月霖 等,2005
黄海南部近岸海域	8.1	2004 年	徐明德和吕文魁,2006
长江口	8.13	1998—1999 年	金卫红和邵秀伟,2000
杭州湾	8.07	1998—1999 年	金卫红和邵秀伟,2000
福建主要港湾	8.01~8.18	2000—2001 年	蔡清海 等,2005
厦门海域同安湾	8.17	1995 年	郑爱榕 等,2000
	8.03	1996 年	
	8.17	1997 年	
	8.07	1998 年	
	8.03	1999 年	

续表

海区	pH值	时间	文献来源
大亚湾	8.12～8.24	1999—2002年	王友绍 等,2004
涠洲岛附近海域	8.17	1990年	邱绍芳,1999 何雪琴 等,2001
	8.21	1996年	
	8.17	1998年	
三亚海域	8.12	1999年	车志伟,2007
	8.09	2005年	
	8.10	2006年	

马来西亚的海洋产业在经济增长中发挥重要作用,其中石油和天然气是其重要出口商品,对当地经济有重大贡献。但石油和天然气的开发对海洋环境造成不利影响。马来西亚作为发展中国家和石油天然气国家面临着在环境保护与石油和天然气经济发展之间取得平衡方面的重大挑战。从生态角度看,要加强生产项目各阶段可能发生的油气活动对海洋环境的不利影响进行持续关注。涉及大陆架和深水地区石油和天然气行业的活动,其环境问题各不相同,它们包括栖息地保护和生物多样性,污染排放,漏油事件、水污染、项目的规模和复杂程度,以及周边环境的性质和敏感性(Mustafa et al., 2012)。

河流和土地开垦影响了新加坡的沿海和海洋环境。陆基污染占全球海洋污染物的80%,大约20%的海洋污染可归因于从船舶倾倒石油和其他废物,意外溢油和海上石油钻孔。2013年7月,两艘散货船(南方石油公司的东方先锋和巴哈马注册的大西洋英雄)于新加坡海岸相撞,造成约100 t燃油泄漏。最大的泄漏发生在1997年10月,来自塞浦路斯和新加坡南部的两艘油轮之间发生碰撞,超过28000 t燃油泄漏,严重影响了红树林和珊瑚礁(Cook and Hangzo, 2014)。

由此可知,"海上丝绸之路"沿海国家的海洋环境大部分都趋于恶化,海面温度上升速率普遍大于或接近全球海面温度上升速率(约2.3 mm/a);全球酸度(pH值)由工业革命前的8.3降到了8;由于丝路航线繁忙,石油泄漏导致大面积海水污染也更为严重。因此,研究、认识甚至改善"海上丝绸之路"沿海各国的海洋环境将成为国家顺利开展"海上丝绸之路"政策必不可少的一环。

1.7 总结和建议

总之,在全球变暖的大背景下,"一带一路"区域的气象要素和环流、极端气候事件和主要气象灾害、冰冻圈和水资源、生态系统、海洋环境要素等发生了深刻的变化。因此,需要加强"一带一路"区域气候变化的监测、加深相关机理的理解、大力开展气候变化及其影响评估,为"一带一路"区域的灾害风险管理、应对气候变化和防灾减灾提供科学支撑,为"一带一路"区域的灾害监测和预警、水资源评估、经济社会可持续发展等提供重要依据和参考。建议:

(1)进一步加强"一带一路"区域气候要素及相关变量的观测,建立更为完善的气候、环境和灾害监测系统和监测网络,建立更为完善的综合资料库和共享机制,为"一带一路"区域气候变化的监测和相关机理研究提供有力支撑；

（2）进一步关注“一带一路”区域的水资源问题，特别要关注水资源的合理利用和水资源保护问题；加强“一带一路”区域国家在跨境水资源管理和应用方面的合作研究和战略合作；

（3）进一步加强“一带一路”区域极端天气气候事件相关机理的科学研究，解决目前科学研究碎片化的问题，尤其是通过国际和区域合作开展集成研究，提升“一带一路”区域气候变化和灾害形成机理的科学认知；

（4）进一步关注“一带一路”区域海平面变化的监测，尤其是海平面变化对“一带一路”区域沿海国家带来的风险和适应对策研究；

（5）进一步关注“一带一路”区域的能源问题，尤其是需要风能、太阳能等清洁能源的调查、合理开发利用；

（6）进一步关注“一带一路”区域的生态文明建设，重点关注“一带一路”区域生态系统的监测、修复和管理；

（7）进一步提升“一带一路”区域国家缓解和适应气候变化的能力建设。

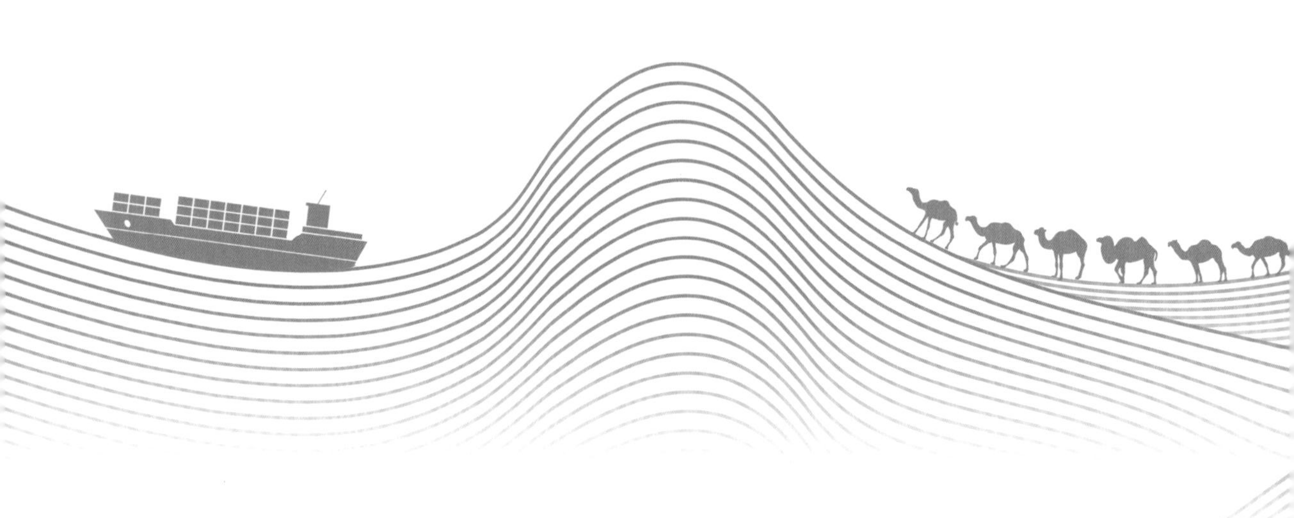

第2章

气候预估

摘 要

本部分内容重点评估了21世纪"一带一路"区域气候和环境的未来变化趋势。主要结论如下：

(1)在不同排放情景下，未来"一带一路"区域平均温度较现代显著上升，增温幅度高纬地区大于低纬地区、高排放情景大于低排放情景，到21世纪末，最大升温可达6 ℃以上；未来"一带一路"地区降水整体上呈增加趋势，北亚和西亚南部增幅最大(15%以上)；最大地面风速整体减弱，北亚地区减小幅度超过1 m/s，但在中国南方地区有所增加。与2 ℃温升阈值相比：1.5 ℃阈值下亚洲平均温度的上升幅度将降低0.5～1.0 ℃，大部分地区的降水增幅减少5%～20%，但西亚和南亚西部的降水则偏多10%～15%。未来中国区域有效温度也将普遍升高，引起炎热天气的人口暴露度大幅度增加。

(2)未来"一带一路"区域极端高温和极端低温均呈上升趋势，极端低温上升幅度大于极端高温。在高排放情景下(RCP8.5)，21世纪末期71%的区域极端高温上升超过5 ℃，82%的区域极端低温上升超过5 ℃，高温热浪风险增加。极端降水增强的区域主要在亚洲东部和南部，高排放情景下，21世纪末南亚连续五日最大降水量增幅最大(超过35 mm)；"一带一路"区域西部和南部大部分国家和地区的连续无降水日数增加，干旱风险增大。

(3)在不同排放情景下，21世纪后期全球海平面相对现代升高约0.40～0.63 m，中国珠江三角洲升高幅度可达到1 m；未来西北太平洋地区热带气旋频数可能趋于减小，但强热带气旋的频数有可能增加；风暴潮水位在南亚地区普遍上升，中国东海沿岸增加明显。

(4)未来"一带一路"区域大部分河流年平均流量呈显著下降趋势，特别是中国黄河流域、俄罗斯远东诸河流域以及中亚咸海流域；积雪覆盖范围变小、雪深减小，雪水当量总体呈显著减小趋势，欧洲西部和青藏高原的减少尤为明显；高排放情景下，21世纪末冰川体积平均减小50%以上，中欧地区减少可达到90%；北半球多年冻土面积减少69%～93%，青藏高原减少更大；北极海冰减少，通航能力增加，21世纪中期北极中央和西北航道将成为新的最佳航线。

(5)未来植被生长开始时间普遍提前，生长季变长，高排放情景下，21世纪末中国区域生长季将增加10～67 d，欧洲地区增加45～65 d；"一带一路"区域植被带北移，荒漠化加剧；由于弱通风日数增加，大气环境容量减少，污染潜势增加；东亚地区沙尘频次有所增加，季节提前。

2.1 引言

“丝绸之路经济带”和“21世纪海上丝绸之路”(简称“一带一路”)是新中国成立以来最大的国际合作倡议,绘制了我国和沿线国家与地区共同发展的宏伟蓝图。“一带一路”区域横跨亚洲、欧洲和非洲东部、北部,其气候类型多样,沿线国家和地区经济发展极不平衡。已有研究表明:工业革命以来“一带一路”区域平均气温呈快速上升趋势,极端天气、气候事件频发,干旱化和干旱区有扩张态势,冰川面积整体萎缩,海平面明显升高,台风诱发的风暴潮频次增多等。上述气候变化对“一带一路”区域社会经济发展、生态环境安全等都带来巨大的威胁,并且灾害影响区域有所扩张、影响程度日益严重。

IPCC AR5报告指出,21世纪后期(2080—2099年)全球平均气温可能升高0.3~1.7 ℃(RCP2.6)至2.6~4.8 ℃(RCP8.5)。随着全球平均温度上升,全球绝大部分地区极端热事件增加,极端冷事件减少,全球平均降水增加。此外,21世纪北极海冰面积将持续减少,北半球冰川和积雪减小,多年冻土退缩。然而,全球气候变化具有显著的区域差异,“一带一路”区域气候和环境的未来变化趋势仍不清楚。

随着“一带一路”倡议已经进入实质性建设阶段,21世纪气候变化将对沿线国家和地区的生态环境和可持续发展等带来新的压力,关乎“一带一路”倡议的顺利实施及亚投行的投资安全。因此,中国科学院地学部设立了“‘一带一路’区域气候变化灾害风险”咨询评议项目,拟对“一带一路”区域的气候变化事实、影响和灾害风险进行系统分析和评估,提出应对措施的咨询建议,以便为国家更好地应对气候变化带来的不利影响,制定相应的防灾减灾措施提供基础科学支撑。

本部分内容是中国科学院学部咨询评议项目“‘一带一路’区域气候变化灾害风险”工作报告的第二部分,我们利用耦合模式比较计划第五阶段(Coupled Model Intercomparison Project, CMIP5)的全球气候模式模拟数据,重点评估了21世纪不同排放情景下(RCP2.6、RCP4.5、RCP6.0和RCP8.5(四个温室气体浓度情景(表2.1)下),“一带一路”区域气候和环境的未来变化趋势。

表2.1 典型浓度路径(IPCC,2013)

情景	描述
RCP2.6	辐射强迫在2100年前达到峰值,到2100年下降到2.6 W/m^2,CO_2当量浓度峰值约490 ppmv*
RCP4.5	2100年后辐射强迫稳定在4.5 W/m^2,CO_2当量浓度稳定在约650 ppmv
RCP6.0	2100年后辐射强迫稳定在6.0 W/m^2,CO_2当量浓度稳定在约850 ppmv
RCP8.5	2100年辐射强迫上升至8.5 W/m^2,CO_2当量浓度达到约1370 ppmv

2.2 “一带一路”区域平均气候变化预估

在不同排放情景下,“一带一路”区域平均温度显著上升,增温幅度高纬度地区大于低纬度地区、高排放情景大于低排放情景。在RCP8.5排放情景下,21世纪末期高纬度地区的北亚和东欧地区的平均温度将会上升6 ℃以上,东亚地区将会增暖5 ℃左右。21世纪“一带一路”地区降水整体上呈增加的趋势,年平均最大地面风速整体减弱,尤其是俄罗斯东北部,但中国南方最大风

* 1ppmv=1×10^{-6}(体积分数),下同。

速将有所增加。与 2 ℃温升阈值相比:1.5 ℃阈值下亚洲平均温度的上升幅度将降低 0.5～1.0 ℃,大部分地区的降水增幅减少 5%～20%,但西亚和南亚西部的降水则偏多 10%～15%。

2.2.1 气温变化预估

在 RCP2.6 情景下(表 2.1),多模式(表 2.2)集合平均结果表明,21 世纪"一带一路"区域大部分国家和地区冬季、夏季和年平均温度上升趋势为 0.15 ℃/10 a 左右,季节差别不明显(图 2.1)。在 RCP4.5 情景下,冬季的升温趋势大于夏季和年平均,尤其是"一带一路"沿线北部的高纬度国家,升温将会达到 0.5 ℃/10 a。在 RCP8.5 情景下,升温趋势将会更加明显,冬季为 0.6～0.8 ℃/10 a,夏季为 0.5～0.7 ℃/10 a,年平均温度上升趋势大部分地区也都在 0.6～0.7 ℃/10 a,北部高纬度地区达到 0.8 ℃/10 a 以上。

表 2.2 采用的 CMIP5 模式信息(IPCC,2013)

模式名称	单位和国家	分辨率(经纬格点数)
BCC-CSM1.1	BCC,中国	128 × 64
BNU-ESM	BNU,中国	128 × 64
CanESM2	CCCMA,加拿大	128 × 64
CCSM4	NCAR,美国	288 × 192
CNRM-CM5	CNRM-CERFACS,法国	256 × 128
CSIRO-Mk3-6-0	CSIRO-QCCCE,澳大利亚	192 × 96
GFDL-ESM2G	NOAA GFDL,美国	144 × 90
GFDL-ESM2M	NOAA GFDL,美国	144 × 90
HadGEM2-ES	MOHC,英国	192 × 145
IPSL-CM5A-LR	IPSL,法国	96 × 96
IPSL-CM5A-MR	IPSL,法国	144 × 143
MIROC5	MIROC,日本	256 × 128
MIROC-ESM	MIROC,日本	128 × 64
MIROC-ESM-CHEM	MIROC,日本	128 × 64
MPI-ESM-LR	MPI-M,德国	192 × 96
MPI-ESM-MR	MPI-M,德国	192 × 96
MRI-CGCM3	MRI,日本	320 × 160
NorESM1-M	NCC,挪威	144 × 96

从不同排放情景下 21 世纪近期（2016—2035 年）、中期（2046—2065 年）和后期（2080—2099 年）平均温度变化空间分布图（图 2.2）来看，RCP2.6 情景下，"一带一路"沿线大部分国家和地区的平均温度在 21 世纪近期将比 1986—2005 年增暖 0.5～2 ℃，21 世纪后期平均温度增暖幅度则会达到 1～3 ℃。RCP8.5 情景下，处于高纬度地区的北亚和东欧地区的平均温度在 21 世纪后期比 1986—2005 年将会上升 6 ℃以上，东亚地区将会增暖 5 ℃左右，南亚和东南亚地区的增暖幅度较小。

在全球升温 1.5、2、3 和 4 ℃阈值下，整个亚洲区域的平均温度将分别升高 2.3、3.0、4.6 和 6.0 ℃，高纬度地区的响应大于中低纬地区，且与 2 ℃温升阈值相比，1.5 ℃阈值下亚洲平均温度的上升幅度将降低 0.5～1.0 ℃（徐影 等，2017）。研究还发现，未来中国区域有效温度的普遍升高，引起炎热天气的人口暴露度大幅度增加，增加最多的区域主要为长江流域及其以北，以及四川盆地、华南沿海等地，到 21 世纪末相对于当代全国平均将增加 6 倍“人-天”（person-days）。具体而言，如目前全年没有炎热天气的人口，到 21 世纪末炎热天气人口暴露度将由 6 亿人减少至 2 亿多；而炎热天气在 1 个月和 2 个月长度以上的人口，将分别由现在的 300 万人和 0 人，上升到 1 亿 4 千万和 2300 万人。尽管气候意义上的舒适日数由于变暖有所增加，但由于人口数目和分布的变化，相应的“人-天”数目则有 22%的减少，如每年有 2 个月以上舒适天气的人数，到 21 世纪末将减少至当代的 55%。从空间分布上讲，中国黄河以南地区的舒适天气日数，除云南等地外，都将减少（Gao et al.，2018）。

2.2.2 降水变化预估

未来“一带一路”沿线地区和国家降水整体呈现增加趋势，但增加趋势不大，大部分地区增加的趋势在（1%～2%）/10 a，西亚地区未来降水则有减少的趋势（减少 1%～2%）/10 a。但对于不同的时期，不同地区的降水还是有所差别。RCP8.5、4.5、2.6 三种排放情景下，21 世纪近期（2016—2035 年），西亚南部的降水增加幅度大于其他地区（25%以上），东亚地区的年平均降水虽也有增加的趋势，但在 RCP8.5 情景下中国长江以南地区的降水将减少约 5%。21 世纪中期（2046—2065 年），RCP2.6 情景下北亚地区、中国的西部地区以及中亚地区降水增加明显，且增加幅度大于 RCP4.5 和 RCP8.5 情景下的降水增加幅度，21 世纪后期（2080—2099 年）的降水增加幅度则是 RCP8.5 情景下大于 RCP2.6 情景下。此外，在三种排放情景下，三个时期，西亚和非洲东北部地区降水都明显增加（图 2.3）。

研究结果还表明，相比工业化前，在全球升温 1.5、2、3 和 4 ℃阈值下，亚洲区域平均的降水将分别增加 4.4%、5.8%、10.2%和 13.0%，存在明显的区域差异。与 2 ℃温升阈值相比：1.5 ℃阈值下亚洲平均大部分地区的降水增幅减少 5%～20%，但西亚和南亚西部的降水增幅则增多 10%～15%（徐影 等，2017）。

2.2.3 风速变化预估

对未来“一带一路”区域不同排放情景下最大风速变化趋势（图 2.4）的分析表明：RCP8.5、4.5、2.6 三种排放情景下，“一带一路”区域大部分国家和地区冬季最大风速所在区域的东北部地区有明显的减弱趋势，尤其是俄罗斯的东北部，而中亚的大部分地区最大风速则略有加强。从夏季平均来看，“一带一路”区域大部分地区的夏季最大风速都有加强的趋势，尤其是在 RCP2.6 情景下，中国的东部地区、南亚和西亚等地区增加明显；RCP8.5 情景下，南亚、东南亚夏季最大风速增强明显。从年平均来看，最大风速减弱的地区主要在俄罗斯的东北部、中国的西部地区，为 0.1 m/（s·10 a）；中国东部、南亚和东南亚地区最大风速有加强的趋势，为 0.05 m/（s·10 a）。

从不同排放情景下 21 世纪近期（2016—2035 年）、中期（2046—2065 年）和后期（2080—2099 年）年平均最大风速变化的空间分布图（图 2.5）来看，RCP2.6 情景下，“一带一路”区域的西亚、北亚和东亚地区的最大风速在 21 世纪近期将比 1986—2005 年增强 0.4 m/s，增强最大的区域在中国东部；随着排放的增强，21 世纪中期，最大风速减弱的区域逐渐增多，俄罗斯北部最大风速将减小 0.5～0.8 m/s；21 世纪后期，俄罗斯东北部的最大风速将减小 1 m/s，但中国南部地区的最大风速则有所增加。

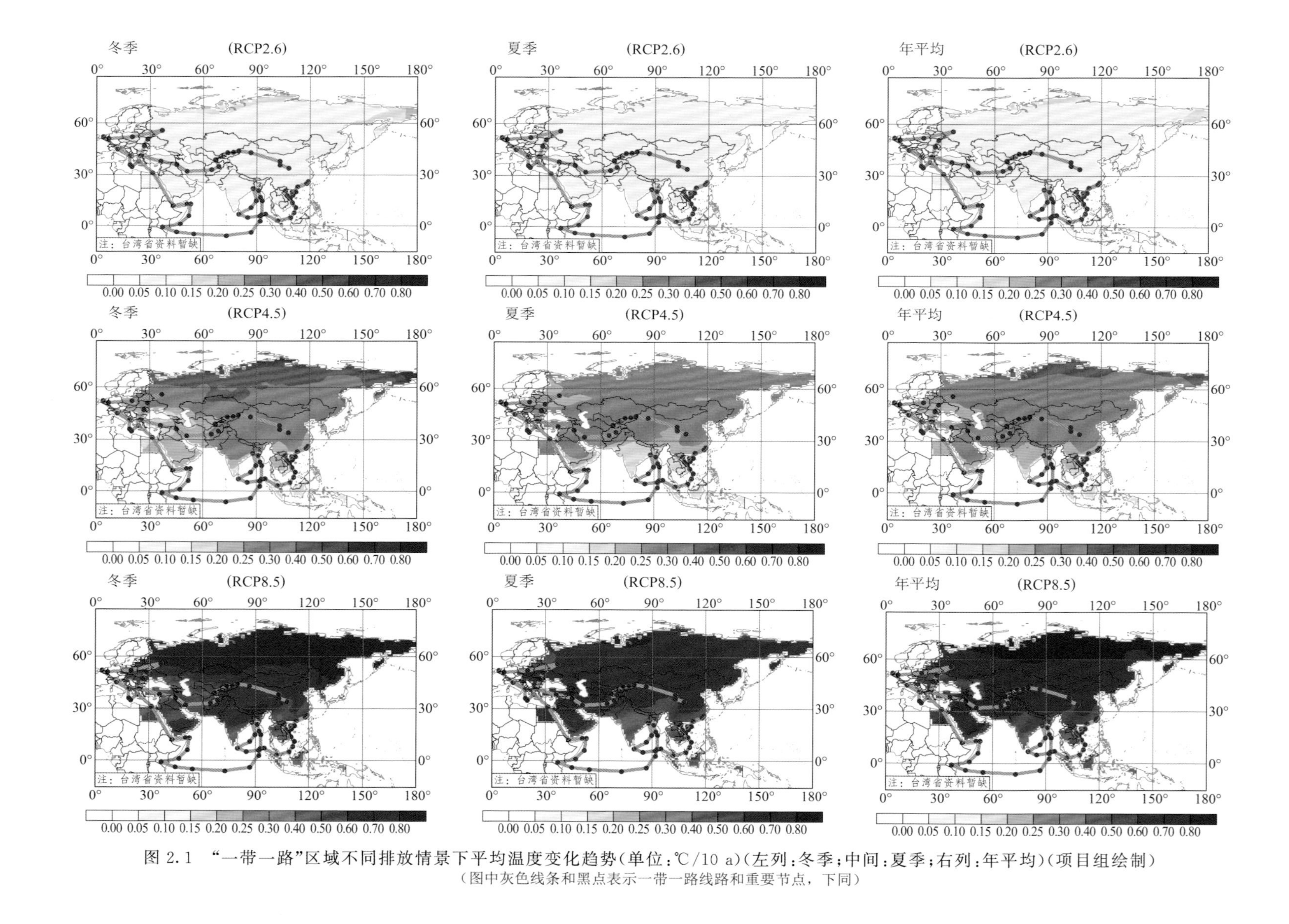

图 2.1 "一带一路"区域不同排放情景下平均温度变化趋势（单位：℃/10 a）（左列：冬季；中间：夏季；右列：年平均）（项目组绘制）
（图中灰色线条和黑点表示一带一路线路和重要节点，下同）

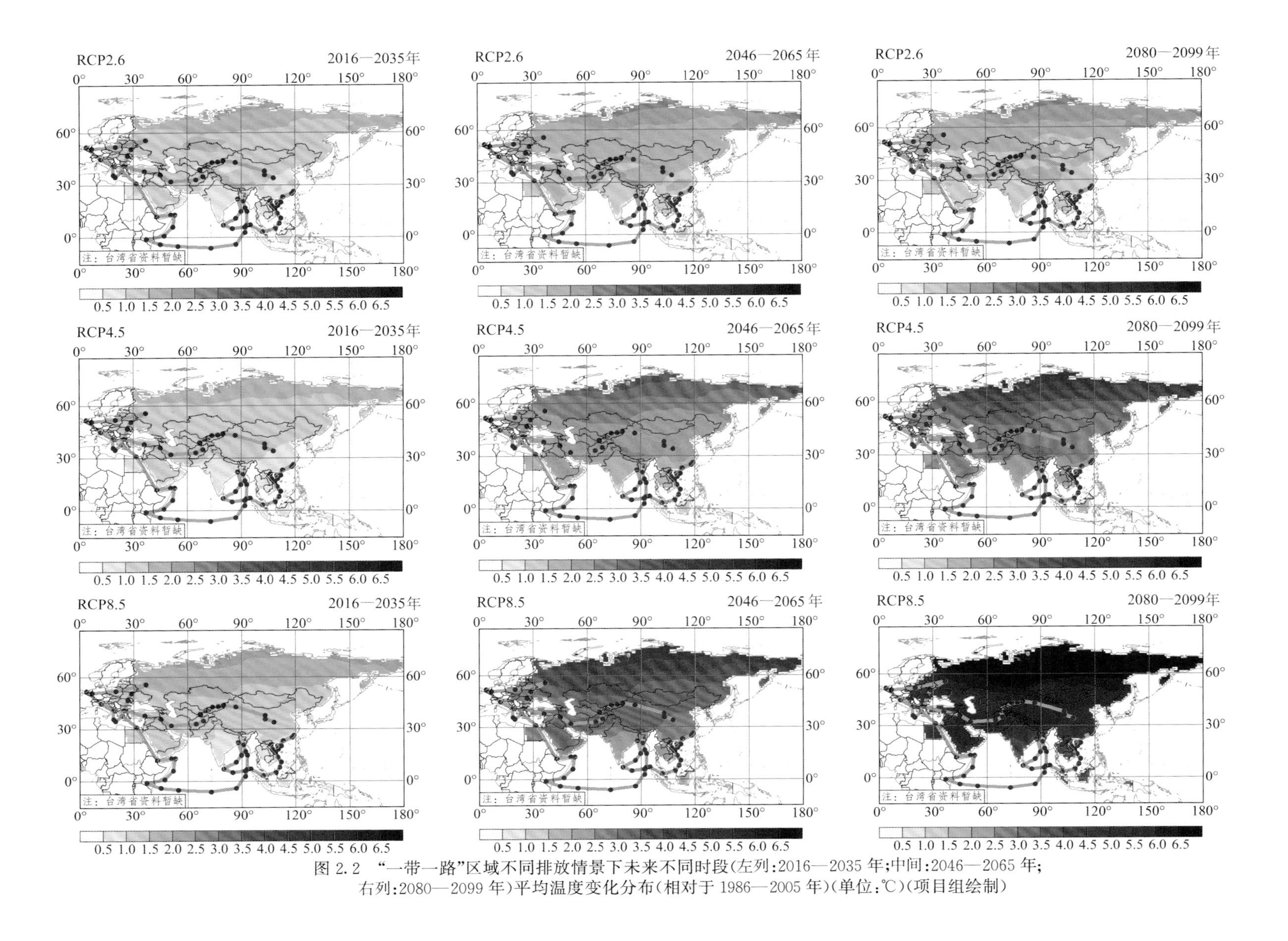

图 2.2 "一带一路"区域不同排放情景下未来不同时段(左列:2016—2035 年;中间:2046—2065 年;右列:2080—2099 年)平均温度变化分布(相对于 1986—2005 年)(单位:℃)(项目组绘制)

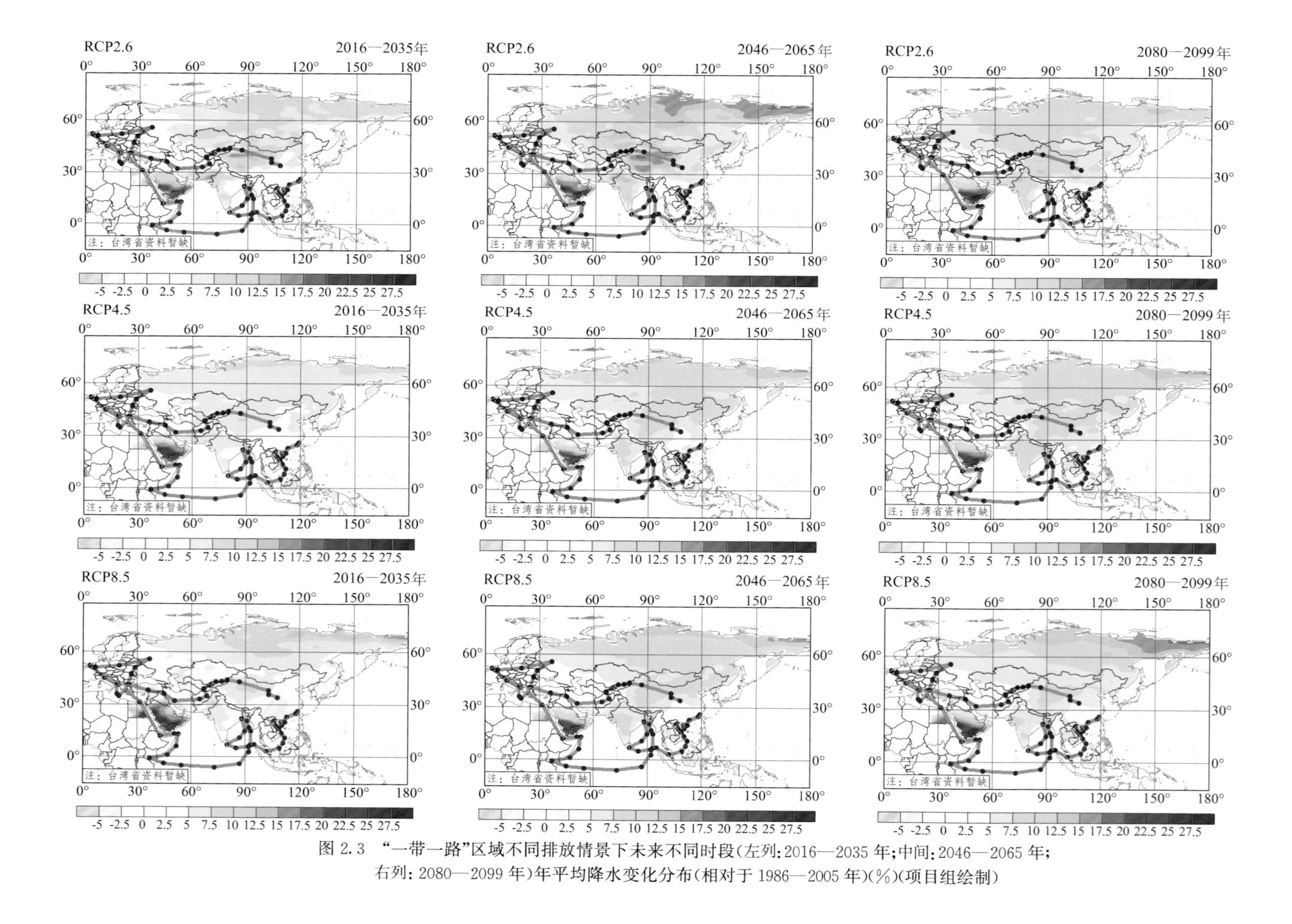

图 2.3 “一带一路”区域不同排放情景下未来不同时段(左列:2016—2035 年;中间:2046—2065 年;右列:2080—2099 年)年平均降水变化分布(相对于 1986—2005 年)(%)(项目组绘制)

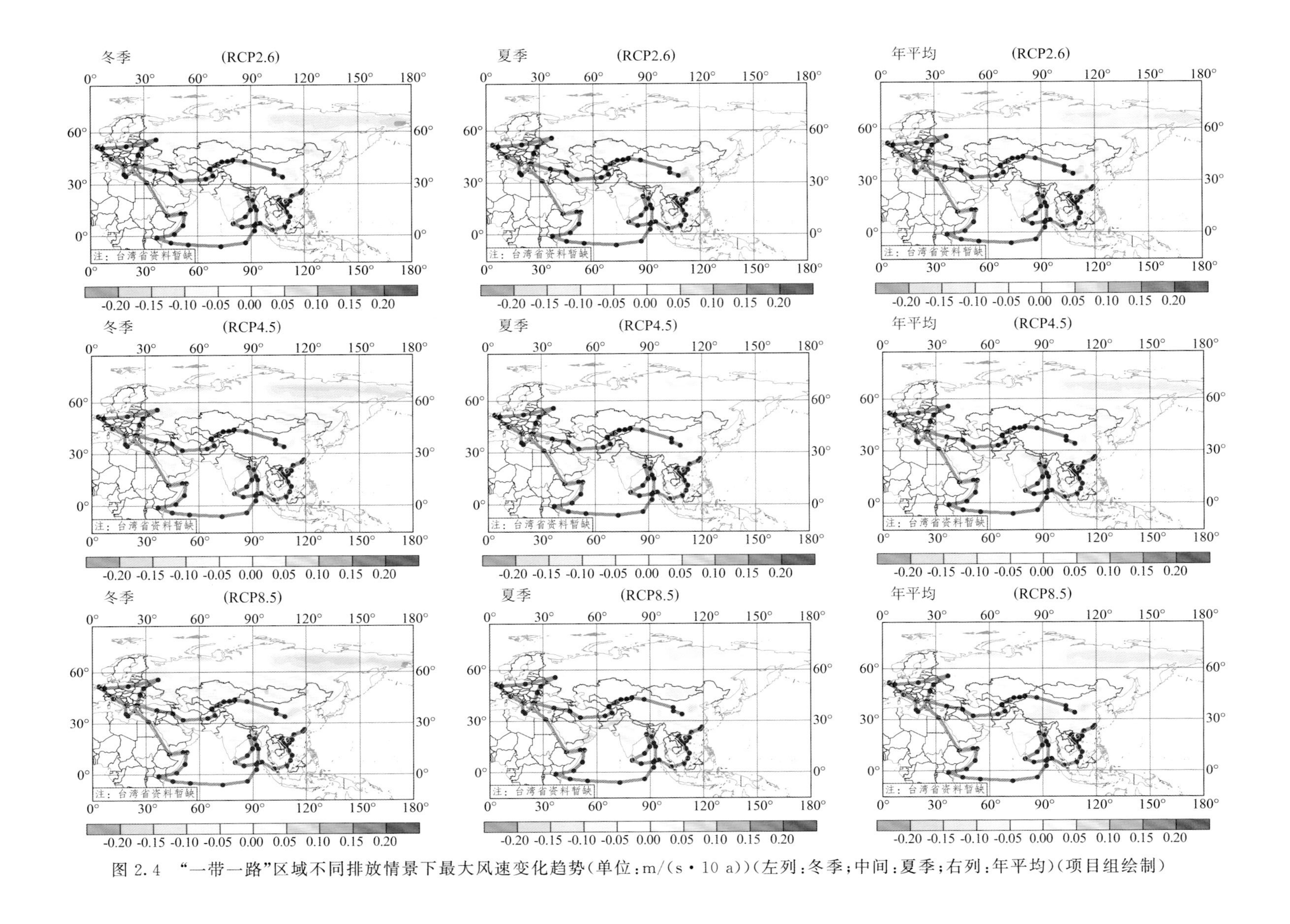

图 2.4 “一带一路”区域不同排放情景下最大风速变化趋势(单位:m/(s·10 a))(左列:冬季;中间:夏季;右列:年平均)(项目组绘制)

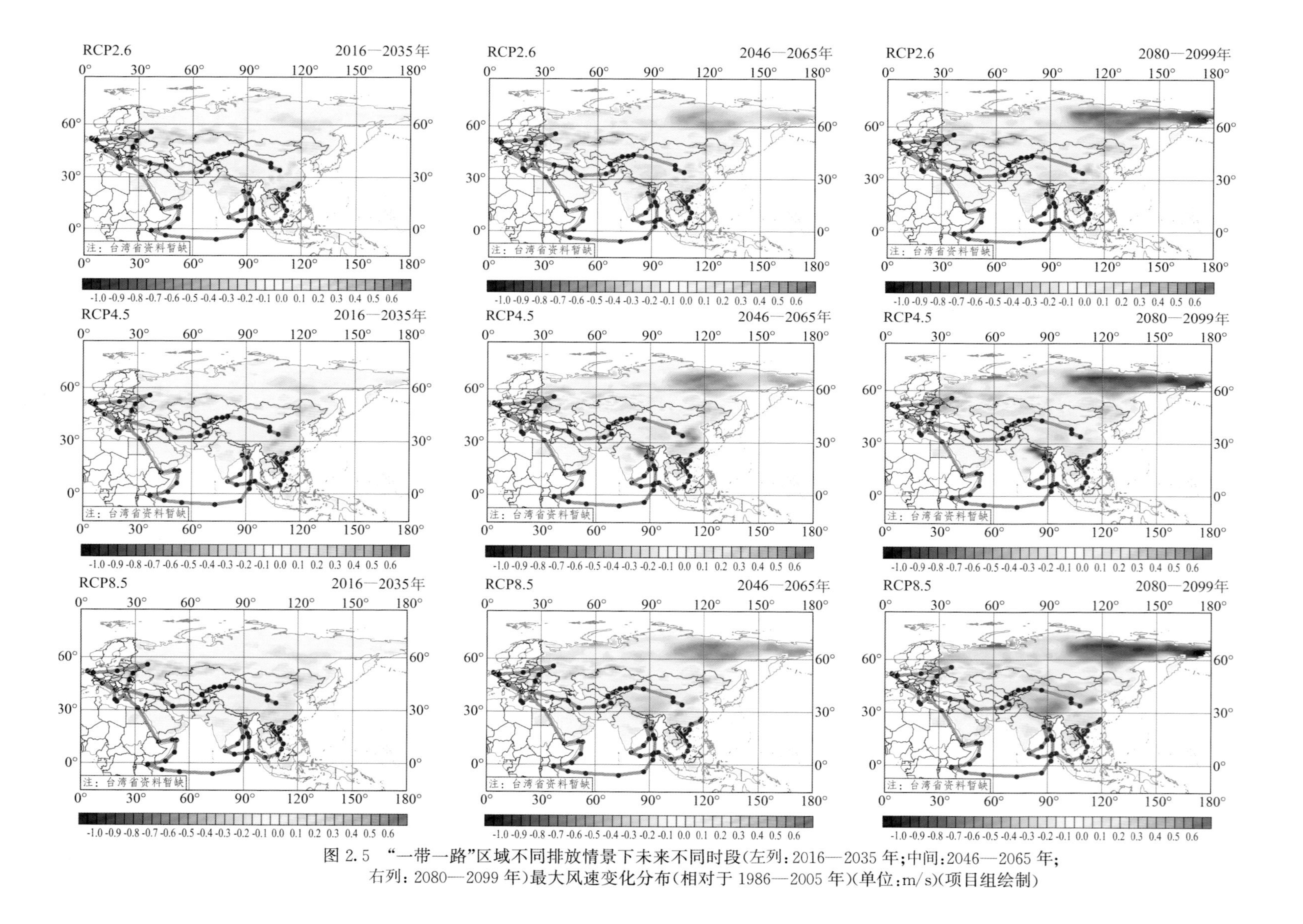

图 2.5 "一带一路"区域不同排放情景下未来不同时段(左列:2016—2035 年;中间:2046—2065 年;右列:2080—2099 年)最大风速变化分布(相对于 1986—2005 年)(单位:m/s)(项目组绘制)

2.2.4 小结

基于CMIP5耦合模式预估结果，不同排放情景下，“一带一路”区域大部分国家和地区的平均温度显著上升，增温幅度高纬度地区大于低纬度地区、高排放情景大于低排放情景。特别是在RCP8.5情景下，21世纪年平均温度的上升趋势大部分地区为0.6～0.7 ℃/10 a，北部高纬度地区达到0.8 ℃/10 a。相对1986—2005年而言，21世纪后期（2080—2099年）高纬度地区的北亚和东欧地区的平均温度将会上升6 ℃以上，东亚地区将会增暖5 ℃左右。21世纪中期（2046—2065年）和后期，“一带一路”区域降水呈增加趋势，但在RCP8.5情景下21世纪近期（2016—2035年）中国长江以南地区的降水将减少。就最大风速而言，RCP2.6情景下，“一带一路”沿线的西亚、北亚和东亚地区的最大风速在21世纪近期将比1986—2005年增强0.4 m/s，增强最大的区域在中国东部；随着排放的增加，21世纪中期，最大风速减弱的区域逐渐增多，俄罗斯北部最大风速将减小0.5～0.8 m/s；21世纪后期，俄罗斯东北部的最大风速将减小1 m/s，但中国南部地区的最大风速则有所增加。与2 ℃温升阈值相比，1.5 ℃阈值下亚洲平均温度的上升幅度将降低0.5～1.0 ℃，大部分地区的降水增幅减少5%～20%，但西亚和南亚西部的降水增幅则增多10%～15%。未来中国区域有效温度也将普遍升高，引起炎热天气的人口暴露度大幅度增加。

2.3 “一带一路”区域极端天气气候事件变化预估

21世纪“一带一路”区域极端高温和极端低温均呈上升趋势，极端低温上升幅度大于极端高温。在RCP8.5情景下，21世纪后期极端高温上升幅度超过5 ℃的区域达到71%，而极端低温上升超过5 ℃的区域则达到82%，未来高温热浪风险发生的主要区域在中亚、西亚、东欧以及中国的东部地区。极端降水增强的区域主要在亚洲的东部和南部，“一带一路”区域北部和西部国家的极端降水也有增加的趋势，但增加幅度不大。“一带一路”区域东部国家（俄罗斯高纬地区、中国）的连续无降水日数整体上呈减少趋势，但西部和南部的大部分国家未来无降水日数会增加，干旱风险加大。

2.3.1 极端温度变化预估

对未来“一带一路”区域极端高温和极端低温变化趋势的分析表明：在RCP2.6情景下，21世纪“一带一路”区域大部分国家和地区冬季、夏季和年平均极端高温将上升0.1 ℃/10 a左右，与平均温度类似，季节差别不明显；RCP4.5情景下，冬季的升温趋势大于夏季和年平均，尤其是“一带一路”区域北部的高纬度国家，升温幅度将会达到0.5 ℃/10 a；RCP8.5情景下，升温幅度将更加明显，冬季整个“一带一路”区域的极端高温上升趋势在0.4～0.8 ℃/10 a，尤其是位于高纬度地区的俄罗斯将达到0.8 ℃/10 a以上。中国的西部地区和西亚最高温度的上升趋势也较明显，夏季为0.5～0.7 ℃/10 a，年平均温度上升趋势大部分地区也都在0.6～0.7 ℃/10 a。相比极端高温，极端低温的上升趋势更加明显，RCP8.5情景下，“一带一路”区域中北亚的冬季极端低温上升趋势超过了1.0 ℃/10 a，欧洲东部的国家、中亚和西亚极端低温的上升趋势明显高于极端高温，冬季和夏季极端低温的上升趋势差别明显（图2.6）。

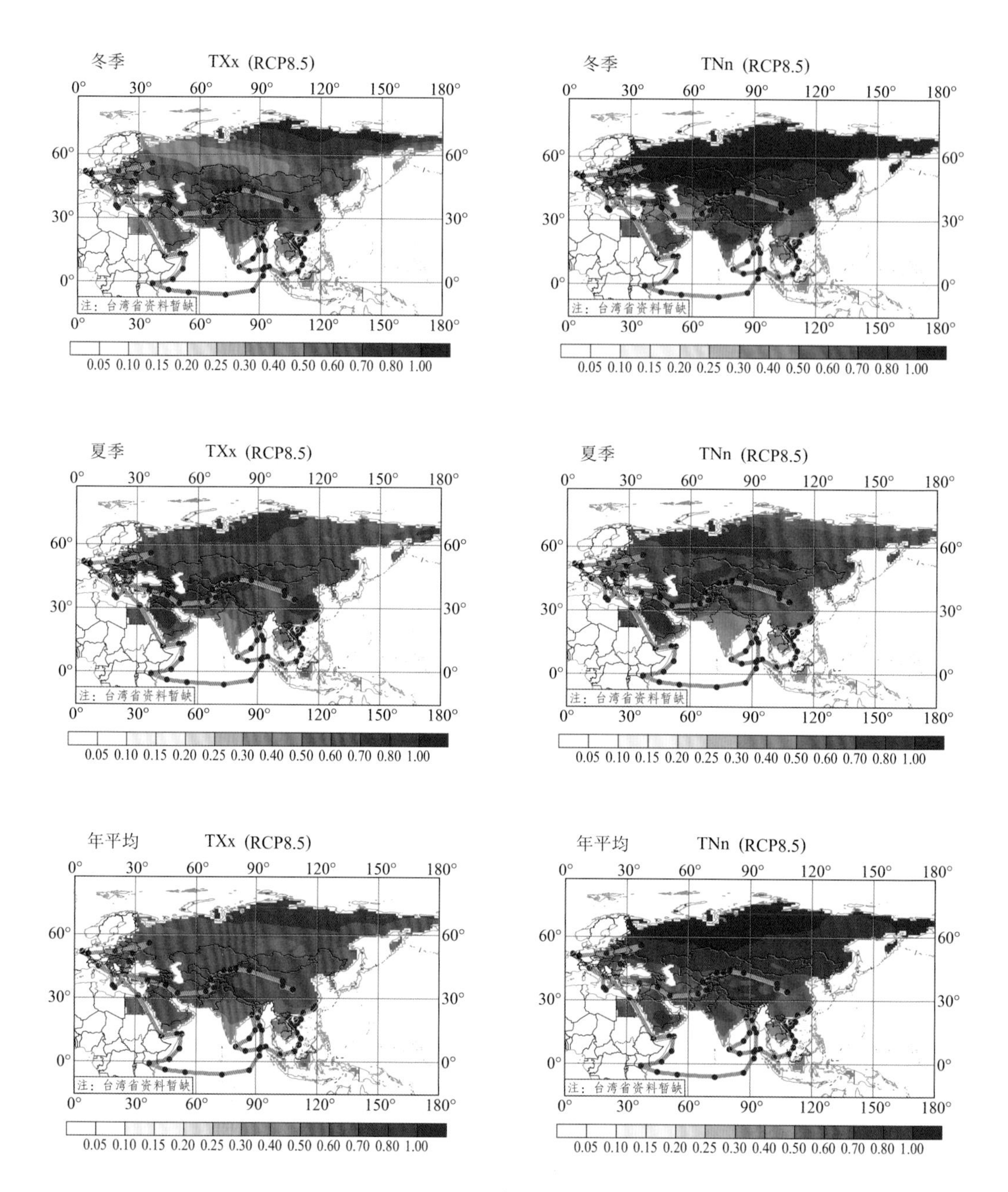

图 2.6 21 世纪“一带一路”区域 RCP8.5 情景下极端高温（TXx）和极端低温（TNn）未来变化趋势（单位：℃/10 a）（项目组绘制）

从不同时间段来看，21 世纪近期（2016—2035 年），中亚、西亚、东欧和东非的极端高温将会比目前上升 2 ℃左右，21 世纪后期（2080—2099 年）将会上升 6 ℃左右，未来高温热浪风险发生的主要区域在中亚、西亚、东欧以及中国的东部地区；极端低温的上升幅度比极端高温的上升幅度要大（图 2.7）。

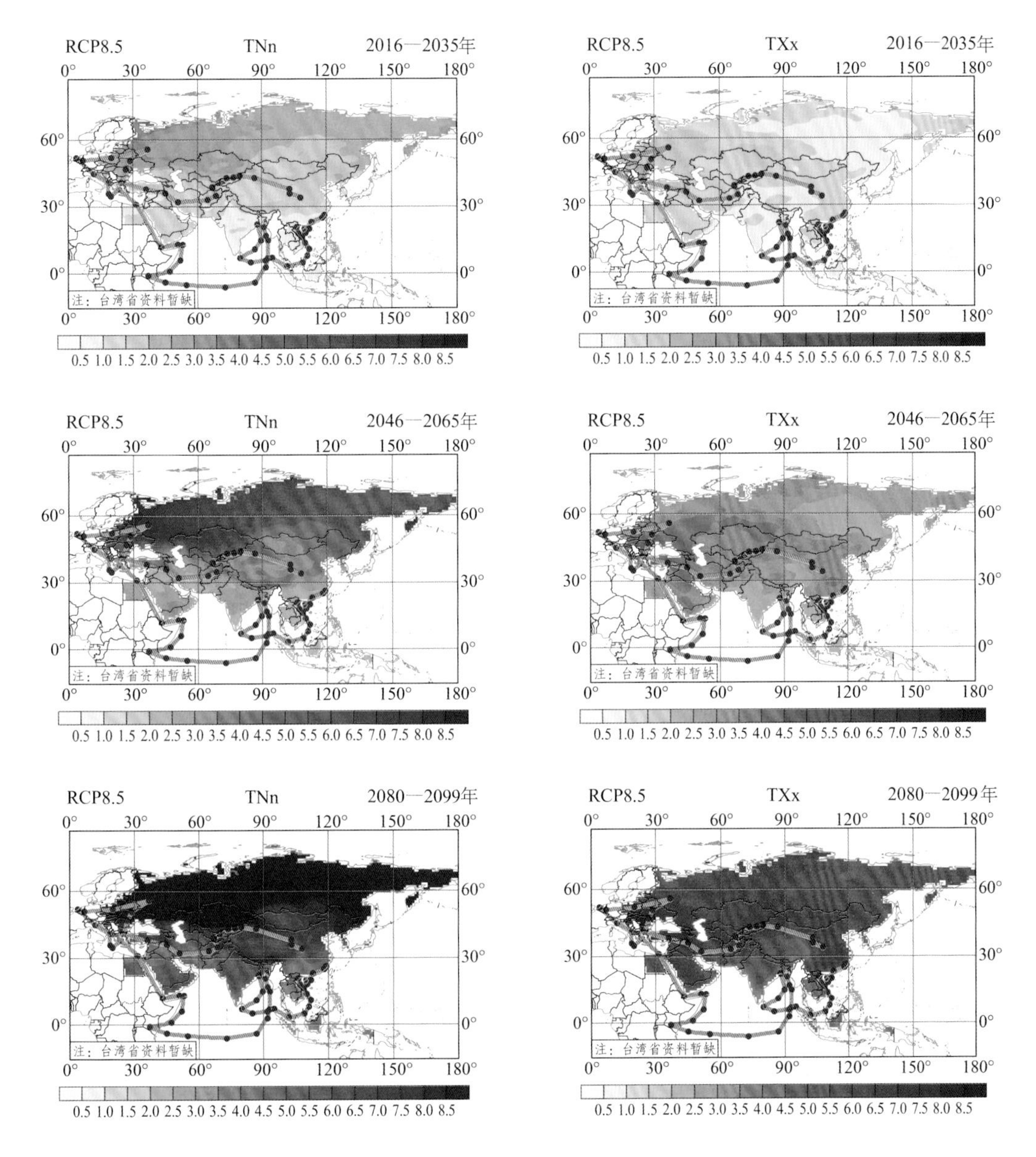

图 2.7 “一带一路”区域 RCP8.5 情景下未来不同时段（2016—2035 年，2046—2065 年和 2080—2099 年）极端高温（TXx）和极端低温（TNn）变化分布（相对于 1986—2005 年）（单位:℃）（项目组绘制）

为进一步考察“一带一路”区域极端高温和低温的变化，表 2.3 给出了极端高温和极端低温相对于 1986—2005 年变化值超过 2 ℃和 5 ℃的范围。三种排放情景下，“一带一路”区域的极端高温 21 世纪后期温度上升幅度超过 2 ℃的区域分别占到 22%、94%和 100%；RCP8.5 情景下上升幅度超过 5 ℃的区域达到 71%；三种情景下极端低温上升幅度超过 2 ℃的区域明显大于极端高温，21 世纪后期分别达到 83%、92%和 100%，超过 5 ℃的范围更是扩大明显，RCP8.5 情景下，82%的区域的极端低温升温幅度超过 5 ℃。

“一带一路”区域日最高气温超过 35 ℃的日数，整体都呈现增加的趋势，增加最明显的区域在中亚、西亚、南亚和东南亚，其中西亚和南亚最多将增加 50 d 以上。位于亚洲东部的中国地区，在 RCP8.5 情景下，相对于 1986—2005 年，日最高气温超过 35 ℃的日数，在

21 世纪近期大部分地区将增加 1～15 d，西北盆地和南方地区为增加的大值区，青藏高原和东北地区增加值相对较小；21 世纪中期（2046—2065 年）和后期，日最高气温超过 35 ℃的日数将进一步增加，且增加的高值和低值区分布与近期基本一致，增加值在 21 世纪中期除青藏高原外大都在 20 d 以上，21 世纪后期则基本都在 40 d 以上。

表 2.3　极端高温和极端低温相对于 1986—2005 年的距平值超过 2 ℃和 5 ℃的面积百分比（%）

时段	极端高温 ＞ 2 ℃（5 ℃）			极端低温 ＞2 ℃（5 ℃）		
	RCP2.6	RCP4.5	RCP8.5	RCP2.6	RCP4.5	RCP8.5
2016—2035 年	6（/）	0.2（/）	0.5（/）	73（1）	23（/）	48（/）
2046—2065 年	25（/）	64（/）	97（/）	85（8）	77（3）	97（43）
2080—2099 年	22（/）	94（/）	100（71）	83（9）	92（25）	100（82）

2.3.2　极端降水变化预估

图 2.8 给出高排放情景下,"一带一路"区域连续 5 d 最大降水量(Rx5day)在 21 世纪不同时期相对于 1986—2005 年的变化,结果表明:非洲东北部的国家、南亚以及俄罗斯的东部,极端强降水天气将明显增加。

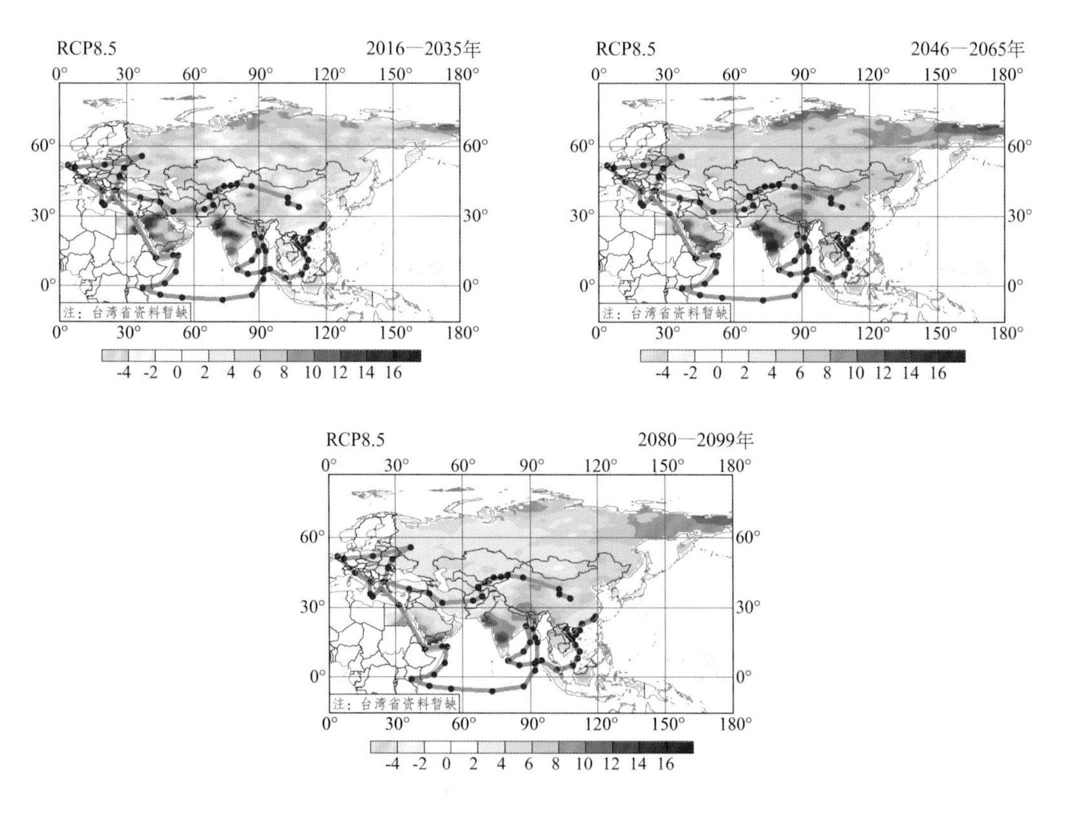

图 2.8　"一带一路"区域高排放情景(RCP8.5)下 21 世纪近期、中期和后期的 5 d 最大降水量(Rx5day)变化分布(单位:mm)(项目组绘制)

从连续 5 d 最大降水量相对于 1986—2005 年的距平值超过 5%面积百分比的结果(表 2.4)可看出,三种排放情景下,随着时间的增加,RCP8.5 情景下 21 世纪后期有 81%的区域

Rx5day 将会比 1986—2005 年增加 15%以上。尤其是南亚地区在连续无降水日数增加的同时，极端的强降水也会增加。

表 2.4 Rx5day 相对于 1986—2005 年的距平值超过 15%的面积百分比（%）

时段	Rx5day（> 15 %）		
	RCP2.6	RCP4.5	RCP8.5
2016—2035 年	2	/	/
2046—2065 年	4	3	20
2080—2099 年	4	15	81

极端降水量的连续 5 d 最大降水量的预估结果则显示“一带一路”区域极端降水增强的区域主要在东亚、南亚和东南亚国家，在高排放情景下 21 世纪末南亚极端降水将会增加 35 mm 以上，北部和西部国家的极端降水也有增加的趋势，但增加幅度不大，南亚及东南亚地区未来极端降水预估的不确定性大于其他地区（图 2.9）。

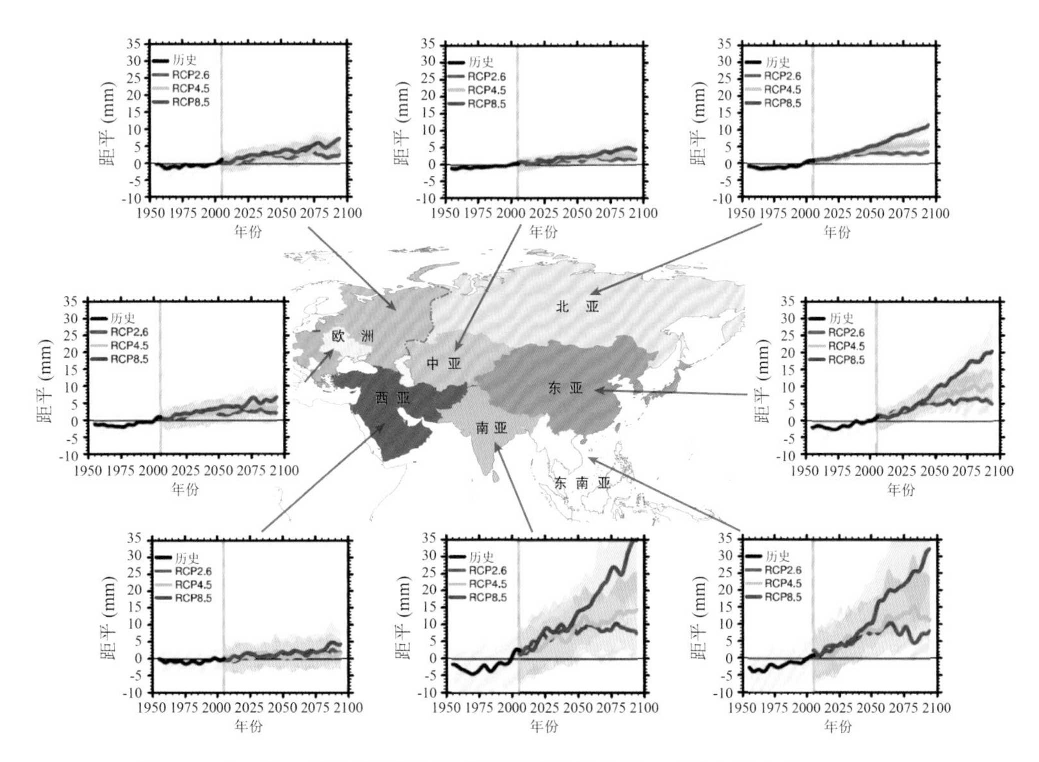

图 2.9 “一带一路”不同排放情景下不同区域连续 5 d 最大降水量（Rx5day）随时间变化曲线（相对于 1986—2005 年）（项目组绘制）

图 2.10 给出 RCP8.5 情景下，“一带一路”区域连续无降水日数（CDD）在 21 世纪不同时期相对于 1986—2005 年的变化，结果表明：RCP8.5 情景下，东亚、北亚的东部地区 CDD 将会减少，而在中亚、南亚和东南亚以及北亚的西部 CDD 增加明显，最大可增加 8 d 以上，这些地区本就属于干旱和半干旱区，连续无降水日数的增加，最大的影响是会导致水资源的短缺，尤其是本就缺水的中亚地区，现有的水资源紧缺压力和气候变化导致该地区温度升高和降水减

少相叠加，将加剧该地区水资源短缺和分配不平衡的问题，使得中亚在未来的几十年中将变得更加暖干化，对水资源的需求更大；同时也可看到中欧地区发生干旱的频率和强度都较过去有所增强。

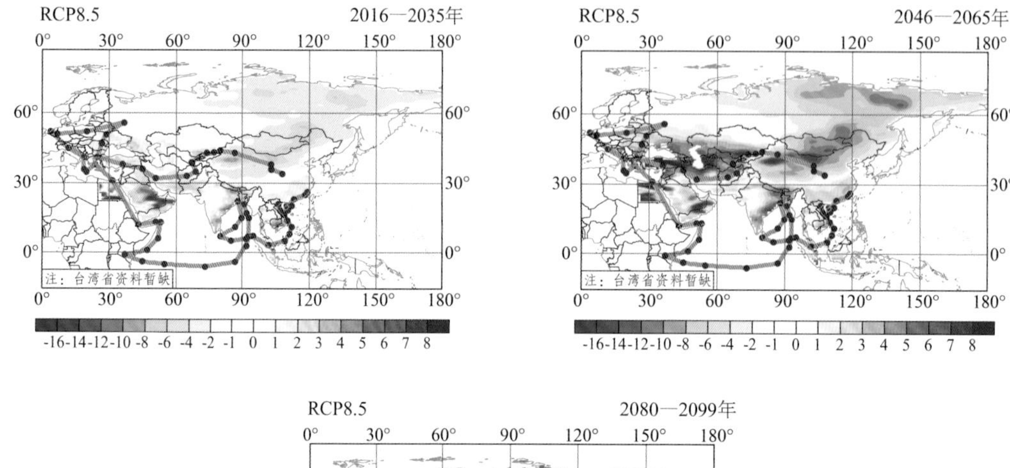

图 2.10 “一带一路”区域高排放情景(RCP8.5)下 21 世纪近期、中期和后期的连续无降水日数变化分布(单位：d)(项目组绘制)

为更具体地考察“一带一路”区域连续无降水日数的分布，表 2.5 给出连续无降水日数相对于 1986—2005 年的距平值超过 5 d 的面积百分比。结果表明：三种排放情景下，连续无降水日数增加的区域为 4%～20%，结合空间分布(图 2.10)，“一带一路”区域无降水日数增加主要在中亚和西亚的干旱和半干旱区，使得干旱面积加速扩张；而连续无降水日数减少的区域主要在东亚和北亚，尤其是蒙古、俄罗斯的东部地区以及中国的北部地区；RCP8.5 情景下连续无降水日数将减少 16 d。

表 2.5 CDD 相对于 1986—2005 年的距平值超过 5 d 的面积百分比(%)

时段	CDD (>5 d 或者<−5 d)		
	RCP2.6	RCP4.5	RCP8.5
2016—2035 年	4 (10)	2 (6)	1(7)
2046—2065 年	5 (16)	6 (20)	8 (30)
2080—2099 年	5 (17)	7 (27)	20 (36)

连续无降水日数随时间变化的预估结果还表明：“一带一路”区域东部国家的连续无降水日数会减少，如高纬度地区的俄罗斯、东亚的中国；西部和南部的大部分国家未来连续无降水

日数会增加，加上温度的升高，这些地区的干旱会更加严重，且西亚和南亚以及中亚地区未来干旱变化预估的不确定性更大(图 2.11)。

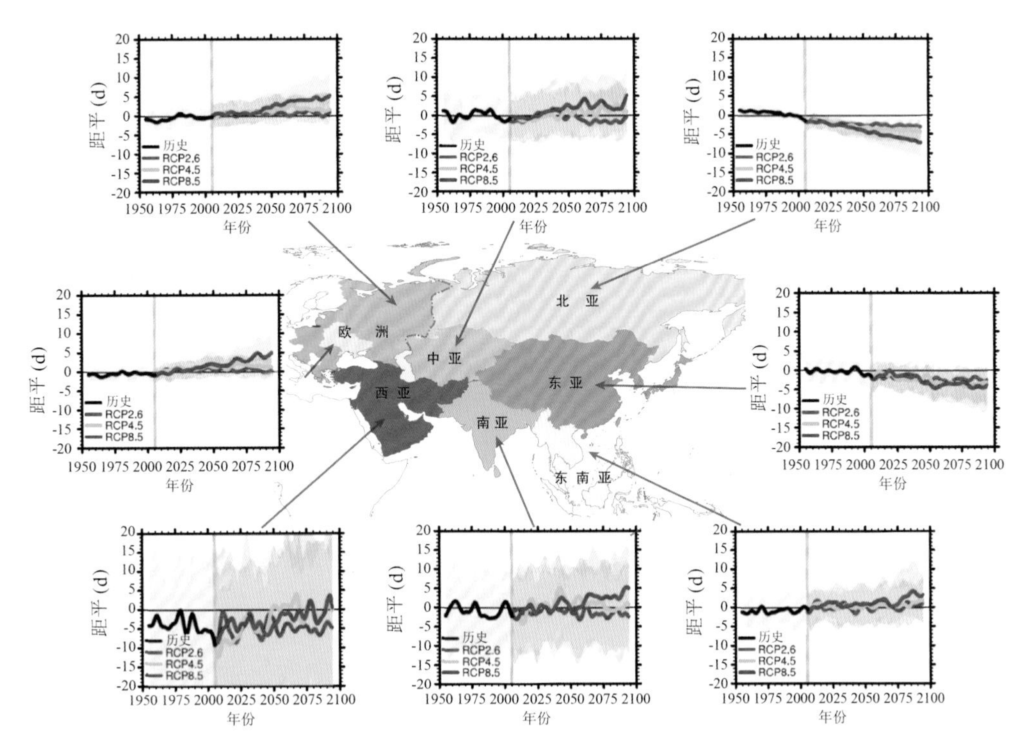

图 2.11 “一带一路”不同排放情景下不同区域连续无降水日数(CDD)随时间变化曲线(相对于 1986—2005 年)(项目组绘制)

2.3.3 小结

21 世纪“一带一路”区域大部分国家和地区极端高温呈上升趋势。在 RCP8.5 情景下，21 世纪后期(2080—2099 年)极端高温上升幅度超过 5 ℃的区域达到 71%。日最高气温超过 35 ℃的日数，整体都呈现增加的趋势，增加最明显的区域在中亚、西亚、南亚和东南亚，其中西亚和南亚最多将增加 50 d 以上。三种排放情景下，极端低温上升幅度超过 2 ℃的区域明显大于极端高温，21 世纪末期分别达到 83%、92%和 100%，超过 5 ℃的范围更是扩大明显，在 RCP8.5 情景下，82%的区域的极端低温的升温幅度超过 5 ℃。

“一带一路”区域极端降水(连续 5 d 最大降水量)增强的区域主要在东亚、南亚和东南亚国家，高排放情景下南亚将会增加 35 mm 以上，北部和西部国家的极端降水也有增加的趋势，但增加幅度不大，南亚及东南亚地区未来极端降水预估的不确定性大于其他地区。三种排放情景下，RCP8.5 情景下 21 世纪后期将会有 82%的区域连续 5 d 最大降水量将会比 1986—2005 年增加 15%以上。尤其是南亚地区在连续无降水日数增加的同时，极端的强降水也会增加。

“一带一路”区域东部国家的连续无降水日数整体上会减少，如高纬度地区的俄罗斯、东亚的中国，西部和南部的大部分国家未来连续无降水日数会增加，加上温度的升高，这些地区的干旱会更加严重，西亚和南亚以及中亚地区未来连续无降水变化预估的不确定性更大。

2.4 “一带一路”区域海平面、热带气旋和风暴潮变化预估

在不同排放情景下,21 世纪近期、中期和后期全球海平面相对现代升高约 0.11 m,0.24～0.30 m 和 0.40～0.63 m,“一带一路”沿海地区海平面上升呈现出显著的区域差异,中国珠江三角洲升高幅度最高可达 1 m。西北太平洋地区热带气旋频数趋于减小,强热带气旋出现的频数、平均的气旋强度和降水率有可能增加,热带气旋更趋于偏北的路径。未来风暴潮水位在南亚地区普遍上升,中国东海沿岸增加明显。

2.4.1 海平面变化预估

全球海平面上升是由气候变暖引起的海水增温膨胀、极地冰盖和山地冰川融化及陆地水储量减少等因素造成的,是当今国际社会普遍关注的全球性热点问题。“一带一路”沿海地区人口众多,是易受海平面上升影响的脆弱区。根据国家海洋局发布的《2016 年中国海平面公报》,1980—2016 年中国沿海海平面上升速率为 3.2 mm/a,高于同期全球平均水平。随着 21 世纪全球变暖进一步加剧,海平面上升速率和幅度可能进一步增加,从而加剧风暴潮、海岸侵蚀及海水入侵等灾害。因此,预估未来不同时期全球海平面变化可为国家防灾减灾等措施的制定提供重要的科学依据。

模式预估结果表明,在不同排放情景下 21 世纪近期(2016—2035 年)全球海平面升高幅度基本一致,比现代(1986—2005 年)升高 0.11 m(图 2.12)。21 世纪中期(2046—2065 年)全球海平面比现代分别升高 0.24 m(RCP2.6)、0.26 m(RCP4.5)、0.25 m(RCP6.0)和 0.30 m(RCP8.5)。在 21 世纪后期(2080—2099 年),全球海平面上升幅度将进一步升高至 0.40 m(RCP2.6)、0.47 m(RCP4.5)、0.48 m(RCP6.0)和 0.63 m(RCP8.5)。21 世纪全球海平面升高主要归因于海水增温膨胀和山地冰川融化。然而,在更长时间尺度上,极地冰盖融化将主导全球海平面上升的幅度。

21 世纪“一带一路”沿海地区海平面上升呈现出显著的区域差异,部分地区高于同期全球平均水平(表 2.6)。以 IPCC AR5 选取的亚洲代表点为例(IPCC, 2013),在不同排放情景下浙江坎门(28.1°N,121.3°E)海平面在 2100 年相对现代上升 0.46 m(RCP2.6)、0.54 m(RCP4.5)、0.57 m(RCP6.0)和 0.74 m(RCP8.5);孟加拉湾霍尔迪亚(22.0°N,88.1°E)海平面上升 0.38 m(RCP2.6)、0.49 m(RCP4.5)、0.49 m(RCP6.0)和 0.64 m(RCP8.5)。珠江三角洲地区海平面在 2050 年将上升 0.29 m(RCP2.6)、0.31 m(RCP4.5)和 0.34 m(RCP8.5),而在 2100 年将上升 0.59 m(RCP2.6)、0.71 m(RCP4.5)和 1.00 m(RCP8.5)(Xia et al., 2015a)。此外,印度泰米尔纳德邦和本地治里沿岸地区海平面在 21 世纪将升高 0.37～0.78 m(Ramachandran et al., 2017)。

海平面上升对“一带一路”沿海地区社会经济、自然环境及生态系统等都有着重大负面影响。海平面上升会导致沿海陆地面积缩小,可能导致南亚一些岛屿在 21 世纪后期被完全淹没。同时,海平面上升将加剧海水入侵,导致灾害性风暴潮的发生更为频繁,洪涝灾害加剧;滨海地区用水受到污染,农田盐碱化,潮差加大,波浪作用加强。此外,海平面上升可减弱沿岸防护堤坝的能力,增加排污难度,破坏生态平衡等。

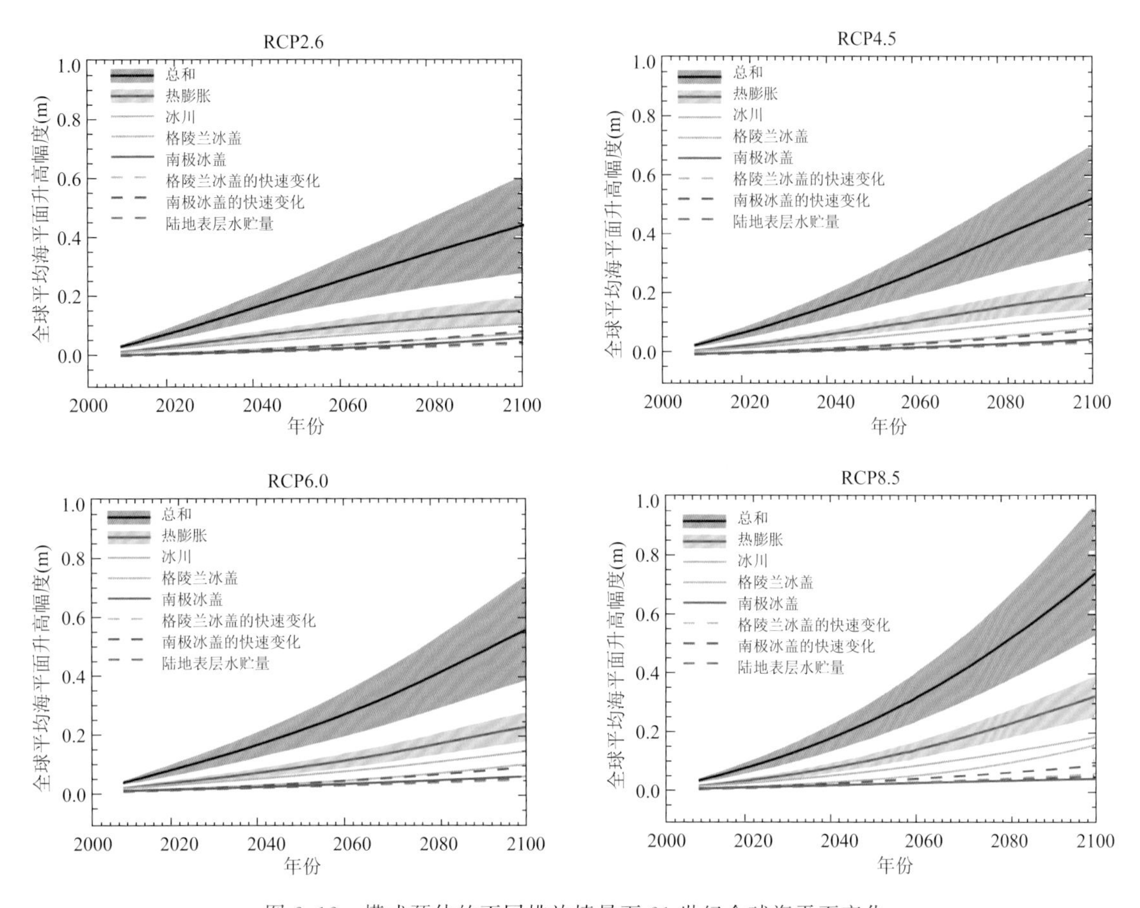

图 2.12 模式预估的不同排放情景下 21 世纪全球海平面变化（相对于 1986—2005 年）以及不同因子的贡献（IPCC,2013）

表 2.6 “一带一路”区域海平面在 2100 年相对现代的上升幅度(单位:m)(项目组根据文献汇总)

位置	纬度	经度	RCP2.6	RCP4.5	RCP6.0	RCP8.5	参考文献
全球	/	/	0.44	0.53	0.55	0.74	IPCC,2013
坎门,中国	28.1°N	121.3°E	0.46	0.54	0.57	0.74	IPCC,2013
澳门,中国	22.1°N	113.5°E	0.54	0.65	0.67	0.90	Wang et al.,2016
香港,中国	22.3°N	114.17°E	/	0.43*	/	0.84*	He et al.,2016
珠江三角洲,中国	19.5°～22.5°N	110.5°～117.5°E	0.59	0.71	/	1.00	Xia et al.,2015a
南海,中国	/	/	0.41*	/	0.49*	0.64*	Huang and Qiao,2015
霍尔迪亚,印度	22.0°N	88.1°E	0.38	0.49	0.49	0.64	IPCC,2013
泰米尔纳德邦,印度	8°～13.5°N	76.3°～80.2°E	0.37	0.50	0.52	0.78	Ramachandran et al.,2017
钻石港,印度	22.2°N	88.17°E	0.11	0.16	/	0.29	Naren and Maity,2017
科钦,印度	9.96°N	76.27°E	0.12	0.17	/	0.31	Naren and Maity,2017
加尔各答,印度	22.55°N	88.3°E	0.12	0.18	/	0.31	Naren and Maity,2017
孟买,印度	18.91°N	72.83°E	0.06	0.12	/	0.24	Naren and Maity,2017

注:* 表示 2080—2100 年。

2.4.2 热带气旋变化预估

热带气旋是发生于热带或副热带洋面上一种强大而深厚的天气系统，通常伴随着大风、暴雨等灾害性天气，因而受到广泛关注。"21世纪海上丝绸之路"跨越西北太平洋和北印度洋，热带气旋是丝路海区最主要的自然灾害。西北太平洋(包括我国南海)是全球热带气旋活动最活跃的海域，平均每年约有26个热带气旋生成，占全球总数的1/3。而在北印度洋(包括孟加拉湾和阿拉伯海)，平均每年有5～6个热带气旋生成，占全球总数的7%。在西北太平洋地区，热带气旋活动表现出显著的年际和年代际变化。自20世纪70年代以来，登陆气旋显著增强(Mei and Xie，2016)。在北印度洋地区，自20世纪后半叶到21世纪初热带气旋活动有减弱的趋势，但是强热带气旋的频数增加(Walsh et al.，2016)。

IPCC AR5在综合了多个热带气旋预估研究的基础上指出：在气候变暖的情景下，全球热带气旋频数趋于减小或基本保持不变。强热带气旋出现的频数、平均的气旋强度和降水率有可能增加。在类似于SRES* A1B的情景下，21世纪末期(2081—2100年)相对于21世纪初期(2000—2019年)全球热带气旋频数减少5%～30%，强热带气旋频数增加0～25%，气旋最大强度增加0～5%，降水率(距离气旋中心200 km以内)增加5%～20%。在西北太平洋地区，热带气旋未来变化的趋势与全球平均基本一致(图2.13)。

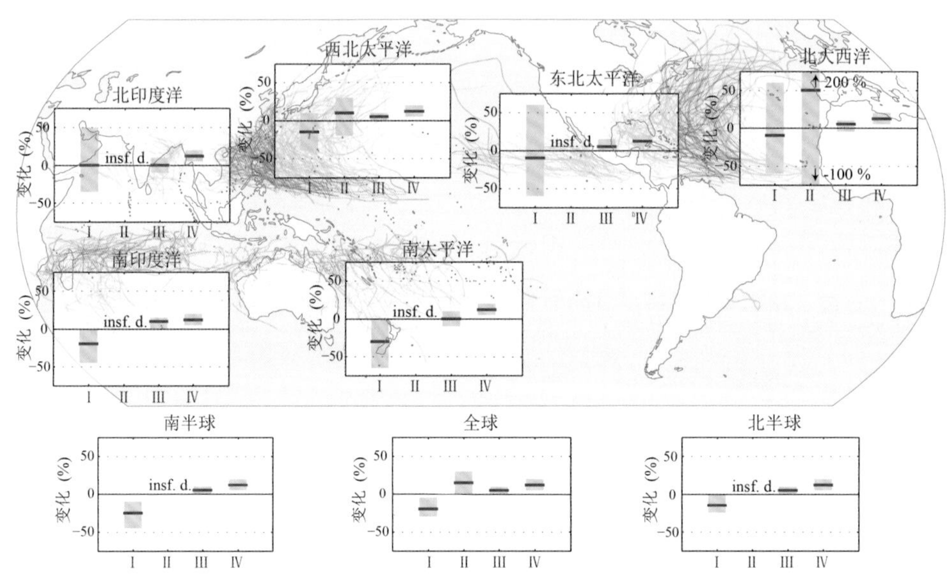

图2.13 在类似A1B情景下，2081—2100年相对于2000—2019年热带气旋活动的变化(IPCC，2013)
(Ⅰ. 热带气旋年平均频数；Ⅱ. 第4和第5类热带气旋(最大风速>58 m/s)的年平均频数；Ⅲ. 热带气旋平均最大强度；Ⅳ. 气旋中心200 km以内的降水率。蓝色实线表征最佳估计值，色条表征67%置信区间，insf. d. 表征缺乏足够的数据)

* 2000年IPCC发布的《排放情景特别报告》(SRES)给出了基于多种假设下的6种排放情景。其中，A1情景描述未来世界经济增长非常快，全球人口数量峰值出现在21世纪中叶并随后下降，新的更高效的技术被迅速引进。A1情景进一步划分为3组情景：化石燃料密集型(A1FI)、非化石燃料能源(A1T)、各种能源之间的平衡(A1B)，分别描述了能源系统中技术变化的不同方向。A2情景描述了一个很不均衡的世界。主要特征是：各地域间生产力方式的趋同异常缓慢，人口持续增长。经济发展、人均经济增长和技术变化不连续。B1情景描述了一个趋同的世界：全球人口数量与A1情景相同，所不同的是，经济结构向服务和信息经济方向迅速调整，伴之以材料密集程度的下降，以及清洁和资源高效技术的引进。B2情景强调经济、社会和环境可持续发展的局地解决方案。简言之，A2代表高排放情景，A1B代表中排放情景，B1代表低排放情景。SRES情景在IPCC第三次评估报告(TAR)和第四次评估报告(AR4)中得到使用。

IPCC AR5 总结的西北太平洋地区热带气旋的未来变化与全球平均基本一致(图 2.13，2.14)。近年来，高分辨率的模拟研究结果与 IPCC AR5 的结论基本一致。在 RCP4.5 情景下，21 世纪近期(2016—2035 年)西北太平洋地区热带气旋频数将减少约 14%(相对于 1979—2007 年)。在同样的情景下，到 21 世纪末期(2081—2100 年)，西北太平洋地区热带气旋频数将减少 34.5%，平均强度增加 7.4%，降水率(距离气旋中心 100 km 以内)增加 20.8%(相对于 1982—2005 年)。在 RCP8.5 情景下，21 世纪末(2075—2099 年)相对于 20 世纪末(1979—2003 年)西北太平洋热带气旋频数减少 49%，降水率(距离气旋中心 200 km 以内)增加 22%(Mori et al., 2013; Knutson et al., 2015; Tsou et al., 2016)。关于气旋的路径，变暖有可能会使得气旋活动更加偏北(Nakamura et al., 2017)。此外，高分辨率模拟结果表明，在与未来气候类似的上新世暖期，全球热带气旋强度增加，位置和路径北移(图 2.15)，这与观测及未来预估的热带气旋变化趋势大体一致(Yan et al., 2016b)。

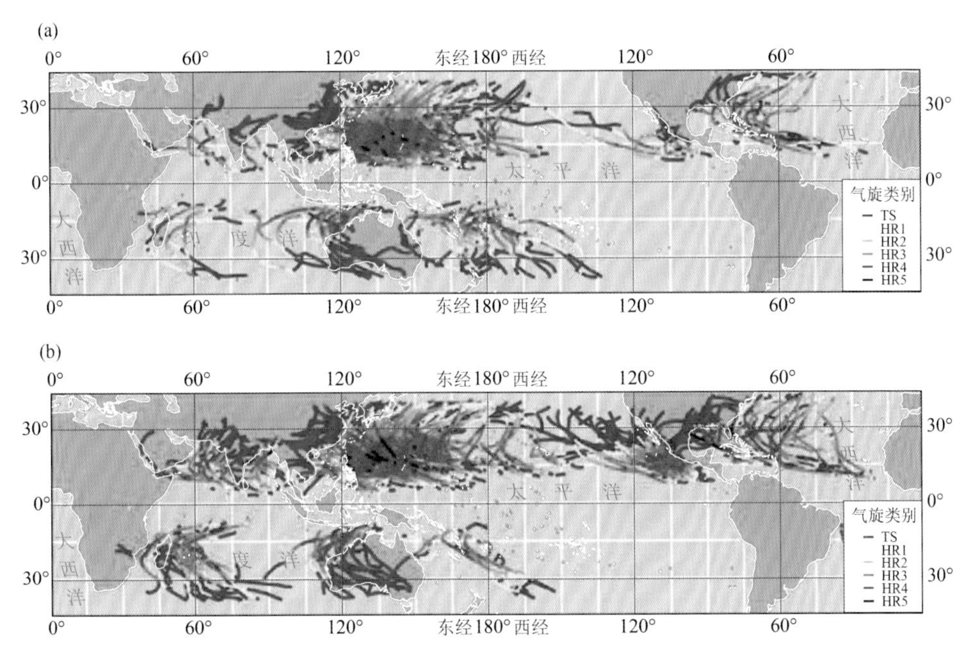

图 2.14　基于 GFDL 模拟当今情景下(a)和 21 世纪末 RCP4.5 情景下(b)的热带气旋路径及其强度的区域性分布(Knutson et al., 2015)

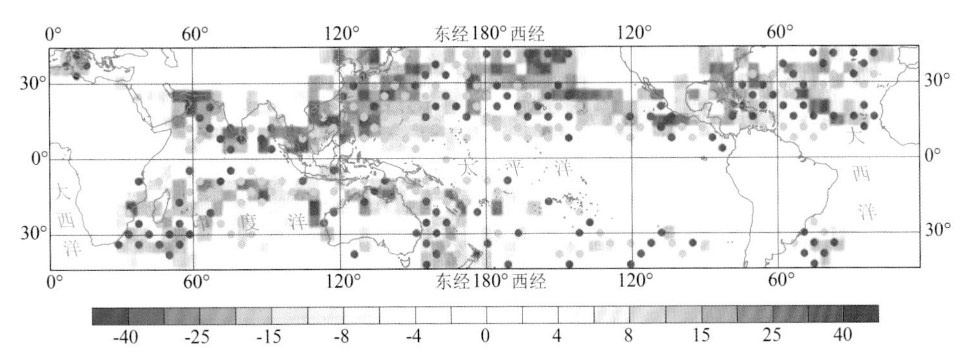

图 2.15　上新世暖期相对于现代热带气旋频次(圆点)和路径(填色)的异常分布(蓝色圆点表示热带气旋频次减少，紫色圆点表示频次增加)(Yan et al., 2016b)

在北印度洋地区，热带气旋的预估研究工作较少，其结果的不确定性较西北太平洋地区更大。大部分工作中北印度洋地区热带气旋的变化与 IPCC AR5 中全球平均的趋势相一致（图 2.13）（IPCC，2013；Kuntson et al.，2015；Yamada et al.，2017；Yoshida et al.，2017）。

2.4.3 风暴潮变化预估

气候变化将引起海平面上升，气旋强度增加，导致风暴潮影响加剧（IPCC，2013）。在不同情景和重现期水平上，21 世纪北欧沿岸一些地方的风暴潮水平将增加（Vousdoukas et al.，2016）；未来美国东海岸热带气旋的强度、频次和生命期增加（Little et al.，2015）。北印度洋和西北太平洋沿岸是受风暴潮危害最为严重的区域，但目前的预估研究相对较少（Hallegatte et al.，2013；Yan et al.，2016a）。有限的研究显示，未来南亚地区风暴潮水位普遍上升，中国东海沿岸增加明显。

未来南亚地区风暴潮水位基本呈现上升的趋势。在孟加拉国西部，海温上升 2 ℃ 和海平面上升 0.3 m 情景下，风暴潮导致的洪涝风险区将比现在增加 15.3%，在海岸线 20 km 以内洪水深度将增加 22.7%（图 2.16）。2050 年孟加拉国西部沿岸的希隆角（Hiron Point）在 30、50 和 100 a 一遇的风暴潮水位将增加 1.59 m、1.66 m 和 1.75 m；加上预估的海平面上升 0.34 m，在 2050 年百年一遇的极端海平面上升将达到 1.91～2.48 m（图 2.17）。A2 情景下，印度东海岸的极端海平面预估显示，维萨卡帕特南以北，百年一遇的极端海平面事件水位增加 15%～20%（2071—2100 年相比 1961—1990 年），而对潮差较大的区域（萨迦和加尔各答），增加幅度小于 5%（表 2.7）。

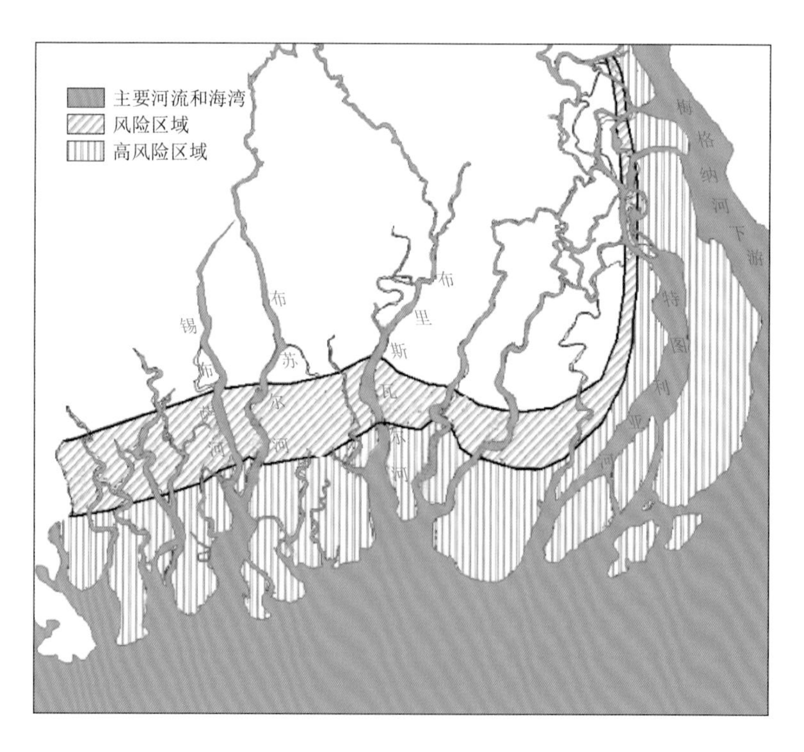

图 2.16 在海温上升 2 ℃、海平面上升 0.3 m 的典型气候情景下预估的孟加拉国风暴潮洪涝风险图（Karim and Mimura，2008）

表 2.7 根据风暴潮模型结果估计的印度东海岸站点百年重现水平风暴潮的水位和标准差
(Unnikrishnan et al. ,2011)

站点名称	1961—1990 年百年一遇(100 a 重现期)风暴潮水位 (m)	2071—2100 年百年一遇风暴潮水位 (m)
Visakhapatnam(维萨卡帕特南)	2.53 ±0.08	2.94 ±0.08
Kalingapatnam(格灵格伯德纳姆)	2.47 ±0.06	2.99 ±0.07
Gopalpur (格巴布尔)	3.17 ±0.10	3.70 ±0.11
Paradip (帕拉迪普)	3.63 ±0.09	4.36 ±0.11
False Point(福尔斯角)	3.77 ±0.11	4.19 ±0.11
Short Island(绍特角)	4.32 ±0.11	4.99 ±0.13
Sagar (萨迦)	7.98 ±0.26	7.96 ±0.20
Kolkata (加尔各答)	7.14 ±0.18	7.34 ±0.17

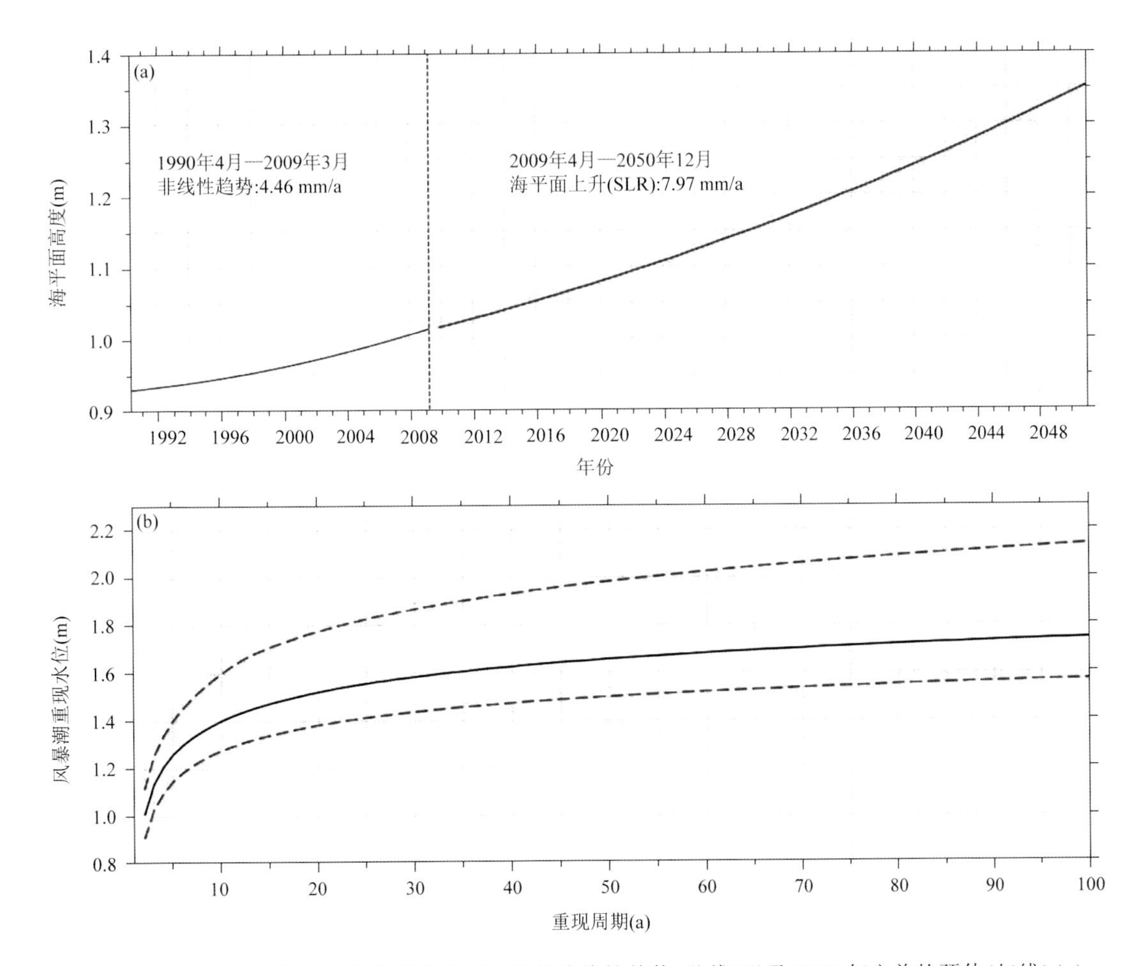

图 2.17 孟加拉国西部希隆角当前海平面上升的非线性趋势(蓝线)以及 2050 年之前的预估(红线)(a);1～100 a 重现期的风暴潮水位(b)(红色虚线表示 95%的置信区间)(Lee,2013)

未来东亚地区严重风暴潮的变化具有很强的区域依赖性，中国东海沿岸风暴潮水位增加明显(Yasuda et al.，2014)。对于百年一遇的风暴潮，未来海平面高度增加最大的区域在朝鲜半岛南海岸和日本九州岛西海岸(从不到 1 m 增加至约 1.5 m)。中国东海岸的风暴潮高度以降低为主(从 1～1.5 m 下降至 1 m 以下)，黄海的严重风暴潮区域从渤海转移到山东半岛，中国东海岸风暴潮水位增加至 3 m。由于将来有更多的台风经过，东海和九州岛将更容易受到风暴潮的影响(图 2.18)。RCP8.5 情景下，新加坡风暴潮没有呈现显著的变化趋势(Cannaby et al.，2016)。

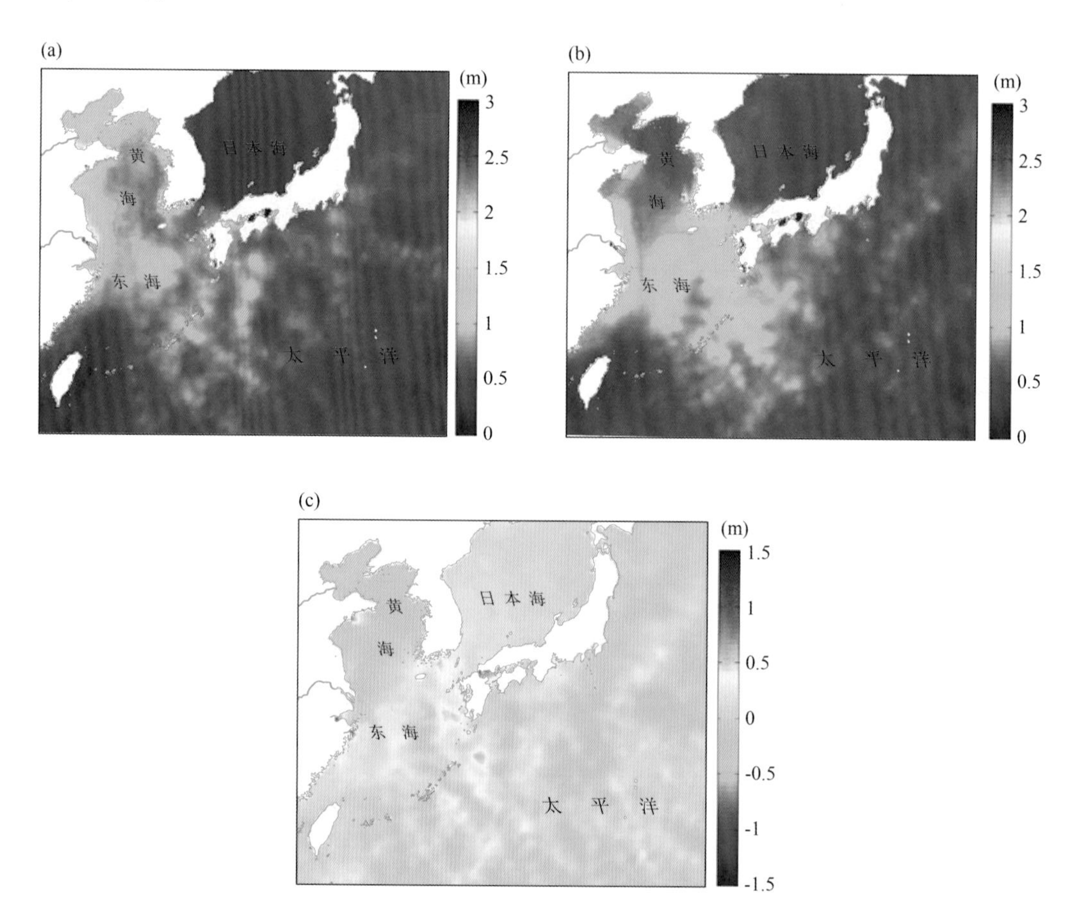

图 2.18 现代(1979—2003 年)(a)和未来(2075—2099 年)(b)的百年一遇的最大风暴潮水位及其差值场(c)(Yasuda et al.，2014)

2.4.4 小结

"一带一路"沿海地区人口众多，是易受海平面上升、热带气旋和风暴潮影响的脆弱区。准确预估未来不同时期海平面、热带气旋和风暴潮的变化可为国家防灾减灾等措施的制定提供重要的科学依据。国内外最新研究结果表明：在不同排放情景下，21 世纪初期全球海平面相对现代升高约 0.11 m；21 世纪中期全球海平面升高 0.24～0.30 m；21 世纪末期全球海平面上升幅度将进一步升高至 0.40～0.63 m。21 世纪"一带一路"沿海地区海平面上升呈现出显著的区域差异，中国珠江三角洲升高幅度最高可达 1 m。

西北太平洋地区热带气旋频数趋于减小，强热带气旋出现的频数、平均的气旋强度和降水率有可能增加，热带气旋更趋于偏北路径。未来风暴潮水位在南亚地区普遍上升，中国东海沿岸增加明显。

2.5 "一带一路"区域水资源与冰冻圈变化预估

21世纪"一带一路"区域地表径流以增加为主，但由于全球变暖导致的蒸发加强，大部分河流年平均河道流量呈显著下降趋势，受水资源匮乏影响的人口增加；洪水的频次主要以增加为主，暴露在洪水风险中的人口也将越来越多。北极海冰的快速减少，将使北极地区通航能力增加，可通行航线增多，可航行期延长。积雪覆盖范围变小、雪深减小，雪水当量总体呈显著减小趋势，欧洲西部和青藏高原的减少尤为明显；冰川体积平均减小，但冰川消融的区域差异明显，近地表多年冻土范围显著减小，活动层明显增厚。

2.5.1 径流和洪水变化预估

与历史时期（1986—2005年）相比，在RCP4.5情景下，21世纪末（2081—2100年）全球地表径流将增加3.5%～5.5%，在RCP8.5情景下将增加8.3%～11.3%。图2.19给出了多模式集合模拟的全球径流变化，其中在"一带一路"区域，东南亚、北半球高纬度地区、恒河和雅鲁藏布江流域的年平均径流明显增加，而在非洲撒哈拉以南地区、中亚、地中海地区的年平均径流则减少（Yang et al.，2017）。在全球变暖3℃情景下，莱茵河（欧洲西部）、塔古斯河（欧洲西南部）的年平均径流将明显减少，其中塔古斯河的年平均径流减少约80%；勒拿河（Lena，西伯利亚中部河流）的年平均径流将增加20%以上（表2.8）；在全球变暖2℃情景下，这种变化有所减小（Gosling and Arnell，2016）。

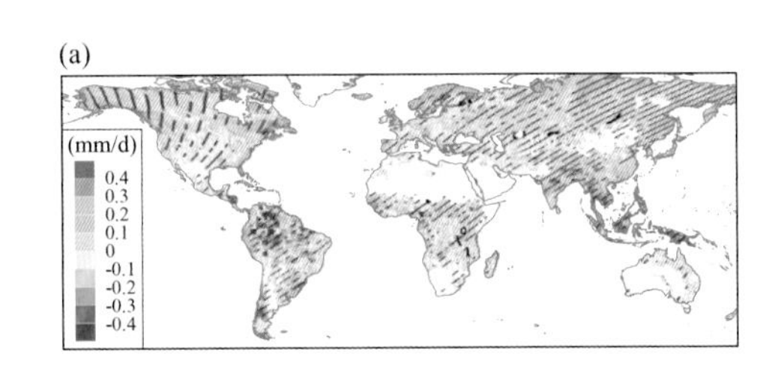

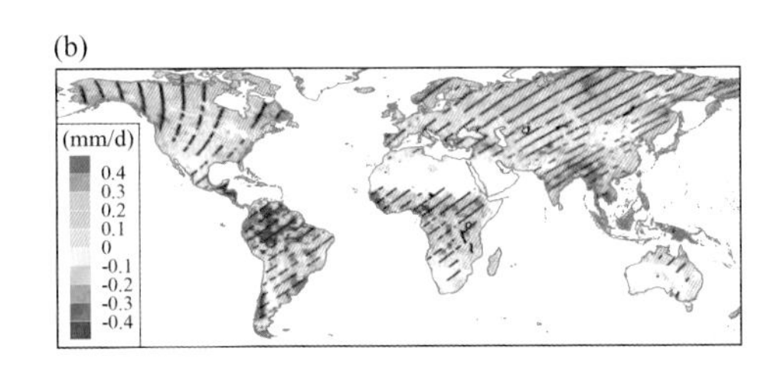

图2.19 RCP4.5(a)和RCP8.5(b)情景下多模式集合模拟的全球地表径流变化
（2081—2100年相对于1986—2005年）（Yang et al.，2017）

在"一带一路"区域冰川变化对径流变化影响也较大，总体说来，随着冰川的持续消融，大多数地区冰川径流将呈稳定下降趋势。在RCP4.5情景下，到2100年，冰川在大多数区域持续消融而减少（图2.20），但是冰川径流的变化并非一致（Bliss et al.，2014）。如，在欧洲中部、高加索地区（西亚）、中亚、南亚东部和低纬地区，由于冰盖相对较小，冰川缩减较快，因此这些地区的冰川径流呈稳定的下降趋势；一些地区则先增长后减少，如冰岛、斯瓦尔巴群岛（挪威）和南亚西部，到21世纪中期将比初始时（2003年）分别增长22%、54%和27%，之后由于冰川消融产生的径流增加已无法补偿冰川的净损失导致的径流减少，从而开始下降，到2100年比初始时分别减少30%、10%和11%；而有些地区冰盖相对较大，其冰川径流稳定增加，如俄罗斯北极地区，到 2100 年比初始时增加 85%(Bliss et al., 2014)。冰川径流主要受冰雪融化的影响，但在亚洲季风区，降水也是冰川径流的重要来源(Bliss et al., 2014)。

表 2.8　预估的 21 世纪末期地表径流、河道流量、洪涝变化状况(项目组根据文献汇总)

预估项目	增加的区域	减小的区域	文献来源
地表径流	东南亚、北半球高纬度地区、恒河、雅鲁藏布江、勒拿河等流域	非洲撒哈拉以南地区，中亚，地中海、莱茵河(欧洲西部)、塔古斯河(欧洲西南部)等流域	Yang et al.,2017 Gosling and Arnell,2016
河道流量	刚果河和尼罗河(非洲)、易北河、多瑙河、顿河和第聂伯河(欧洲)、恒河、勒拿河	黄河、长江、澜沧江—湄公河、雅鲁藏布江、印度河、查德湖(中非)、谢贝尔湖(东非)、俄罗斯中部的河流、莱茵河、塔古斯河	Hattermann et al.,2017 Santini and di Paola,2015
洪涝频次	南亚、东南亚、欧亚大陆东北部、非洲低纬度和东部	欧洲北部和东部、中亚地区	Hirabayashi et al.,2013
洪涝量级	热带湿润的非洲、东亚、南亚、亚洲高纬地区、欧洲南部	地中海区域、非洲西南部、欧洲中部和北部、俄罗斯欧洲部分	Arnell and Gosling,2016 Roudier et al.,2015

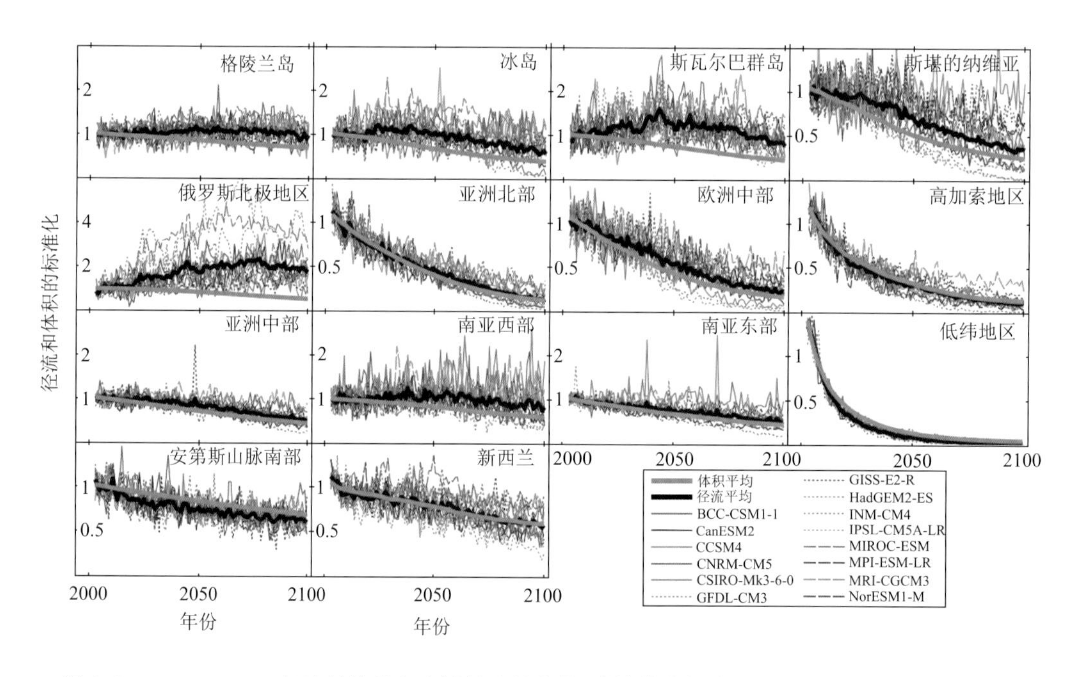

图 2.20　2003—2100 年冰川体积和冰川径流的变化(彩线代表每个气候模式预估的冰川径流，黑线代表多模式平均的冰川径流，灰线代表多模式平均的冰川体积)(Bliss et al.,2014)

虽然地表径流总体呈增加趋势，但是受蒸散发增加的影响，"一带一路"区域大部分河流年平均流量呈显著下降趋势，到 21 世纪末下降趋势更加严重。如，从东亚、东南亚、中亚到西亚、东欧的广大地区，流域河流流量几乎都呈下降趋势，只有在非洲中部和西欧等地区少数河流流量有较显著的增长趋势。Santini 和 di Paola(2015)利用气候区和年平均流量的加权回归建立的空间统计模型，得到 RCP4.5 和 RCP8.5 情景下平均后的结果，在 21 世纪前半段(2006—

2050 年),黄河区域年平均流量明显下降,而西南亚的幼发拉底河—底格里斯河流域的流量(Tigris-Euphrates Rivers)则有增加趋势;到 21 世纪后半段(2056—2100 年),亚洲的高纬区域、阿拉尔、印度河、雅鲁藏布江和黄河的年平均流量有减小趋势,在欧洲东部的河流有增加趋势(图 2.21);在 21 世纪的前半段和后半段,亚洲大部分地区流域的年平均流量均呈减小趋势,如黄河、长江、澜沧江—湄公河、雅鲁藏布江、印度河、咸海流域(西亚)、查德湖(中非)、谢贝尔湖(东非)和俄罗斯中部的河流;而非洲的刚果河和尼罗河、欧洲的易北河、多瑙河、第聂伯河和顿河年平均流量将增加(表 2.8)。根据多个全球水文模式和区域水文模式的模拟结果,预估到 21 世纪末(2071—2099 年),恒河、勒拿河的季节平均流量有明显增加,莱茵河、塔古斯河则减少(Hattermann et al., 2017)。

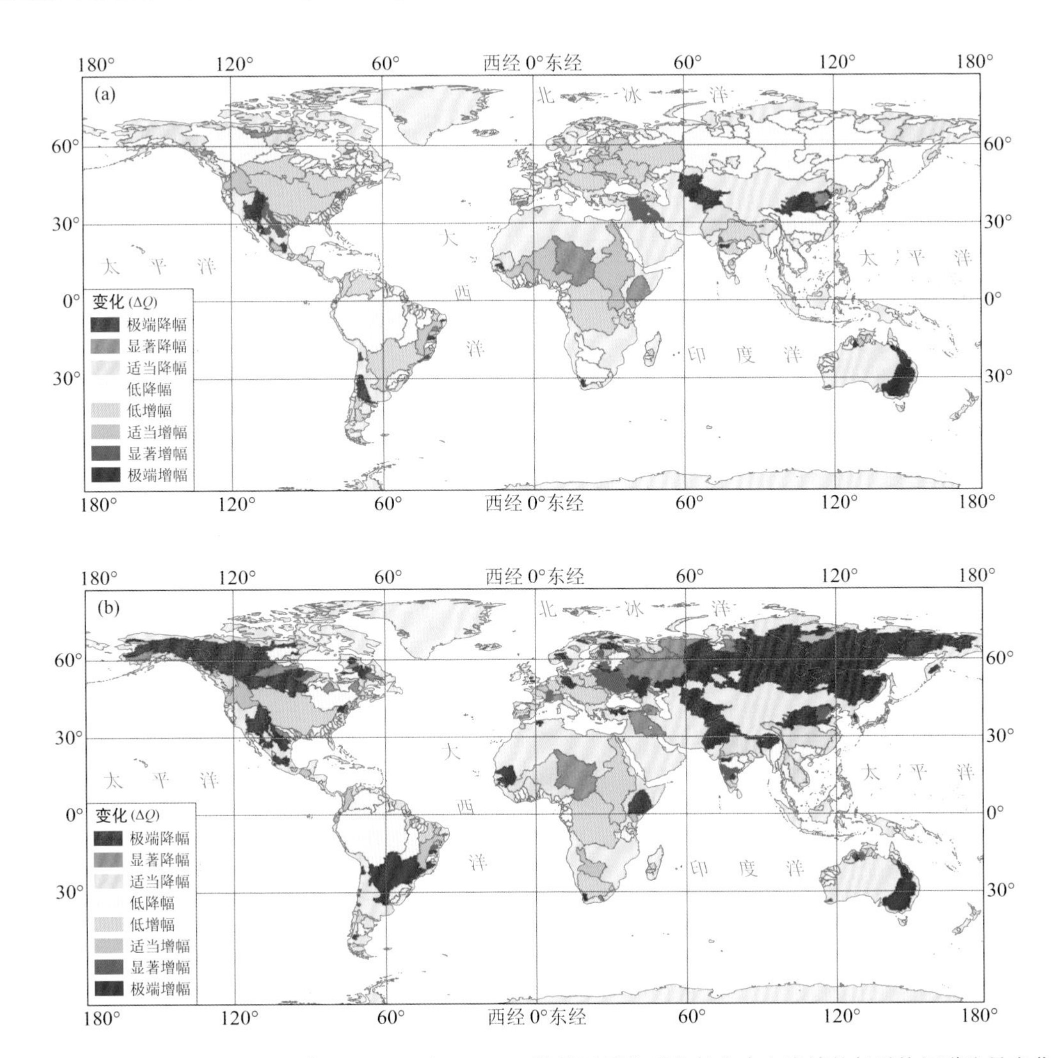

图 2.21 相比于 1961—2005 年,RCP4.5 和 RCP8.5 情景下平均后的每个水文流域的年平均河道流量变化(Santini and di Paola,2015)(a)2006—2050 年;(b)2056—2100 年

虽然“一带一路”大部分地区的地表径流有增加趋势,但是未来受到水资源匮乏影响的地区和人口还是越来越多(Gosling and Arnell, 2016);同时,虽然大部分流域未来年平均河道流量主要以减少为主,但是未来本区域洪水的频次主要以增加为主,暴露在洪水风险中的人口也将越来

越多。图 2.22 是在 SRES A1B 情景下,7 个模式模拟的 100 a 一遇的洪水的量级百分比变化。热带湿润的非洲、东亚、南亚和亚洲高纬地区的洪水等级增大,而地中海区域、非洲西南部、欧洲中部和俄罗斯的欧洲部分则减小;洪水量级的增加与降水在洪水季节增加有关,减少则有可能是降水减少,或者降水以雪的形式出现,如在欧洲中部(Arnell and Gosling, 2016)。在欧洲西部、中部、东部的大部分区域洪水风险减小,但是英国、法国和爱尔兰的洪水风险则增加。在 RCP8.5 情景下,20 世纪百年一遇的洪水在 21 世纪发生的频次增加(重现期减小),可能会变为 10～50 a 发生一次,这与洪水流量增加了 10%～30%有关。洪水风险增加的区域主要在南亚、东南亚、欧亚大陆东北部、非洲低纬度和东部的大部分地区,对此不同模式模拟结果的一致性较高;洪水频率在欧洲北部和东部、中亚地区减小(表 2.8)。从 20—21 世纪,暴露在洪水风险下的人口分别增加 1～7(RCP2.6)、2～12(RCP4.5)、1～13(RCP6.0)和 4～24(RCP8.5)倍(Hirabayashi et al., 2013)。就欧洲而言,在全球变暖 2 ℃的情景下,除了保加利亚、波兰、西班牙南部地区变化不明显之外,欧洲 60°N 以南地区的洪水量级明显增加,60°N 以北的地区洪水量级减小(Roudier et al., 2015)。

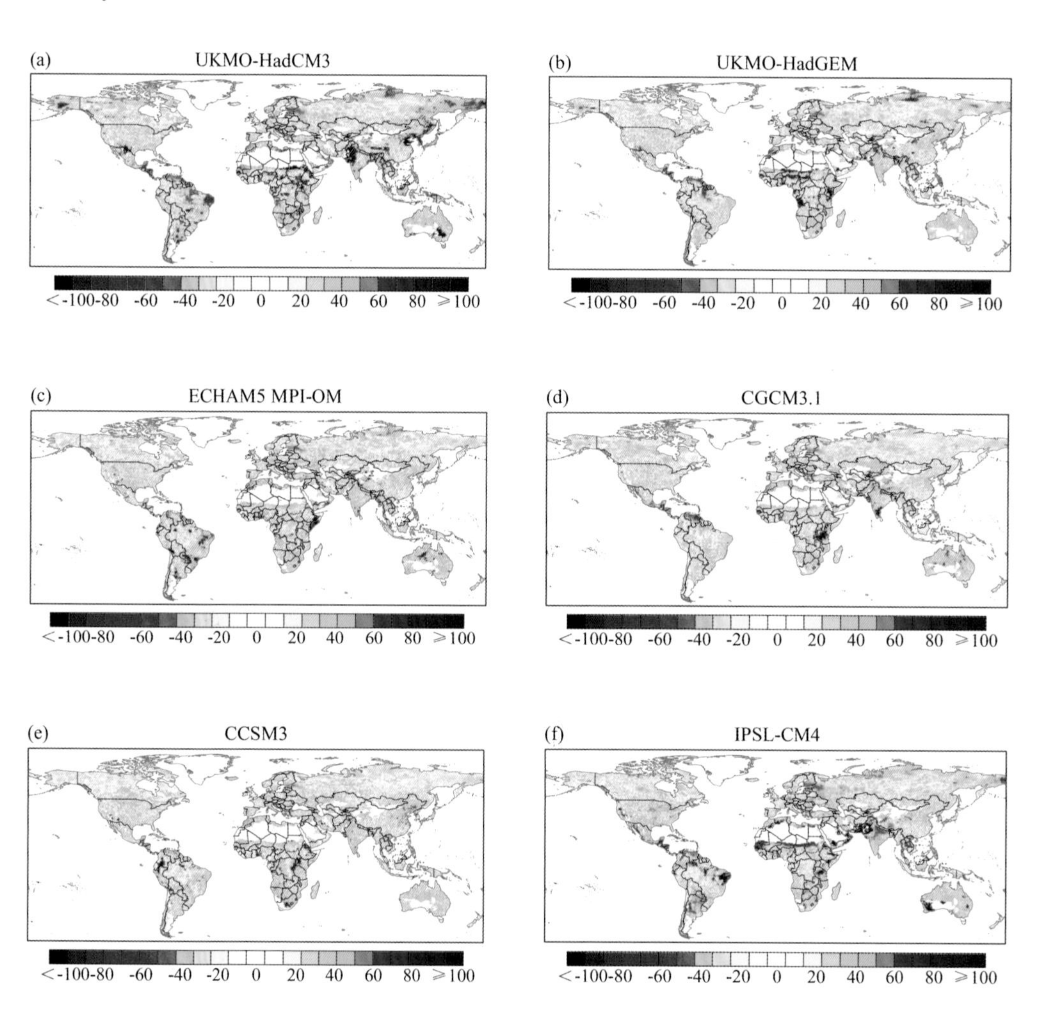

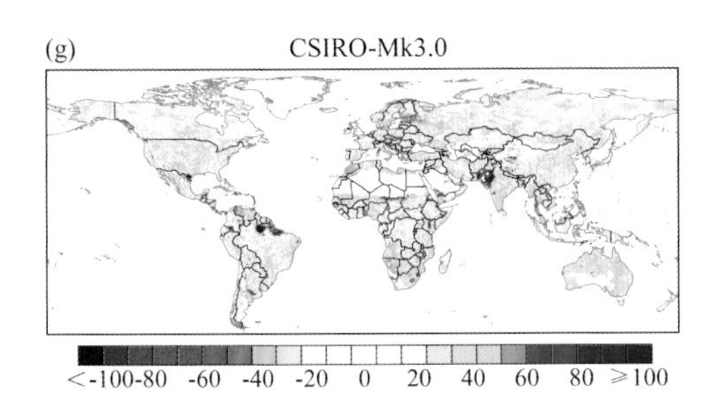

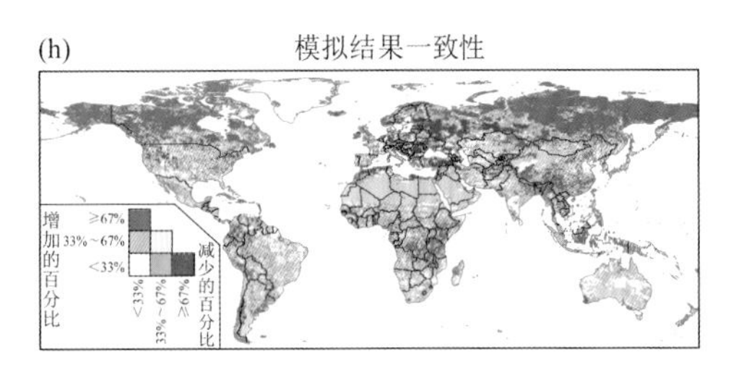

图 2.22 SRES A1B 情景下，相对于 1961—1990 年，到 2050 年 7 个模式模拟的 100 a 一遇的洪水的量级百分比变化(a~g)及 21 个气候模式间的一致性(h)(模拟结果一致的模式个数占模式总数的百分比)(Arnell and Gosling, 2016)

2.5.2 海冰和北极航道变化预估

在 RCP8.5 情景下，北极无冰情况将很可能在 21 世纪中期之前出现。目前普遍认为大部分 CMIP5 全球气候模式对海冰的预估过于保守(图 2.23)。除了模式结果，还应充分考虑近期的观测和专家意见，北极无冰情况将很可能在 21 世纪中期之前出现，主要的海冰减少可能会发生在最近一二十年(Overland and Wang, 2013)。CMIP5 集合预估结果显示，在 RCP8.5 情景下，北极无冰很可能在 2039—2045 年出现。综合考虑模式内部变率和不确定性后(图 2.24，Jahn et al., 2016; Stroeve and Notz, 2015)，这一时间可能会提前到 2032 年(Snape and Forster, 2014)。此外，北极海冰的季节循环在未来也会发生显著变化，21 世纪末北极夏季(融化季节)在 RCP4.5 和 RCP8.5 情景下将分别增加约 100 d 和 200 d(Huang et al., 2017a)。

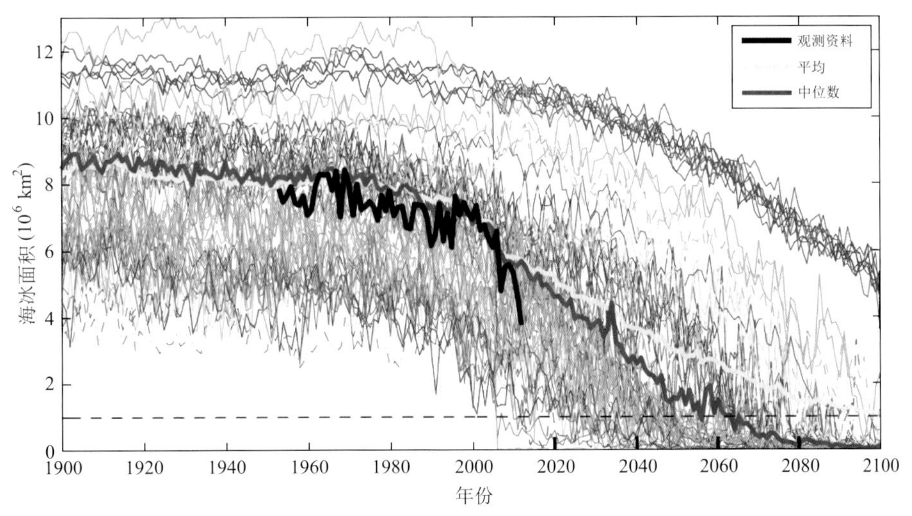

图 2.23 RCP8.5 情景下 36 个 CMIP5 模式 89 个集合成员的 9 月海冰范围(每根彩色细线代表一个成员；黄色粗线为所有集合成员的算术平均，蓝色粗线是它们的中位数；黑色粗线代表调整后的 1953—1978 年的 HadleyISST 和 1979—2012 年的 NSIDC 观测资料；水平黑色虚线表示 100 万 km^2 海冰，近似代表夏季北极无冰情况)(Overland and Wang, 2013)

北极海冰的快速减少将使北极通航能力增加，21 世纪中期北极中央航道和西北航道将成为新的最佳航线。最优 CMIP5 模式预估到 2100 年北极重要航线区域冰盖减少，可航行期延长 1~3 个月。西北和东北航道有潜力负荷更多的海事活动，包括航运和资源开采(Rogers et

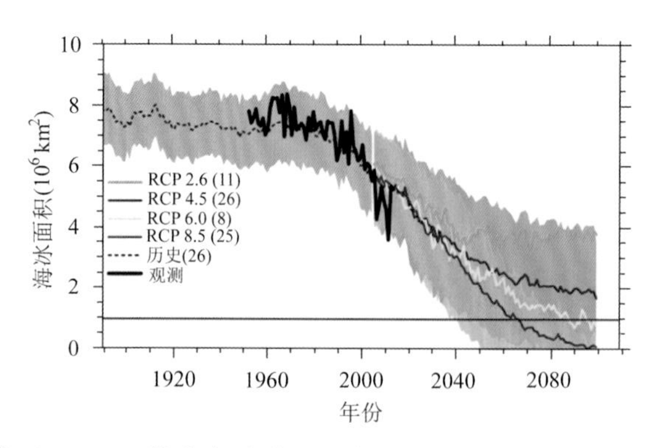

图 2.24 观测(黑线)和 CMIP5 模式中(灰色和彩色线及阴影)1900—2100 年 9 月北极海冰范围(历史模拟时段为 1850—2005 年,2005 年以后用不同 RCPs 强迫情景下的预估资料,彩色线代表不同 RCPs 情景下的多模式平均,阴影为距离平均值 1 个标准差的范围,括号里的数字代表所用的模式数量)(Stroeve and Notz,2015)

al.,2013)。历史上和目前通航能力最低的西北航道,21 世纪中期通航能力将大大增加(Smith and Stephenson,2013)。对于开阔水域船只,9 月穿越北极航行的频次和区域都将增加,许多 9 月最佳航线从俄罗斯沿岸北移。相比 1979—2005 年的约 40%每年,开阔水域船只在 2006—2015 年的可航行概率在 RCP4.5 和 RCP8.5 情景下分别为 71%和 61%,在 2049—2050 年可达 94%和 98%。对于中等破冰能力船只,RCP4.5 和 RCP8.5 情景下,21 世纪中期北极中央航道和西北航道将成为新的最佳航线。届时海冰将变得足够薄,对于中等破冰能力船只,穿越北极点的最短航线成为可能(图 2.25)。但也有研究指出,西北航道和中央航道区域在 21 世纪中期后还将存在大量海冰,相比之下,21 世纪东北航线和北极桥(连接俄罗斯和加拿大)区域更可能出现无冰情况(Laliberte et al.,2016)。尽管 21 世纪中期北极通航能力将显著增加,CMIP5 模式间差异却指出未来船只通航数量和地点有很大的不确定性(Stephenson and Smith,2015)。同时,未来北极通航仍然面临很多挑战(Farre et al.,2014)。比如,海冰的内部变率仍然较大,东北航道通航可能会受到狭窄通道中海冰的阻碍(Gascard et al.,2017)。实际上,2013、2014 和 2015 年通过东北航道运输的货物量是逐年下降的,分别为 130 万 t、30 万 t 和 10 万 t。另外,相比船只等级,不同气候强迫对北极通航的影响是次要的。

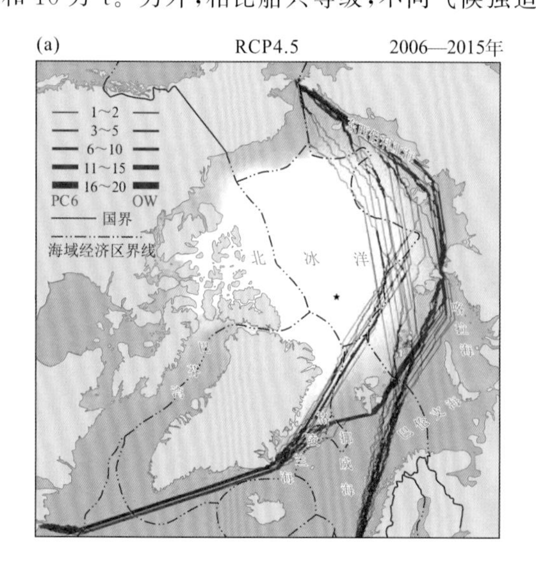

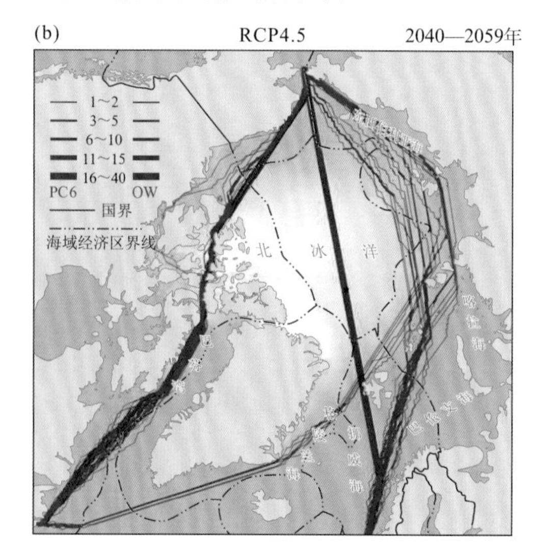

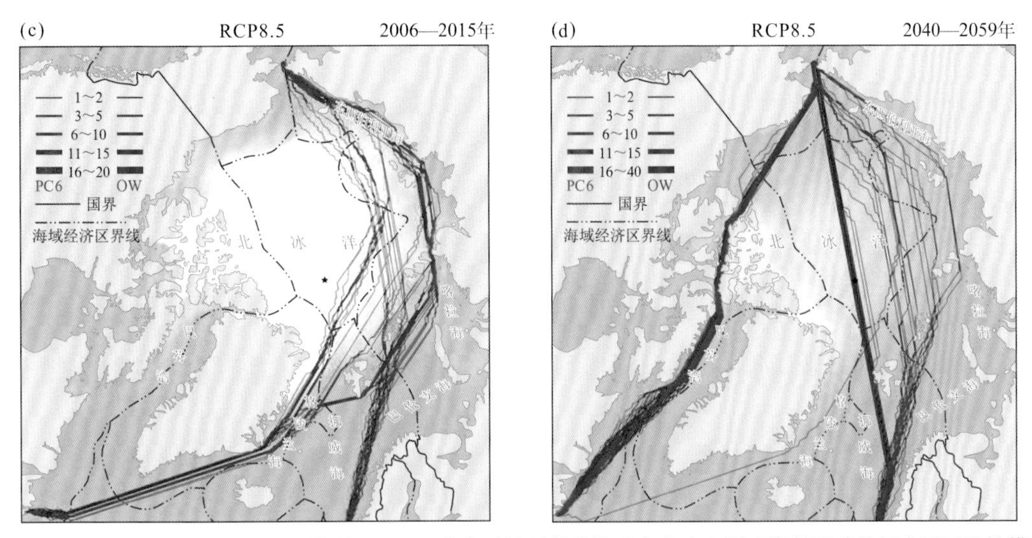

图 2.25 利用 RCP4.5 和 RCP8.5 情景下 GCM 集合平均预估的海冰密集度和厚度资料驱动北极交通可达性模型获取的不同时段在北大西洋(荷兰鹿特丹、纽芬兰圣约翰斯)和太平洋(白令海峡)之间穿越北冰洋的 9 月通航路线(红色(蓝色)表示对于中等破冰能力(开阔水域)船只穿越北极的最快航线,线的粗细代表该航线成功通行的次数。白色背景为相应时段平均的海冰密集度)(Smith and Stephenson,2013)

2.5.3 积雪变化预估

积雪是冰冻圈中分布最广、变化最显著的成员,对全球能量收支和水循环过程具有重要调节作用(Vavrus, 2007)。全球约 98% 的积雪分布在北半球,约占北半球陆地面积的一半(Armstrong and Brodzik, 2001)。"一带一路"区域积雪主要分布在欧亚大陆和北极地区。表征积雪变化的参数包括积雪覆盖范围、雪深、雪水当量和积雪日数等。积雪日数指在一个积雪年(9 月 1 日—次年 8 月 31 日)中雪水当量大于 1 mm 的天数。未来积雪覆盖范围呈减少趋势。相对于 1986—2005 年,2016—2035 年北半球 3—4 月积雪覆盖范围将平均减少 5.6%(RCP2.6)~6.1%(RCP8.5),2080—2099 年将减少 7.2%(RCP2.6)~24.7%(RCP8.5)(Brutel-Vuilmet et al., 2013)(图 2.26)。在全球增暖 1.5 ℃情景下,积雪覆盖范围在 2005—2050 年呈减少趋势,但在 2050—2100 年期间增加,趋势为 2.6 万 km^2/10 a(Wang et al., 2017a)。积雪覆盖范围减少主要发生在积雪区南缘,其减少主要由于季节积雪历时的缩短,进一步与气温和降水变化有关(Brown and Mote, 2009)。

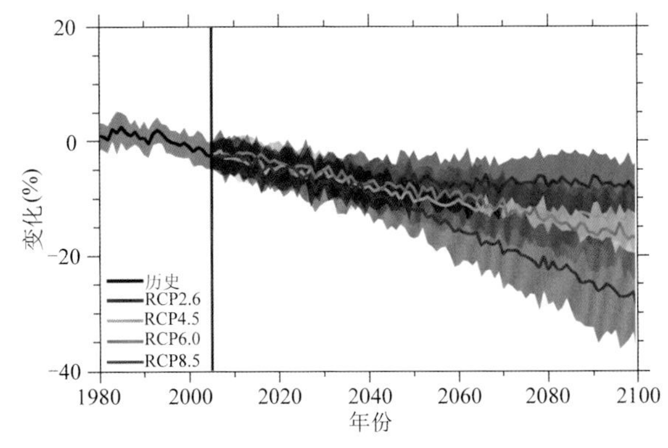

图 2.26 基于 CMIP5 模拟的北半球春季(3—4 月平均)积雪覆盖范围变化(相对于 1986—2005 年)(线代表多模式平均结果,阴影代表一个标准差范围)(Brutel-Vuilmet et al.,2013)

雪深总体减少,北欧、青藏高原地区减少最为显著。欧亚大陆雪深在RCP2.6情景下减少缓慢,但在RCP8.5情景下,雪深显著减少,尤其是21世纪后半期。相对于1986—2005年,欧亚大陆年平均雪深到21世纪末期将减少8.1 mm(RCP2.6)和28.7 mm(RCP8.5)(表2.9)(Ma, 2017)。雪深减少最严重的区域是北欧,而东北欧是唯一雪深增加区域(Ma, 2017)。RCP8.5情景下,北极地区(70°N以北)4月雪深将从1981—2000年的21~35 cm减少到2081—2100年的11~21 cm(Hezel et al., 2012)。对于青藏高原地区,2007—2099年雪深减少趋势为8 mm/10 a(RCP2.6)、8 mm /10 a(RCP4.5)、11 mm/10 a(RCP8.5)(Wei and Dong, 2015)。青藏高原雪深减少显著区主要为兴都库什—喀喇昆仑—喜马拉雅山地区。2006—2099年期间,兴都库什山脉—喀喇昆仑山脉雪深减少趋势为11.6 mm/10 a(RCP4.5)和26 mm/10 a(RCP8.5);而喜马拉雅地区为6.2 mm/10 a(RCP4.5)和12.5 mm/10 a(RCP8.5)(Terzago et al., 2014)。

表2.9 积雪变化预估结果的统计(基准时期为1986—2005年)(项目组根据文献汇总)

预估项目	RCP2.6	RCP4.5	RCP6.0	RCP8.5	文献来源
积雪范围					
北半球(3—4月),2016—2035年	−7.9%~−3.3%	−7.4%~−3.4%	−6.2%~−3.0%	−8.5%~−3.7%	Brutel-Vuilmet et al., 2013
北半球(3—4月),2080—2099年	−11%~−3.4%	−17.1%~−8.7%	−21%~−9.4%	−32.1%~−17.3%	Brutel-Vuilmet et al.,2013
雪深					
欧亚大陆,到21世纪中期	−7.8 mm			−13.3 mm	Ma, 2017
欧亚大陆,到21世纪末期	−8.1 mm			−28.7 mm	Ma, 2017
青藏高原,2007—2099年	−8 mm/10 a	−8 mm/10 a		−11 mm/10 a	Wei and Dong, 2015
雪水当量					
北半球,2006—2099年	−0.54 mm/10 a	−1.19 mm/10 a		−2.05 mm/10 a	Shi and Wang, 2015
青藏高原,2006—2099年		−0.3 mm/10 a		−0.5 mm/10 a	Ji and Kang, 2013
喜马拉雅地区,2006—2100年		−1.2 mm/10 a		−2.8 mm/10 a	Terzago et al., 2014
积雪日数					
中国,2006—2099年				−2.0 d/10 a	Ji and Kang, 2013
青藏高原,2006—2099年				−3.7 d/10 a	Ji and Kang, 2013

雪水当量总体呈减少趋势,春季减少最为显著,青藏高原和欧洲西部的减少尤为明显。2006—2099年期间,北半球年平均雪水当量总体呈减少趋势,RCP2.6、RCP4.5和RCP8.5情景下的线性趋势分别为0.54 mm/10 a、1.19 mm/10 a和2.05 mm/10 a(Shi and Wang, 2015)。欧洲西部和青藏高原的减少尤为明显,而西伯利亚地区表现为增加趋势(图2.27)。从季节上来看,春季减少最为显著。冬半年减少比夏半年显著,主要与冬季温度显著升高有关(Shi and Wang, 2015)。就欧亚大陆而言,雪水当量在空间上呈现西减东增的变化模态,青藏高原上减少显著(马丽娟 等,2011)。2006—2099年青藏高原区域雪水当量减少趋势

为 0.3 mm/10 a(RCP4.5)和 0.5 mm/10 a(RCP8.5)(图 2.28),主要减少区域为高原东部、南部和兴都库什—喀喇昆仑—喜马拉雅山系等地区(Shi et al., 2011; Ji and Kang, 2013)。2006—2100 年,兴都库什山脉—喀喇昆仑山脉雪水当量减少趋势为 2.9 mm /10 a(RCP4.5)和 7.9 mm/10 a(RCP8.5);喜马拉雅地区为 1.2 mm/10 a(RCP4.5)和 2.8 mm/10 a(RCP8.5)(Terzago et al., 2014)。

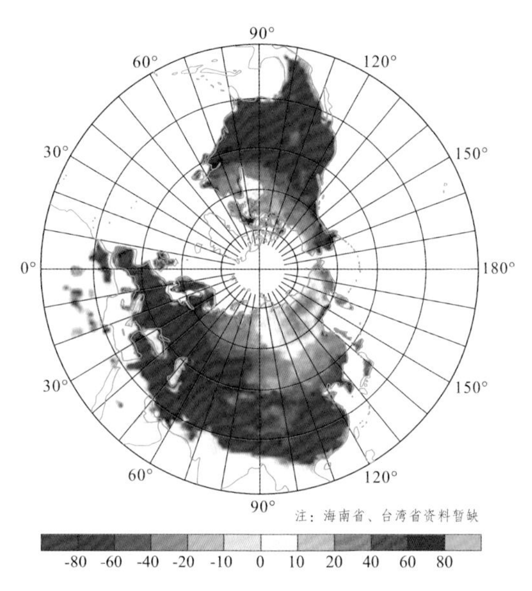

图 2.27　CMIP5 模式集合预估的 RCP8.5 情景下 2080—2099 年年平均雪水当量的相对变化(%)(相对于 1986—2005 年)(Shi and Wang, 2015)

积雪日数减少,积雪开始日推迟、结束日提前,积雪变化受气温和降水变化共同控制。预估结果显示,未来中国地区积雪日数显著减少(图 2.28)。RCP8.5 情景下,2006—2099 年中国积雪日数减少趋势为 2 d/10 a(Ji and Kang, 2013)。青藏高原地区积雪日数减少趋势明显高于全国平均水平,2006—2099 年的减少趋势为 3.7 d/10 a(RCP8.5)。在 RCP8.5 情景下,相对于 1986—2005 年,2080—2099 年青藏高原积雪日数最大减少区域在三江源和青藏高原南部,超过 30 d;积雪日数的减少主要由积雪开始日推迟和结束日提前引起。2021—2099 年期间,青藏高原积雪开始日推迟趋势为 6 d/10 a,结束日提前趋势为 7 d/10 a(Shi et al., 2011)。积雪的变化受气温和降水变化共同控制。一方面,气温增加能使降雪变为降水,同时又能使融雪增加,二者都导致积雪减少;另一方面,未来北半球高纬度总降水量增多,使得积雪增加。

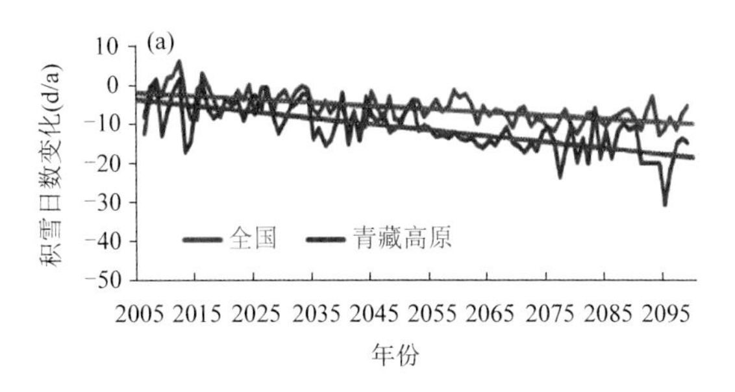

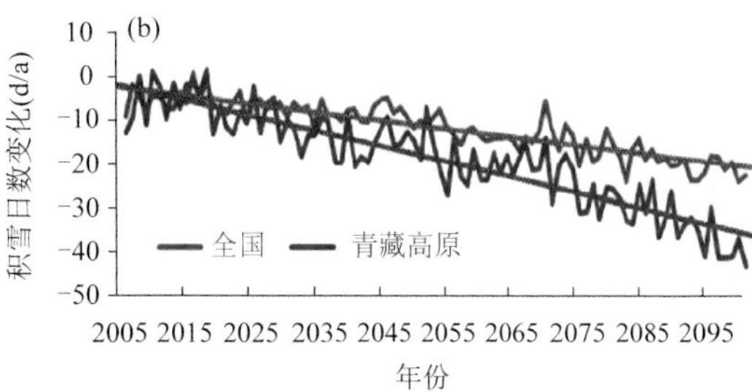

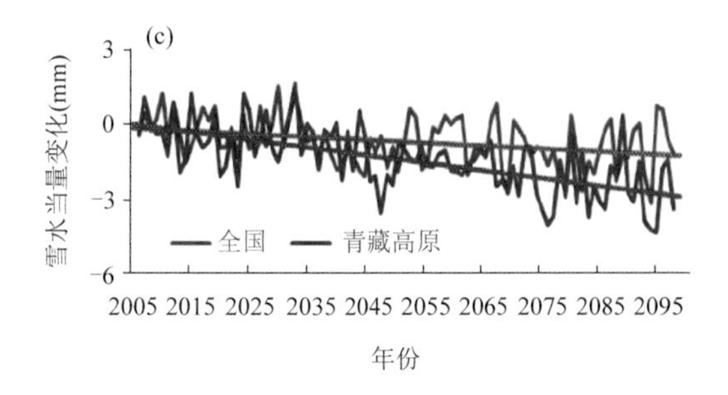

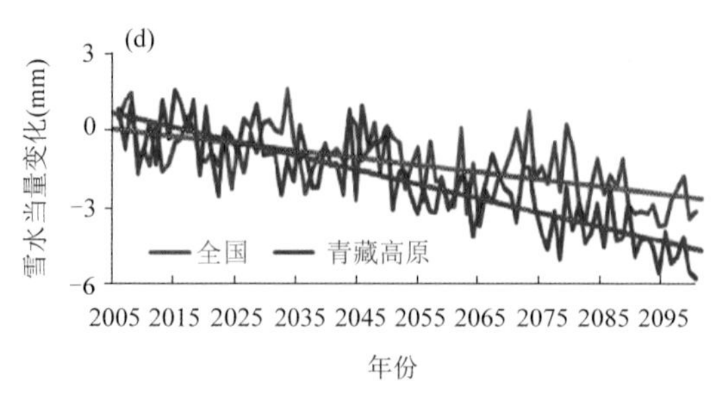

图 2.28 RCP4.5(a,c)和 RCP8.5(b,d)情景下,2006—2099 年中国和青藏高原积雪日数(a,b)和雪水当量(c,d)的变化(Ji and Kang,2013)

2.5.4 冰川和冻土变化预估

未来"一带一路"区域冰川显著消融,不同区域消融差异明显。冰川预估主要针对整个全球冰川或部分典型区域冰川,采用全球气候模式结果驱动冰川模式的预估方法。根据 IPCC AR5,相对于 1986—2005 年,全球冰川体积(不包括南极冰盖)到 21 世纪末将减少 15%~55%(RCP2.6)和 35%~85%(RCP8.5)(IPCC, 2014)。"一带一路"区域的冰川主要分布在斯瓦尔巴群岛、斯堪的纳维亚、俄罗斯北极、北亚、中欧、高加索山和中东、中亚北、中亚西和中亚南等地区。预估结果显示,所有这些地区的冰川体积均显著减少(表 2.10),平均减少幅度为 53%(RCP2.6)、59%(RCP4.5)、61%(RCP6.0)和 72%(RCP8.5)。不同地区冰川消融差异明显。在 RCP8.5 情景下,斯瓦尔巴群岛和中欧地区的冰川体积将减少 90%,但中亚西地区的冰川体积仅减少 47% (Marzeion et al. , 2012)。冰川体积缩小随排放情景的增加而显著增大。

表 2.10 预估的到 21 世纪末"一带一路"地区冰川体积减少状况(相对于 1986—2005 年)(%)(Marzeion et al. , 2012)

地区	RCP2.6	RCP4.5	RCP6.0	RCP8.5
斯瓦尔巴群岛(Svalbard)	70	77	80	90
斯堪的纳维亚(Scandinavia)	68	72	75	88
俄罗斯北极(Russian Arctic)	38	42	43	60
北亚(North Asia)	41	45	46	52
中欧(Central Europe)	65	78	80	90
高加索山和中东(Caucasus 和 Middle East)	60	70	72	85
中亚北(Central Asia (North))	49	55	56	68
中亚西(Central Asia (West))	39	40	42	47
中亚南(Central Asia (South))	49	56	58	68

亚洲地区冰川消融亦十分显著，其幅度略低于“一带一路”区域总体水平。相对于1996—2015年，亚洲地区冰川物质21世纪末期(2071—2100年)将减少29%～43%(RCP2.6)，42%～56%(RCP4.5)，45%～57%(RCP6.0)和59%～69%(RCP8.5)(图2.29)，低于整个“一带一路”区域的水平。一些子区域(如希萨尔阿莱(Hissar Alay))的冰川物质将减少到10%以内(Kraaijenbrink et al.，2017)。将亚洲地区的冰川分为中亚、南亚西和南亚东来看，在RCP4.5情景下，相对于2006年，三个地区的冰川体积到2100年将平均减少约55%，40%和56%，这三个区域的冰川消融能使海平面上升11～21 mm(Radic et al.，2014)。天山水储量(冰川和雪)在2040年之前将发生少量减少，但在21世纪后半期将发生严重亏损。在RCP4.5和RCP8.5情景下，2003—2100年平均水储量减少趋势分别为0.25 m/a和0.35 m/a(Chen et al.，2016)。

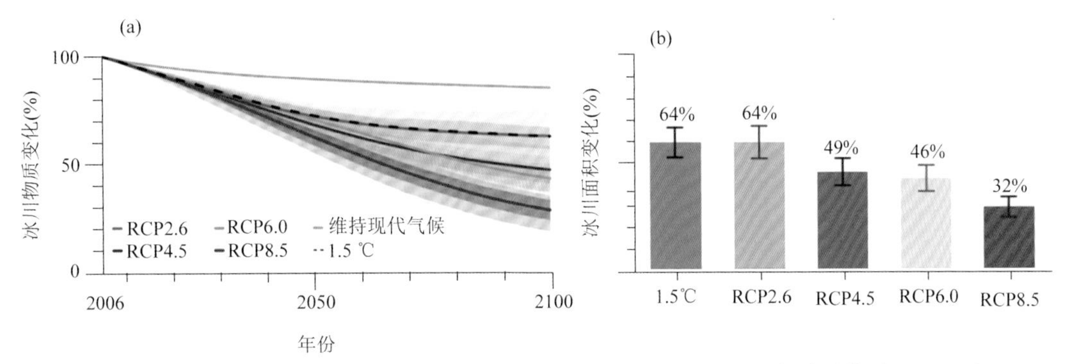

图2.29 预估的亚洲地区相对于1996—2015年不同情景下2071—2100年冰川物质(a)和面积(b)变化情景或趋势(Kraaijenbrink et al.，2017)

(a)误差范围依据四分点和第95百分位方法确定；(b)误差范围为标准差

俄罗斯近地表多年冻土面积显著减少，近地表多年冻土南界向极地撤退。与冰川预估相似，冻土预估主要针对整个北半球地区以及多年冻土子区。方法为采用全球气候模式结果驱动统计或动力冻土模式以及直接采用全球气候模式进行预估。相对于1986—2005年，整个北半球近地表多年冻土面积到2080—2099年将可能减少26%～48%(RCP2.6)、38%～64%(RCP4.5)、45%～71%(RCP6.0)和69%～93%(RCP8.5)(IPCC，2013)。“一带一路”区域的多年冻土主要分布在青藏高原和俄罗斯等地区。俄罗斯近地表多年冻土面积到21世纪末将减少21%～43%(RCP2.6)、36%～62%(RCP4.5)、41%～69%(RCP6.0)和64%～88%(RCP8.5)(Guo and Wang，2016)。近地表多年冻土南界向极地显著撤退，在RCP8.5情景下，到21世纪末，仅东西伯利亚山地西部的近地表多年冻土得以保留(图2.30)。在全球2 ℃变暖阈值下，俄罗斯多年冻土活动层厚度将平均增加0.48～0.52 m，多年冻土消融导致的地面沉降量平均为5～16 cm(Guo and Wang，2017)。

青藏高原近地表多年冻土消融速度快于俄罗斯近地表多年冻土，活动层明显加深。青藏高原近地表多年冻土面积到21世纪末(2080—2100年)显著减少，具体为35%～57%(RCP2.6)、58%～76%(RCP4.5)、62%～82%(RCP6.0)和89%～97%(RCP8.5)。空间上表现为近地表多年冻土南缘和东缘向腹地退缩(Guo and Wang，2016)。相对高纬度近地表多年冻土，青藏高原近地表多年冻土对气候变暖更敏感，其消融速度是高纬度近地表多年冻土的1.4倍。在不同排放情景下，青藏高原多年冻土活动层增加显著，当前(1971—2000年)

1.2～2.0 m的活动层到21世纪末(2071—2100年)将增至1.7～2.5 m(RCP2.6)、1.9～2.7 m(RCP4.5)和2.4～3.2 m(RCP8.5)(Peng et al.,2018)。此外,多年冻土退化能引起热融灾害。在RCP4.5情景下,约1/4青藏工程走廊区域的热融灾害可能发生在2050年之前(Guo and Sun,2015)。

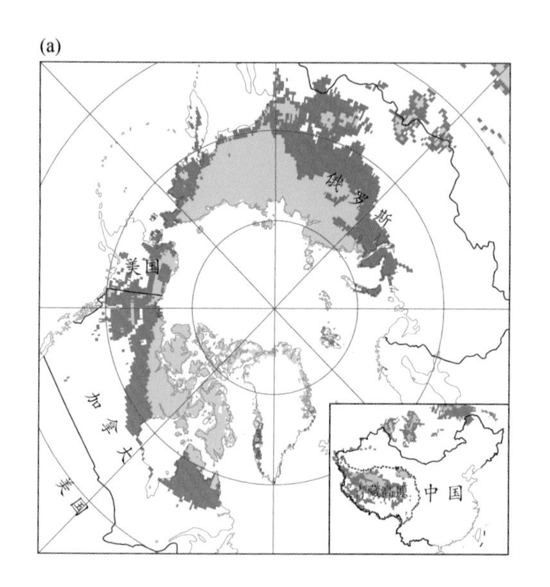

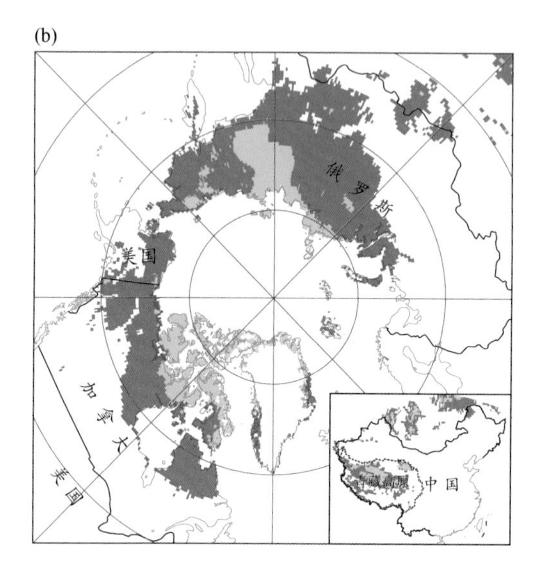

图2.30　预估的RCP4.5(a)和RCP8.5(b)情景下近地表多年冻土范围变化(灰色代表当代1986—2005年的范围,绿色代表21世纪后期2080—2099年的范围)(Guo and Wang,2016)

2.5.5　小结

与当代(1986—2005年)相比,全球地表径流平均是增加的。在"一带一路"区域,东南亚、北半球高纬度地区、恒河和雅鲁藏布江的年平均径流明显增加,而在非洲撒哈拉以南地区、中亚、地中海地区的年平均径流则减少。与之对应的是,全球百年一遇的洪水在21世纪发生的频次增加,在"一带一路"区域大多数地区洪水频次也呈现一致增高的趋势;洪水频率仅在欧洲北部和东部、中亚等地区有减小的趋势。然而亚洲大部分地区河流的年平均流量则普遍呈现明显减小趋势,尤其是在中国黄河流域、俄罗斯远东诸河流域以及中亚咸海流域,仅在中亚、欧洲和非洲中南部等地区有一定的增加趋势。

RCP8.5情景下,北极无冰情况将很可能在21世纪中期之前出现。综合考虑模式内部变率和不确定性后,这一时间可能会提前到2032年。北极海冰的快速减少将使北极通航能力增加。对于中等破冰能力船只,RCP4.5和RCP8.5情景下,21世纪中期北极中央航道和西北航道将成为新的最佳航线。但同时CMIP5模式间差异也指出未来船只通航数量和地点有很大的不确定性,未来北极通航仍然面临很多挑战。

"一带一路"地区未来积雪覆盖范围变小、雪深减小。北欧雪深减小最为严重。青藏高原地区雪深减小显著,尤其是兴都库什—喀喇昆仑—喜马拉雅山系地区。雪水当量总体呈显著减小趋势,春季减小最为显著。欧洲西部和青藏高原的雪水当量减小尤为明显,西伯利亚地区表现为增加趋势。未来中国地区积雪日数显著减少,青藏高原地区的减少高于全国平均。积雪的开始日推迟、结束日提前。积雪变化受气温和降水变化共同控制。

“一带一路”地区未来冰川体积平均减小在53%(RCP2.6)~72%(RCP8.5)。冰川消融的区域差异明显。在RCP4.5情景下,亚洲地区冰川物质减小约40%~56%,可以使海平面上升11~21 mm。“一带一路”地区近地表多年冻土范围显著减小(俄罗斯:21%(RCP2.6)~88%(RCP8.5);青藏高原:35%(RCP2.6)~97%(RCP8.5)),活动层明显增厚。青藏高原近地表多年冻土消融速度快于高纬度近地表多年冻土。多年冻土退化可引起地表径流的再分配以及热融灾害的发生。

2.6 “一带一路”区域生态与环境变化预估

全球变暖将使“一带一路”区域的生态与环境发生显著变化,植被生长开始时间普遍提前,生长季长度增加,高排放情景下,21世纪末中国区域将增加10~67 d,欧洲地区增加45~65 d;“一带一路”区域植被带北移特征明显,荒漠化呈加剧趋势;全球变暖亦导致“一带一路”区域弱通风日数增加,大气环境容量减少(> 3%),污染潜势增加,大气污染发生概率增加;同时,东亚地区沙尘天气有所增加,且沙尘季提前。

2.6.1 植被演化与荒漠化变化预估

陆地植被生态系统是地球系统中十分重要的组成部分,主要受气温、降水和CO_2浓度的影响;同时,植被变化对气候系统的反馈也是地球系统中不可忽视的重要一环。“一带一路”区域广布干旱及半干旱区,陆地生态系统敏感、脆弱,随着全球温度持续增加以及CO_2浓度的进一步升高,预估“一带一路”区域植被带、荒漠化的未来演化关系到“一带一路”区域人民的生态福祉,也关系到国家“一带一路”倡议的战略布局,具有十分重要的意义。

基于CMIP5模式驱动的动态植被模拟研究显示,在高排放情景(RCP8.5)下,21世纪末期(2081—2100年)植被带北移十分明显(Yu et al.,2014)(图2.31)。在欧亚大陆高纬度地区,特别是俄罗斯远东地区,北方常绿针叶林增加明显,其植被覆盖度增加20%~40%;而在欧洲北部地区、蒙古高原和东北亚地区,常绿针叶林显著减少,减少幅度超过20%;中国青藏高原地区针叶林总体呈现增加趋势,而高原东部地区,针叶林则有减少趋势。常绿阔叶林和落叶阔叶林在欧亚大陆、非洲中部、东南亚地区主要表现为增加趋势,特别是落叶阔叶林在非洲中部增加明显;而在我国东部地区、朝鲜半岛和日本半岛地区,落叶阔叶林则明显减少。温带灌木林在欧亚大陆中部地区以增加趋势为主,而北方落叶灌木林则呈现出较弱的减少趋势。极地草地在欧亚大陆北部地区呈现较弱的增加趋势,而在欧亚大陆中部地区减少十分明显,幅度可达30%。草地在东南亚地区、印度半岛和欧洲中南部地区则出现减少趋势,特别是东南亚地区,减少幅度超过20%。另外,植被叶面积指数(LAI)和净初级生产力(NPP)在高纬度地区、东南亚、北美东南部和中非等区域将增加,这主要得益于热带外地区的增温、降水增加及CO_2的增肥效应。而在亚马孙地区,干旱将导致LAI和NPP呈现下降趋势。

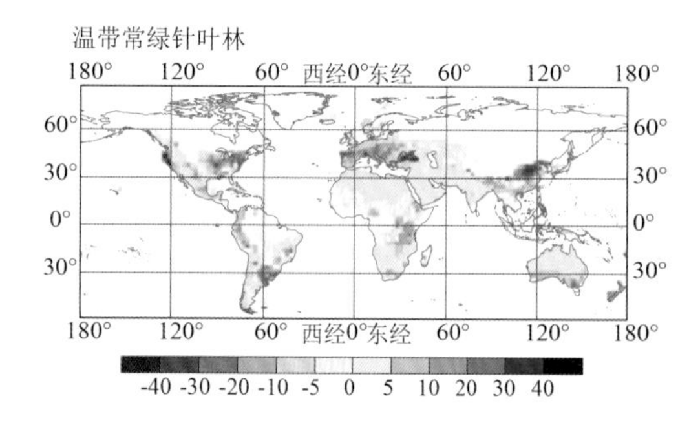
温带常绿针叶林
180° 120° 60° 西经0°东经 60° 120° 180°
60° 30° 0° 30°
-40 -30 -20 -10 -5 0 5 10 20 30 40

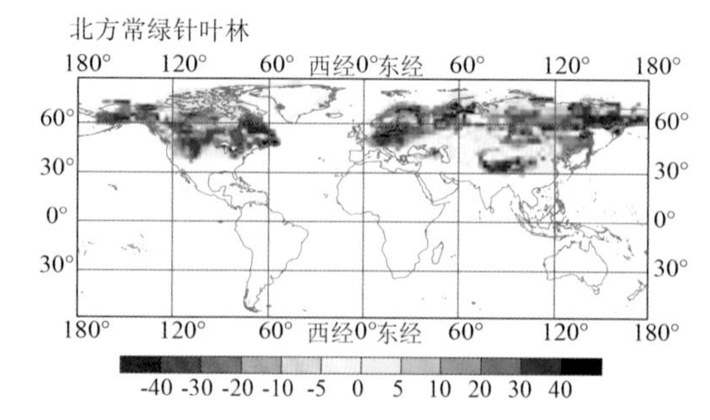
北方常绿针叶林
180° 120° 60° 西经0°东经 60° 120° 180°
60° 30° 0° 30°
-40 -30 -20 -10 -5 0 5 10 20 30 40

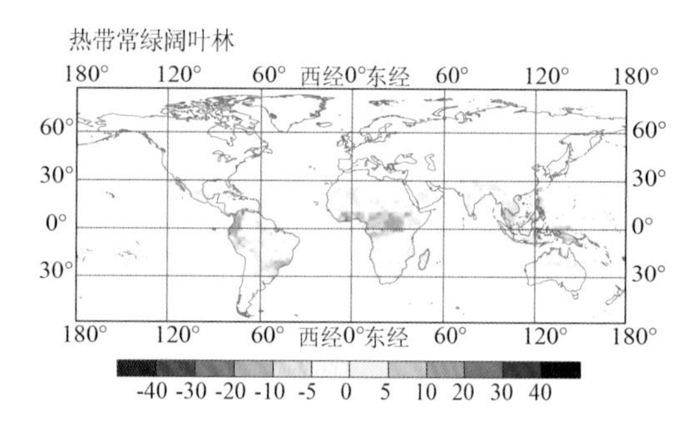
热带常绿阔叶林
180° 120° 60° 西经0°东经 60° 120° 180°
60° 30° 0° 30°
-40 -30 -20 -10 -5 0 5 10 20 30 40

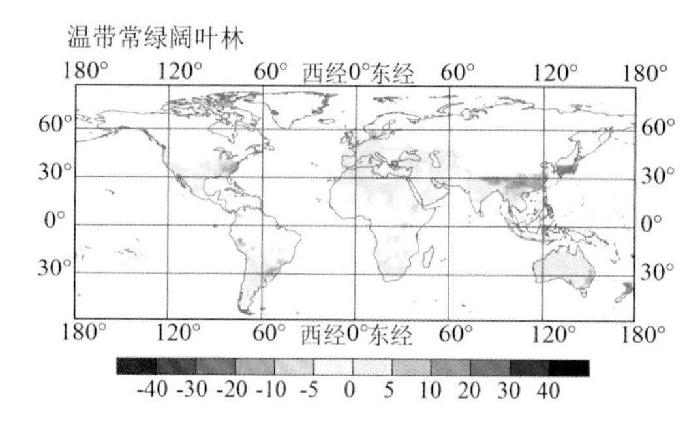
温带常绿阔叶林
180° 120° 60° 西经0°东经 60° 120° 180°
60° 30° 0° 30°
-40 -30 -20 -10 -5 0 5 10 20 30 40

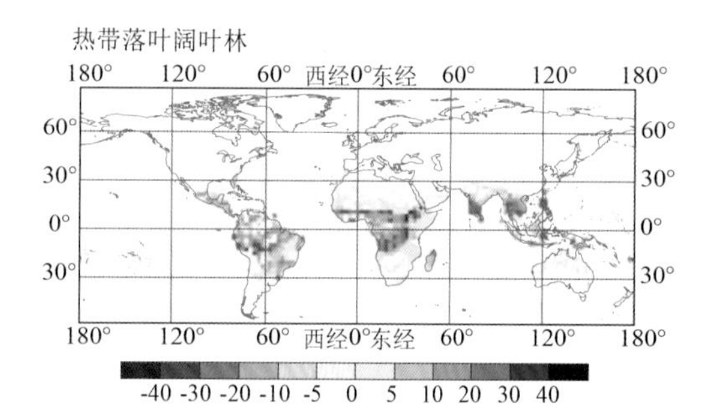
热带落叶阔叶林
180° 120° 60° 西经0°东经 60° 120° 180°
60° 30° 0° 30°
-40 -30 -20 -10 -5 0 5 10 20 30 40

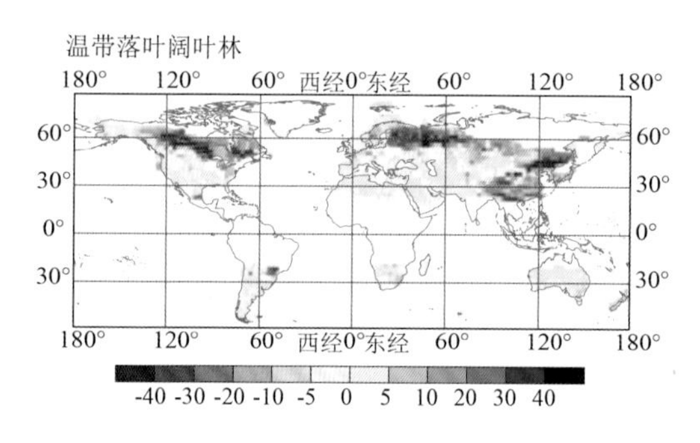
温带落叶阔叶林
180° 120° 60° 西经0°东经 60° 120° 180°
60° 30° 0° 30°
-40 -30 -20 -10 -5 0 5 10 20 30 40

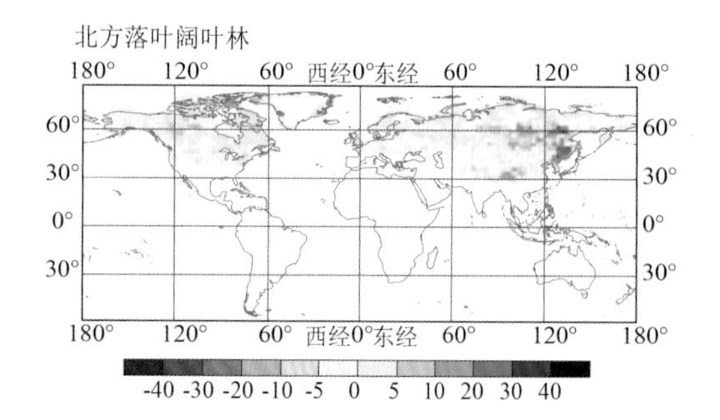
北方落叶阔叶林
180° 120° 60° 西经0°东经 60° 120° 180°
60° 30° 0° 30°
-40 -30 -20 -10 -5 0 5 10 20 30 40

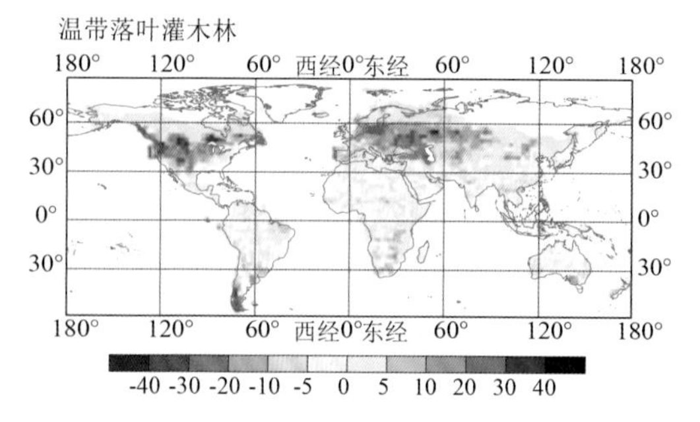
温带落叶灌木林
180° 120° 60° 西经0°东经 60° 120° 180°
60° 30° 0° 30°
-40 -30 -20 -10 -5 0 5 10 20 30 40

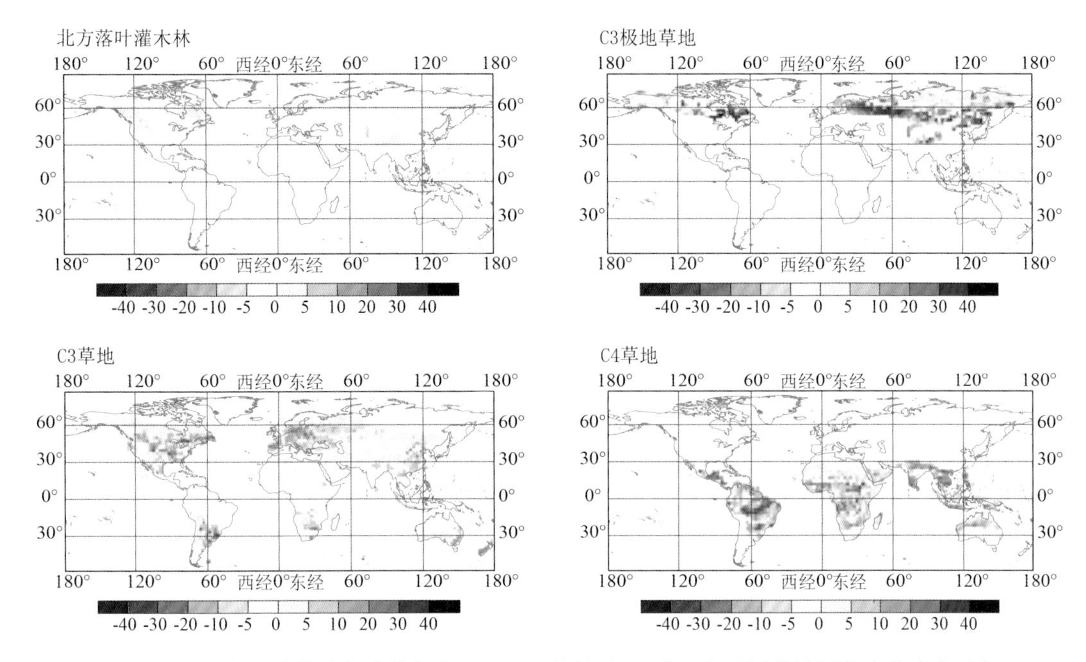

图 2.31 动态植被模式集合模拟的 RCP8.5 情景下 21 世纪末不同植被覆盖度的变化(%)(图中填色为通过 99%信度检验的区域)(Yu et al.,2014)

未来全球变暖可能导致全球变干,干旱区扩张。在高排放情景下,21 世纪中亚、南亚、东南亚以及北亚的西部地区连续无降水日数(CDD)将明显增加,最大幅度超过 8 d。21 世纪末期(2071—2100 年)欧亚大陆及非洲地区极端干旱(干旱指数 AI 小于 0.05,Huang et al.,2015a)区域扩张明显(图 2.32),如在 30°～60°N 的欧亚大陆及非洲地区,几乎整个区域都呈现出干旱加剧的特征,干旱区的扩张十分显著。在中亚地区,干旱和半干旱区域向周边区域扩展明显,很多地区出现半干旱区向干旱区的转变,而干旱区向极端干旱区转变的地区主要发生在阿富汗、伊朗、伊拉克、埃及、利比亚等"一带一路"区域国家,而在北非和西亚地区,则主要表现为极端干旱区明显增多。虽然预估显示未来全球降水可能增加,但全球变暖导致的未来干旱区扩张也十分明显。

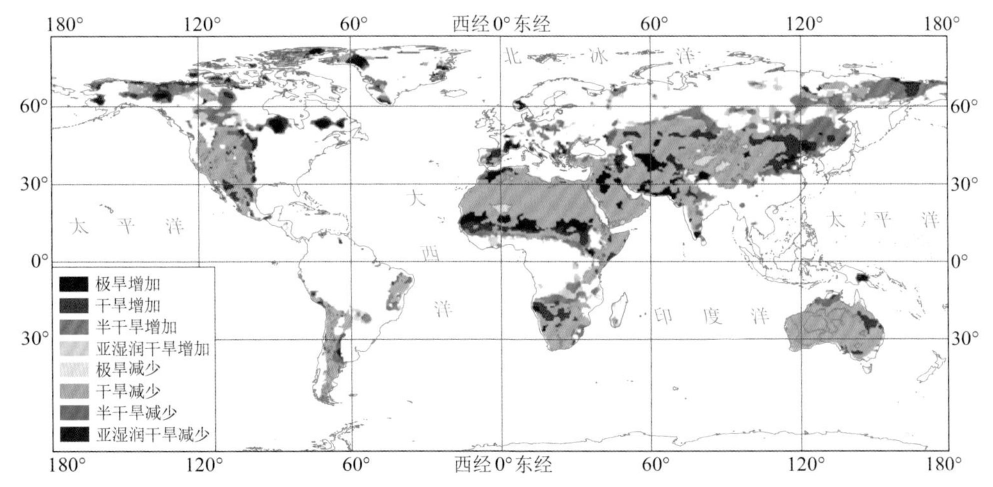

图 2.32 RCP8.5 情景下 2071—2100 年相对于 1961—1990 年干旱区的变化(图中灰色区域为 1961—1990 年干旱区的分布,填色为干旱区的变化)(Huang et al.,2015a)

2.6.2 生长季变化预估

生长季(物候)作为生态系统功能发挥的关键控制因素,其长度变化对全球陆地植被分布、人类粮食安全等都至关重要。现有研究对过去一个多世纪全球各区域生长季变化进行了较为系统的分析(Xia et al.,2013;Cui et al.,2017),其结果显示:伴随全球温度增加,全球生长季开始时间提前,全球大部分地区生长季长度显著增加。

到21世纪中叶(2040—2059年),在RCP2.6和RCP4.5情景下,北半球平均生长季开始时间分别提前4.7 d和8.4 d;在RCP8.5情景下,生长季平均开始时间提前10 d以上。到21世纪末(2080—2099年),三种排放情景下,生长季开始时间分别提前4.3 d、11.3 d和21.6 d(图2.33)。其中“一带一路”区域生长季开始时间提前幅度最大的区域位于欧洲西部以及东亚和北亚东南部地区(Xia et al.,2015b)。

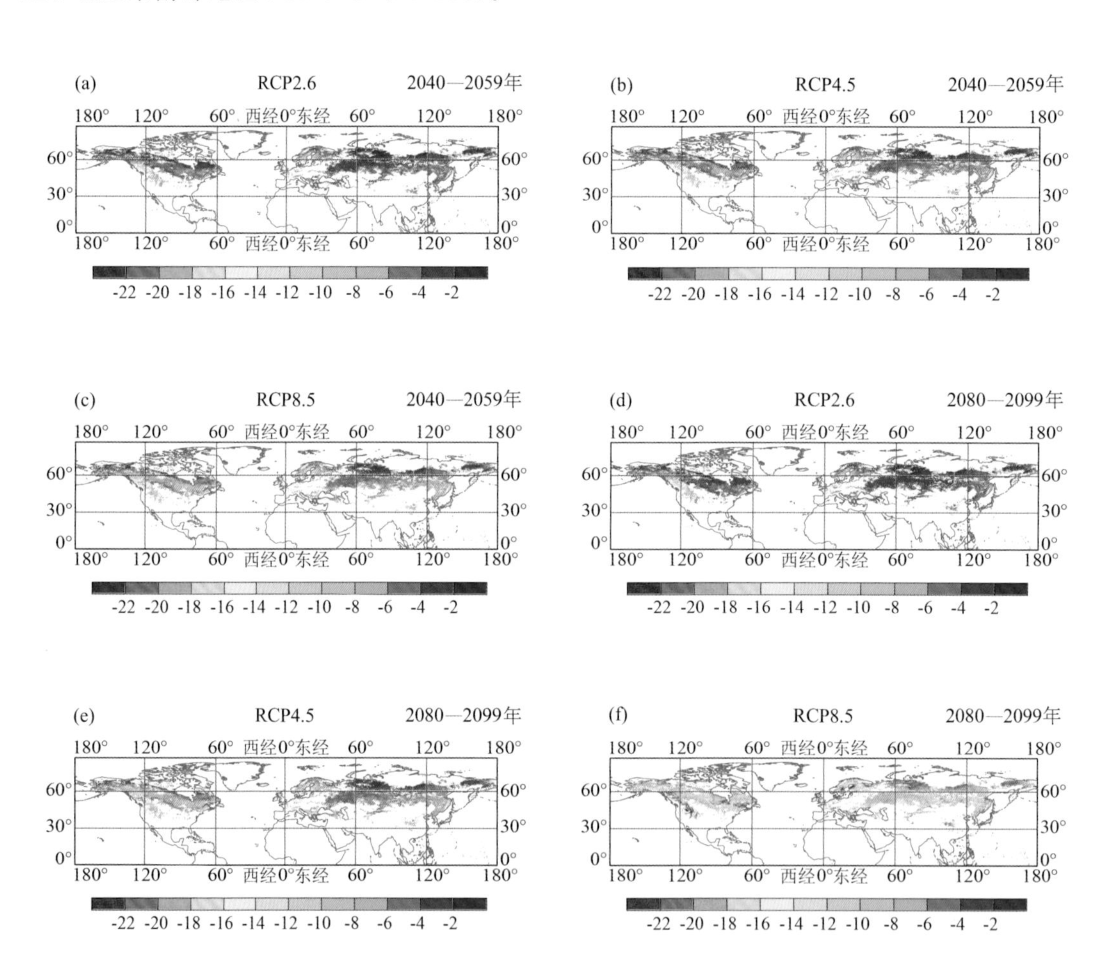

图2.33 在未来不同排放情景下不同时期北半球植被生长季开始日期的空间分布(单位:d)(Xia et al.,2015b)

全球生长季长度变化存在显著的区域差异(表 2.11)。在 RCP4.5 和 RCP8.5 情景下，利用温度阈值(5 ℃)预估的生长季长度显著增加；到 21 世纪末，在 RCP8.5 情景下，欧洲大部分地区生长季将延长 1.5～2 个月 (Ruosteenoja et al.，2016)。中国区域生长季变化情况更加复杂(Zhou et al.，2014)。在 RCP4.5 和 RCP8.5 情景下，相比于 1986—2005 年，21 世纪末(2081—2100 年)大部分区域生长季都呈现显著增长，增加幅度为 10～67 d。其中增加最大的区域在中国西南 1 地区(约 35 d 和 67 d)，其次是中国中部(约 28 d 和 51 d)，而增加最少的区域出现在中国华南(约 8 d 和 10 d)(图 2.34)。相比于 1960—2014 年，青藏高原地区生长季到 2041—2060 年在 RCP2.6、RCP6.0 和 RCP8.5 情景下分别增加约 20 d、27 d 和 36 d；到 2081—2100 年，分别增加约 18 d、47 d 和 72 d。整体趋势上看，2015—2100 年，青藏高原生长季在 RCP2.6、RCP6.0 和 RCP8.5 情景下，平均每 10 a 分别增加 2.1 d、3.6 d 和 5.0 d(He et al.，2018)。

表 2.11　预估的不同情景下 21 世纪不同时期全球不同区域生长季变化情况(项目组根据文献汇总)

区域	基准期	预估时段	生长季延长/提前日数	预估情景	参考文献
中国	1986—2005 年	2081—2100 年	10～67 d	RCP4.5，8.5	Zhou et al.，2014
			2～3 周	RCP2.6	
青藏高原	1960—2014 年	21 世纪末	约 50 d	RCP6.0	He et al.，2017
			约 82 d	RCP8.5	
欧洲	1971—2000 年	21 世纪末	45～60 d	RCP4.5，8.5	Ruosteenoja et al.，2016
非洲	1981—2000 年	2041—2060 年	−76～49 d	A1B	Cook and Vizy，2012
			提前 4.7 d	RCP2.6	
北半球	1985—2004 年	2040—2059 年	提前 8.4 d	RCP4.5	Xia et al.，2015b
			提前 10.1 d	RCP8.5	
			提前 4.3 d	RCP2.6	
北半球	1985—2004 年	2080—2099 年	提前 11.3 d	RCP4.5	Xia et al.，2015b
			提前 21.6 d	RCP8.5	

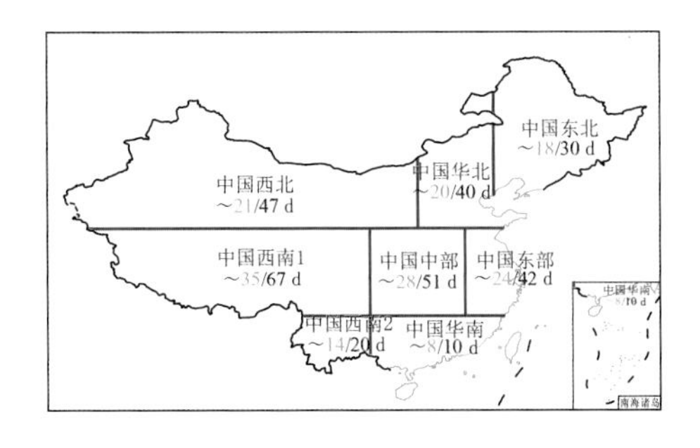

图 2.34　在 RCP4.5(蓝色数字)和 RCP8.5(红色数字)情景下，中国不同区域生长季长度在 2081—2100 年相对于 1986—2005 年增加的日数分布(改绘自 Zhou et al.，2014)

降水作为影响生长季变化的另一个重要因子,尤其体现在干旱和半干旱地区。但相比于温度,降水的预估存在更大的不确定性,因此考虑降水作用的生长季预估也存在很大的不确定性。对于常年温度都适于植被生长的地区,降水条件一般是这些区域生长季长度变化的主导因素,因此在预估该区域生长季变化特征时主要考虑降水变化。区域气候模式在 A1B 情景下的预估结果显示 2041—2060 年相比于 1981—2000 年,非洲不同区域的生长季变化从延长 49 d 到缩短 76 d 不等(Cook and Vizy, 2012)。仅考虑温度条件下,欧洲生长季长度呈现一致上升趋势(Ruosteenoja et al., 2016),然而在考虑降水条件后,模式模拟的未来欧洲草地生长情况结果显示:虽然生长季开始时间提前,但生长季长度增加的区域仅限于欧洲南部和东南部部分地区,其他区域在温度增加的同时其夏季降水在减少,从而使得干旱增加,最终使得草地生长季提前结束,导致整体生长季缩短(Chang et al., 2017)。

综上所述,当区域生长季变化仅对温度较为敏感时,未来随着温度的增加,生长季会显著增长,而当区域生长季变化同时对温度和降水条件敏感或者仅对降水变化敏感时,未来生长季的变化则存在较大不确定性。另外,尽管未来全球增暖会提供一些有利于植被生长季延长的条件,但还需做好适当的应对措施。随着生长季的变化,不同区域的植被种类和种植时间都需要做出相应调整。此外,不同气候背景下,干旱、洪涝、热浪和低温等极端天气对植物的影响将表现出不同的特征,育种和虫害防治同样需要做出相应改变。这些变化进而会影响局地粮食种类的供应,对人类社会产生重要影响。

2.6.3 大气污染与沙尘天气变化预估

2.6.3.1 大气污染

近几十年来"一带一路"区域大气污染明显加剧,而且随着全球持续增暖,未来"一带一路"区域大气环境容量减少,大气污染潜势增加。在"一带一路"区域,未来中南半岛、印度中部及中国华中地区年平均大气环境容量将增加,其他区域年平均大气环境容量都在减少,年弱通风日数都在增加。且在年平均大气环境容量减少或弱通风日数增加幅度较大的区域,未来变化趋势的可信度高。到了 21 世纪中期(图 2.35),大气环境容量减少的极大值主要分布在中国青藏高原边缘地区、蒙古国西部、俄罗斯南部、哈萨克斯坦北部和印度东北部,减少幅度均超过 5%,说明这些区域未来大气污染潜势加强;在中国华北以北及印度和中南半岛北部以北的大多数区域,大气环境容量相对当前减少幅度为 3%~5%。相应的年弱通风日数增加幅度多在 15%~40%,最大值可超过 50%。到 21 世纪末期,大气环境容量和年弱通风日数的变化幅度在多数区域都大于 21 世纪中期,大气环境容量的减少量最大可超过 7%,年弱通风日数的增加最大可超过 60%。

对于中国区域,未来除了华中地区以外,大气环境容量整体呈现减小趋势(图 2.35),但有明显的区域和季节差异。京津冀地区大气环境容量全年呈减少趋势,其中冬季减少幅度最大,春季最小,到了 21 世纪中期,夏季和秋季相对减少 2%~3%。长江三角洲地区除了秋季,其他季节大气环境容量均减少,其中冬季减少幅度最大,到 21 世纪中期,减少幅度超过 3%,到 21 世纪末,减少幅度超过了 6%;夏季次之(约 2%),春季最小(小于 1%)。对于珠江三角洲,春季大气环境容量减少最明显,而冬季呈现增加趋势。东北地区大气环境容量全年都呈现减小趋势(Han et al., 2017)。而且全球变暖将会导致北极涛动增强、东亚冬季风减弱、近地层快速增温，使得我国东部特别是北京地区未来大气霾污染事件呈现增加趋势（Cai et al.，2017a）。

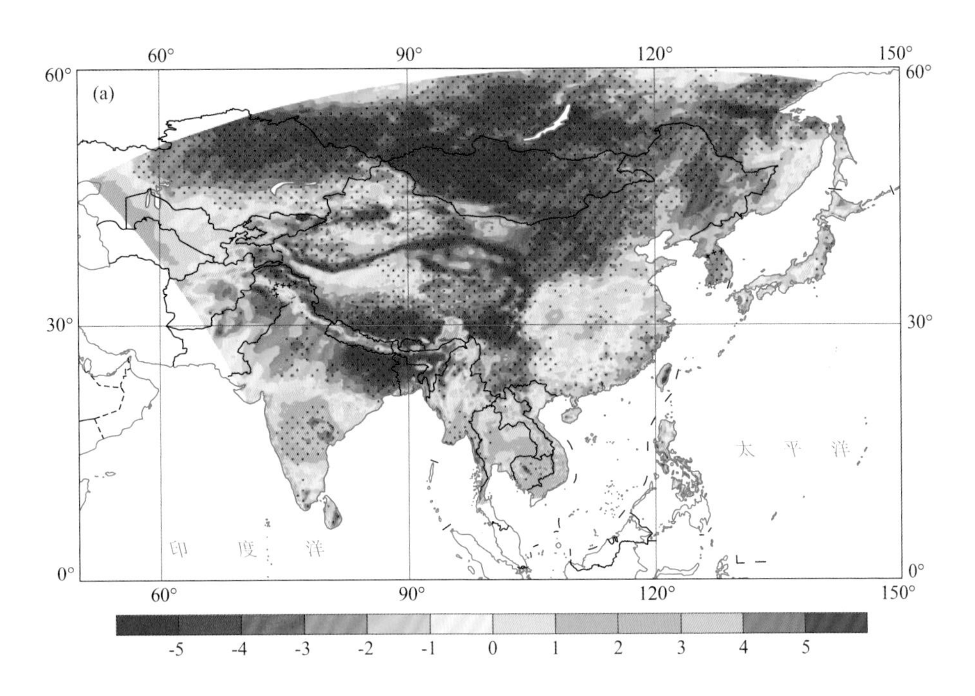

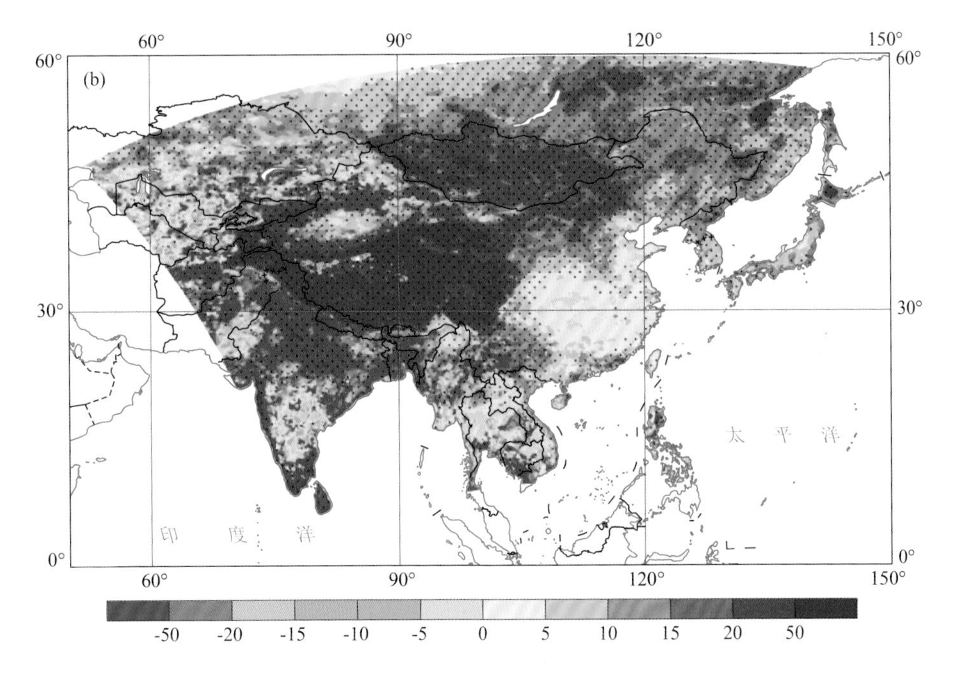

图 2.35 RCP4.5 情景下，多样本集合预估的 2046—2065 年“一带一路”区域年平均大气环境容量（a）和弱通风日数（b）相对当前状态的变化（%）（图中打点区域表示多样本的正负变化趋势相同）（项目组绘制）

2.6.3.2 沙尘天气

随着持续增暖，未来全球沙尘天气相对当前气候将减少 20%～60%（Mahowald and Luo, 2003）。“一带一路”区域沙尘天气变化较为复杂，具有显著的区域和季节变化特征。在 RCP8.5 情景下，非洲北部地区沙尘光学厚度在未来百年呈现显著减少趋势，到 21 世纪末约减少 10%（Evan et al.，2016），即非洲北部地区沙尘天气呈现减少趋势。对于东亚地区，到 21 世纪末（2091—2100 年），相比当前（1991—2000 年）气候多年平均的沙尘气溶胶排放量和浓度分别增加约 2% 和 14%，其中沙尘排放量增加主要发生在 12 月—次年 3 月（39%～124%），而其他月份呈减少趋势（1%～26%）；沙尘排放量最大值在当前气候下主要集中在 4 月和 5 月，到 21 世纪末，最大值主要发生在 3 月，即未来沙尘季将会提前；一般沙尘天气发生日数有所增加，沙尘排放临界值为 1500 mg/(m^2 · d) 的沙尘发生日数增加约 46 d，临界值为 2500 mg/(m^2 · d) 的沙尘天气增加约 27 d，但是严重沙尘天气（临界值为 5000 mg/(m^2 · d)）发生日数将由当前气候下的 97 d 减少到 88 d（图 2.36）（Zhang et al.，2016b）。

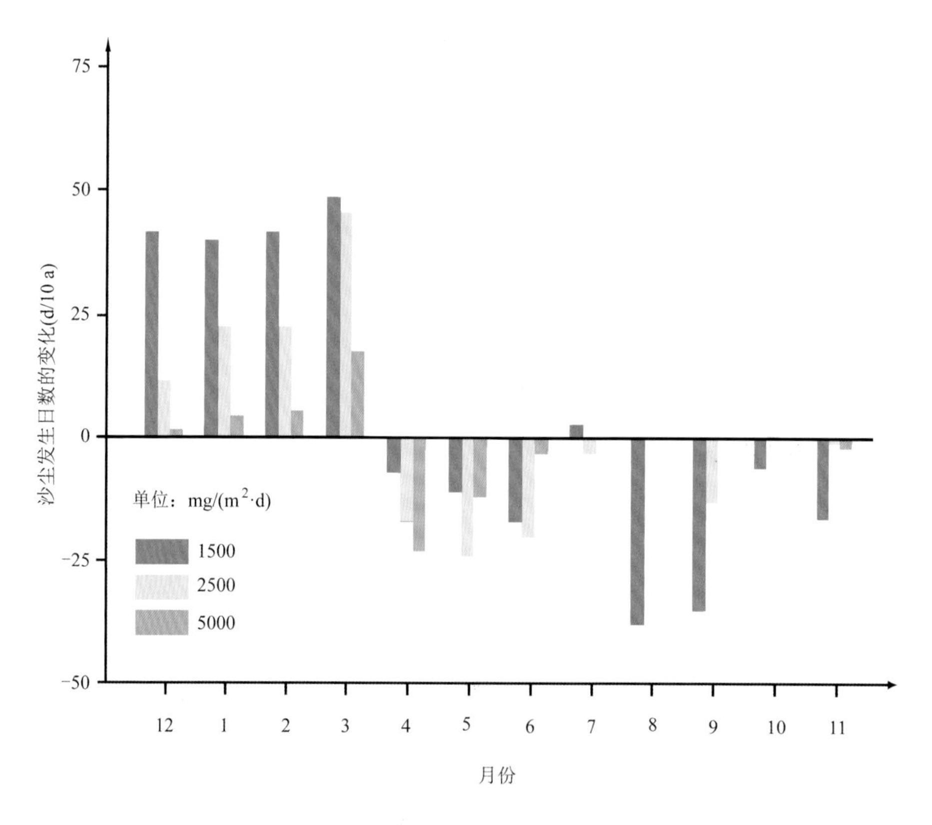

图 2.36　根据不同沙尘排放临界值定义的 21 世纪末东亚地区沙尘发生日数相对当前气候的变化（Zhang et al.，2016b）

对于中国地区，未来沙尘活动有所增加。华北南部、黄淮以及长江中下游地区沙尘光学厚度在未来百年将增加，增速为 1.5%/10 a；中国东、南部近海沙尘光学厚度也将增加，增速亦为

1.5%/10 a,而中国近海沙尘沉降通量显著增加,速度达到 1.9%/10 a(宿兴涛 等,2017)。未来青藏高原北侧沙尘活动主要取决于局地温度变化;温度增加,沙尘活动频繁,温度降低,沙尘活动减少(Liu et al.,2014a)。

2.6.4 小结

在全球持续增暖的背景下,“一带一路”区域生长季开始时间提前、长度增加。在不同排放情景下,到 21 世纪中期,不同区域生长季开始时间大致提前 4～10 d,而到 21 世纪末,生长季开始时间约提前 4～22 d;中国地区到了 21 世纪末,生长季长度将会增加 10～67 d,其中西南地区增加幅度最大,华南最小。全球增暖亦会导致未来“一带一路”区域植被带北移,欧洲中北部地区、蒙古地区、东北亚地区植被带北移特征明显,而在东南亚地区和印度半岛地区则出现草地减少趋势。干旱区呈现扩张趋势,特别是中亚、西亚和非洲北部地区,极端干旱区和干旱区都有明显增多的趋势。同时,全球变暖所导致的未来大气环流异常不利于污染物的扩散,“一带一路”区域的年弱通风日数显著增加,大气环境容量减少,使得大气污染潜势增加;中国地区亦是如此,尤其是在冬季。但沙尘天气变化区域特征显著,非洲北部地区在未来百年将呈现减少趋势,而东亚地区未来沙尘天气将会增加,且沙尘季将会提前。

2.7 总结和建议

本部分内容重点评估了 21 世纪“一带一路”区域气候和环境的未来变化趋势。主要结论如下:① “一带一路”沿线区域平均温度显著上升,增温幅度高纬度地区大于低纬度地区、高排放情景大于低排放情景;降水整体上呈增加趋势,北亚和西亚南部增幅最大;最大地面风速整体减弱。②21 世纪“一带一路”区域极端高温和极端低温均呈上升趋势,极端低温上升幅度大于极端高温;极端降水增强的区域主要在东亚、南亚和东南亚国家;“一带一路”区域东部国家的连续无降水日数整体上会减少。③21 世纪初期、中期和后期全球海平面相对现代升高约 0.11 m,0.24～0.30 m 和 0.40～0.63 m;未来西北太平洋地区热带气旋频数可能趋于减小,但强热带气旋的频数有可能增加;风暴潮水位在南亚地区普遍上升,中国东海沿岸增加明显。④未来“一带一路”区域地表径流以增加为主,但由于全球变暖导致的蒸发加强,大部分河流年平均流量呈显著下降趋势;积雪覆盖范围变小、雪深减小,雪水当量总体呈显著减小趋势;21 世纪末冰川体积平均减小 50%以上,北半球多年冻土面积减少 69%～93%;北极海冰减少,通航能力增加。⑤未来植被生长开始时间普遍提前,生长季长度增加;“一带一路”区域植被带北移,荒漠化加剧;由于弱通风日数增加,大气环境容量减少,污染潜势增加;东亚地区沙尘频次有所增加,季节提前。

尽管 21 世纪“一带一路”区域气候系统的定量变化依赖于所选取的气候模式和排放情景,但是总体来说,21 世纪“一带一路”区域升温加剧,极端天气、气候事件频发、海平面升高,台风和风暴潮危害增加,生态环境恶化。这将对“一带一路”区域的生态环境和可持续发展等带来新的压力,关乎“一带一路”倡议的顺利实施及亚投行的投资安全。因此,基于本部分研究,有如下几点建议:一方面,加强基础观测,进一步推进气候变化机理的研究，以期深入理解现代气候变化趋势，从而科学预估未来"一带一路"区域生态环境演变。另一方面，21世纪山地冰川和多年冻土可能加速消融，这直接关系"一带一路"区域工程安全和跨境水资源调配等重要问题。同时，海平面上升、台风强度增加和风暴潮危害增加，将对"一带一路"沿海地区生态环境和社会经济发展带来巨大的压力。因此，亟待加强气候变化影响的归因与适应研究。

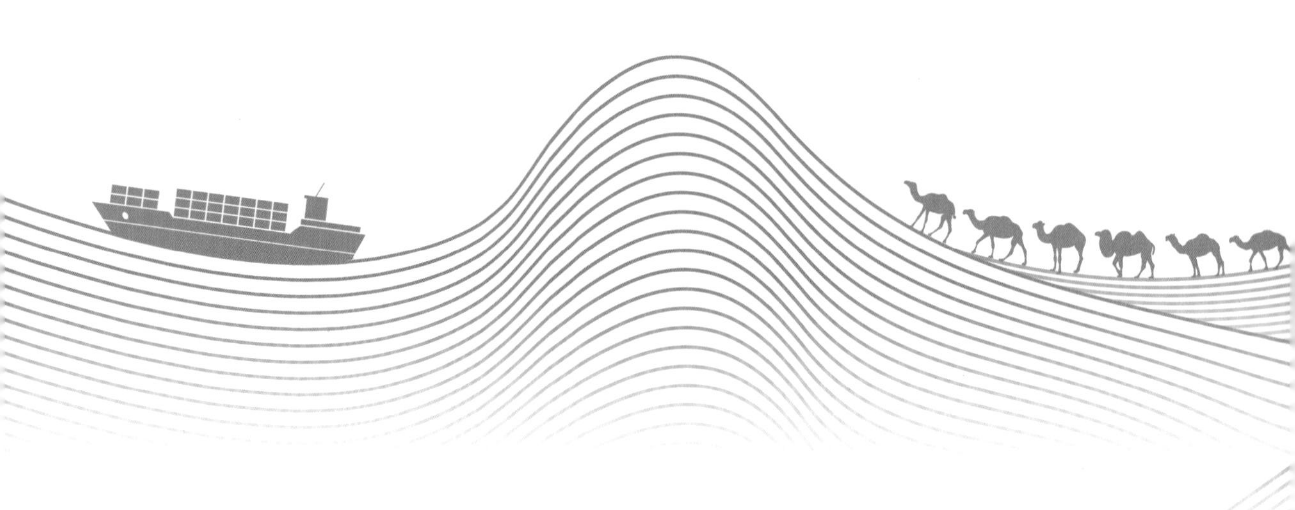

第3章

灾害风险评估

摘 要

本部分对“一带一路”区域国家或地区的气候与灾害以及未来风险进行了初步评估，明确“一带一路”区域气候变化显著，其影响已经在许多领域中显现。虽然相关的研究大多还是以局部的、区域的和专题的为主，但总体上气候变化很可能产生灾害事件，负面影响明显，未来的风险突出。在此基础上，提出在共赢开发过程中规避风险的建议。

（1）敏感领域的影响与风险

①高温与热浪：随着全球气候变暖和城市热岛效应的加剧，“一带一路”区域国家和地区高温热浪事件可能会频繁发生。中东欧、印度和中国长江中下游高温热浪发生次数较多；热浪会导致中暑、热疾病发病率与超额死亡率的增加。未来高温风险最高的地区主要分布在南亚、非洲等不发达或发展中国家和地区（RCP6.0 和 RCP8.5）；21 世纪末，94％的非洲人口和 72％的亚洲人口将会面临高热浪风险（RCP8.5），21 世纪欧洲面临高热浪风险的人口数量呈增加趋势。

②水资源与干旱：“一带一路”区域水资源分布差异巨大，未来水资源将受到气候变化的深刻影响。多数地区水资源处于紧张状态，冰川的退缩可能导致河流的消失，例如，21 世纪末，不丹昌卡（Chamkhar）河流域的冰川将严重萎缩甚至消失，印度比亚斯河流域冰川预计在 2060 年前后消失。但也有个别地区（如越南）水资源增加。大部分国家或地区处于旱灾高风险区，尤其是东亚、中亚、西亚和中欧。1998—2015 年，50°N 以南的“一带一路”区域冬季干旱主要分布在东北亚、东南亚和南亚，夏季干旱主要分布在中亚和西亚地区，干旱发生具有明显的季节周期性；15°～35°N 的中低纬度干旱化最为严重，主要地区为北非及阿拉伯半岛、伊朗高原，常年呈现显著干旱状态，而俄罗斯、哈萨克斯坦、印度半岛以及中国和蒙古两国干湿变化季节性特征明显。气候变化导致各地区出现不同水平的变暖，旱灾风险有加剧趋势，对经济和社会发展造成了严重后果。旱灾风险应对与管理措施落后。

③洪水、滑坡和泥石流灾害：洪灾高风险区主要为东亚季风区、东南亚、南亚北部、中东欧和非洲。中小型洪水发生频次渐增，极端洪水发生频次略有下降。未来气候变化情景下，东亚和中东欧局部洪水灾害风险加剧。RCP8.5 情景下，如果不采取任何措施，21 世纪末全球洪水损失可能增加 20 倍。滑坡泥石流灾害高发。重灾区主要分布在中国的长江流域以南及西南山区，东南亚的印度尼西亚、菲律宾、喜马拉雅山脉附近、印度西部沿海一带国家，中亚的高加索山脉、欧洲的巴尔干半岛还有英国、意大利、挪威等地。2007—2013 年全球共发生 5742 个滑坡事件，导致 2 万余人伤亡，其中印度占 30％以上，中国约占 20％以上。到 21 世纪中期，欧亚大陆大部分地区滑坡发生频次将增加，末期稍有减少，但喜马拉雅山附近将增加。

④冰冻圈灾害:冰冻灾害对绿洲农业、居民财产和经济社会发展造成了巨大危害。阿尔卑斯山区、高加索山以雪(冰、岩)崩为主,喀喇昆仑山、兴都库什—喜马拉雅山、念青唐古拉山以冰湖溃决洪水/泥石流为主,中亚天山则以冰/雪洪水灾害为主,中巴经济走廊则以冰川跃动灾害潜在风险为主。中巴经济走廊全线累计有240多个大型灾害点,各类地质病害路段长度占中巴公路总长的90%以上。青藏高原和蒙古高原以牧区雪灾为主,西伯利亚、青藏高原、中国东北主要以冻融灾害为主。西伯利亚远东3539 km公路中,18%由于冻土冻胀和融沉而变形,贝加尔—阿穆尔铁路变形率则为20%。在气候变暖背景下,冰冻圈加速变化,冰冻圈不稳定性增加,进而使冰冻圈事件频发,沿线冰冻圈灾害频率及其潜在风险巨大。

⑤农业生产:影响利弊共存。1980—2008年气候变化导致全球玉米减产3.8%,小麦减产5.5%;1989—2009年温度和降水的变化使欧洲玉米和甜菜分别增产0.2%和0.3%。增暖使得作物种植界线与熟制区域呈向北拓展趋势;但东南亚、南亚和西亚的小麦、玉米、水稻均呈减产趋势;中亚、中欧、东北非等地的干旱、荒漠化以及东南亚、南亚地区的洪涝等极端天气频发,产生负面影响。未来气候变化情景下,沿线国家的农业生产将受到显著影响。升温5.4 ℃情景下,2081—2090年欧洲作物产量(小麦、玉米和大豆)较1961—1990年减产10%,其中南欧减产27%,中欧减产3%~8%,北欧呈增产趋势。

⑥草地与牧业:气温上升和降水波动对草地生产力、牧草质量、畜牧业系统产生了深刻影响。近10 a,中国西北和中亚五国植被覆盖度有所降低,8%的草地变为灌丛。雪灾、风灾和旱灾等对牧草生产力、牧民生活以及牧业生产有巨大影响,伊朗61%国土为半干旱地区,受到旱灾影响,草地生产力显著降低;未来气候变化对高寒区域牧业生产具有显著的正效应,而对广阔的干旱半干旱区域牧业发展则有负效应。

⑦陆地生态系统:区域气候变化对生态系统的影响逐步显现。生态系统受气温和降水变化的联合调制,在中亚,80%地区的植被生长对降雨量变化较敏感,哈萨克斯坦北部1994年以后NPP明显下降,可能缘于降水持续减少;中亚植被NPP减少,1985—2014年中亚区域NPP总体降低了10%。未来气候变化作用下的干旱、林火、病虫害和外来物种入侵对生态系统有很大影响。

⑧海岸带:海平面上升加剧,海岸侵蚀凸显,红树林、珊瑚礁影响严重。海拔低于10 m的海岸受威胁最大。这是气候变化和人类活动共同作用的结果。越南北部的海宁、锦普等地海岸侵蚀面积约为181 hm^2和152 hm^2,红河—太平三角洲附近达322 hm^2,中部最严重侵蚀面积为446 hm^2。印度南部及东南部56%的海岸都处于侵蚀状态,而西海岸由于海港的修建造成年均1.2 m速度蚀退。在大部分排放情景(RCP4.5、RCP6.0和RCP8.5)下,沿线国家存在较高的海水入侵风险,主要分布在人口集中的滨海平原区和河口三角洲,其主要风险区分布在环渤海滨海平原、长江三角洲、北部湾地区、湄公河三角洲、恒河三角洲、波河三角洲、尼罗河三角洲、印度河口以及吕宋岛、爪哇岛等滨海地带。

⑨台风风暴潮:不仅是高发区,也是高风险区。1950—2016年间西北太平洋台风次数每年平均约为16次。风暴潮灾害的次数和强度呈现增加,风暴潮强度和时空分布与灾害损失不一定成正比关系。东海风暴潮灾害具有显著的朔望、季节和年际变化特征。与1985—2005年相比,21世纪末(2070—2090年)强台风频次的增加主要发生在西北太平洋地区,该地区强台风频次将为现代气候的2倍甚至更多。

⑩海洋环境与生态系统:海洋环境压力巨大,气候变化加深影响增加风险。中国每年赤

潮、海洋污损、溢油和生物入侵造成的直接经济损失以数千万元计;印度尼西亚、马来西亚、菲律宾和泰国的海草床也遭受严重破坏,珊瑚礁有80%趋于退化;马来西亚沙巴的沿海区域常年发生有害藻华事件。增温诱发海藻暴发,安达曼群岛海域暴发的棕囊藻藻华事件与气候变化关系显著。阿拉伯海、孟加拉湾、南海、泰国湾、苏鲁西里伯斯海和印尼海六大海洋生态系周边,海洋生态系统重建资源及增长型渔业资源比例出现了明显下降,到2014年仅为11%～24%,过度开发及衰退资源所占比例上升,2014年达到了31%～42%。在全球变暖背景下,"21世纪海上丝绸之路"沿线国家渔业资源将受到巨大冲击。在过去几十年,鱼类分布区以平均10 km/10 a的速率向极地方向移动,若海水温度持续升高,这种现象将呈现加剧态势。

(2)规避灾害风险的合作建议

"一带一路"区域国家和地区气候类型复杂多样,全球变暖背景下极端天气气候事件频发,高温热浪、干旱、暴雨洪涝、台风、暴风雪、低温严寒等天气和气候有关的灾害频繁。同时由于多数"一带一路"区域国家和地区经济欠发达,基础设施建设不足,应对气候变化能力普遍薄弱。未来随着全球气候增暖的加剧,沿线国家和地区面临的极端气候事件发生的频率和强度均将增加。因此建议联合相关国家:

①建立"一带一路"区域应对气候变化的沟通合作机制。重点信息传播、科学研究、防灾减灾决策、灾害应对动员、灾害风险管理等方面共同创建常态化的应对气候变化沟通协调机制。

②建设"一带一路"区域自然灾害联防联控预警平台。建立灾害预防跨国合作机制及灾情通报机制;政府、企业、科技人员、社会组织等防灾主体技术交流与对话;自然灾害风险和减灾救灾信息共享平台;市场化运作的巨灾风险基金,自然灾害联防联控金融合作机制。

③构建气候变化与灾害风险天-空-地-海一体化监测网络。加强"一带一路"区域国家台风、风暴潮、赤潮及养殖水环境等监测、预警预报和管理服务;合理地开放共享航空、航海及航天观测数据,实现观测的天-空-地-海全覆盖。

④倡议组建"一带一路"区域气候变化合作研究联盟。在中国科学院牵头成立的"一带一路"科技组织联盟的基础上,组建成立"一带一路"区域气候变化合作研究联盟。

⑤开展"一带一路"对外投资重点项目的灾害综合风险评估。包括基础设施建设、产业园区、海上重要支点(港口)建设、能源通道、水电站等。中巴经济走廊的公路、铁路、港口和水电站建设、印尼雅万高铁、中老铁路、斯里兰卡科伦坡港口城、汉班托塔港二期工程等重大项目的综合风险评估。

3.1 引言

"一带一路"区域横跨欧洲、亚洲及非洲东部和北部,包括了热带、副热带、干旱半干旱区、中亚干旱区等众多气候变化高敏感区。在全球变暖的背景下,"一带一路"区域高温热浪、干旱洪涝等极端天气气候事件频发、强度增强,这些变化极大地增加了"一带一路"区域的气候灾害风险。并且,"一带一路"区域所涉及的国家大多是发展中国家,经济基础薄弱,乡村人口基数大,环境风险适应能力差。气候变化灾害风险很可能严重影响区域社会和经济的发展及"一带一路"倡议的顺利实施。因此,亟须对"一带一路"区域气候变化灾害风险进行系统的评估,从科学层面提出咨询建议,为国家制定有效的防灾减灾措施,以保障给"一带一路"倡议顺利实施提供科学支撑。

3.2 “一带一路”陆域气候变化灾害风险

3.2.1 高温热浪影响与风险

受全球气候变暖和城市热岛效应的影响，高温热浪已成为“一带一路”区域夏季频繁发生的极端天气气候事件。自20世纪中叶以来，欧洲和亚洲大部分地区高温热浪发生的频率已经增加。当21世纪末的温度比工业化以前升高1.5 ℃、2.0 ℃、3.0 ℃和4.0 ℃时，中亚地区大约有15%、30%、70%和80%的陆地面积会受极端高温事件影响。此外，极端高温事件往往与干旱同时发生，严重威胁人们的生命安全、水资源安全和粮食安全等(Reyer et al., 2017)。

3.2.1.1 高温热浪对健康的影响事实

高温对人体健康的影响主要表现在中暑、热疾病发病率和超额死亡率等多方面，尤其会导致呼吸系统和心血管系统疾病的发病率和死亡率升高(Son et al., 2012; Ward et al., 2016)。欧洲地区的研究显示，当温度超过阈值1 ℃，呼吸系统疾病的入院率增加5%，在75岁以上人群中增加3%(Michelozzi et al., 2009)。2003年德国埃森市高温热浪期间，每日死亡率呈增加趋势，其中心血管疾病增加30%(Hoffmann et al., 2008)。中东欧地区年温差较大，高温灾害发生次数较多。比如2007年7月匈牙利遭受一周的高温袭击，大约有500人死于这次热浪，上千人在一周内中暑并诱导心脏病及其他疾病的突发(杨涛 等，2016)。欧洲因热浪事件导致的死亡人数较多，2003年热浪在欧洲引发了大约超过3万人的超额死亡(祁新华 等，2016)，其中法国最多，热浪期间死亡1.5万人。印度也是受热浪影响最为频繁和严重的国家之一，2002年有1200人在热浪中死亡，2015年高温天气又致印度死亡人数超过2500人。受副热带高压影响，长江中下游每年夏季都会遭遇不同程度的高温天气，在1988—2013年，多地连续遭受热浪袭击，造成数千人死亡(刘钊，2017)。

气候变暖和城市热岛效应的共同影响导致城市极端高温事件(尤其是极端暖夜)的发生频率和强度显著增加(杨续超 等，2015)，高温期间城市居民发病率和死亡率显著增加(Tan et al., 2010; Laaidi et al., 2012)。目前，全球有50%的人口居住在城市，全球城市化平均水平在2030年将达到60%，随着人口数量不断增加，未来将会有更多居住在城市的人口受到高温热浪的不利影响(蔡博峰 等，2011)。对中国华北、华东和渤海湾地区的研究均证实了城市化对极端高温事件的影响(李庆祥和黄嘉佑，2013；周雅清和任国玉，2014；Sun et al., 2014)；Gabriel和Endlicher(2011)研究发现，1994年和2006年德国夏季极端高温多发期间，柏林的异常死亡率要明显高于周边农村地区；Goggins等(2012)指出，中国香港高密度建筑群引起的热岛效应和低风速增加了市区高温期间的死亡率。

3.2.1.2 未来高温热浪对健康的影响

在RCP6.0和RCP8.5情景下，高温风险最高的地区主要分布在不发达或发展中国家，比如，印度、巴基斯坦、尼日利亚、加纳、布基纳法索、坦桑尼亚、乌干达、中国、印度尼西亚和菲律宾等(Dong et al., 2015)。2100年，分别有5%(RCP2.6)、38%(RCP6.0)和76%(RCP8.5)的全球人口将分布于高温热浪风险区域。在RCP8.5情景下，到21世纪末，94%的非洲人口和72%的亚洲人口将会面临高温热浪风险；在RCP6.0情景下，非洲和亚洲受高温热浪风险的人口数量将分别超过20亿人和0.9亿人；21世纪欧洲总人口数量减小，但面临高温热浪风险的人口数量呈增加趋势(图 3.1)(Dong et al.,2015)。

到 2100 年,印度将会遭遇严重的热浪事件,平均极端热浪天数在雨季将达到 30 d,印度德里市的热相关死亡人数最多,其次是奥利萨邦、马哈拉施特拉邦和拉贾斯坦邦(Murari et al.,2015)。2010—2039 年,马哈拉施特拉邦的热相关死亡人数在 RCP2.6、RCP4.5 和 RCP8.5 三种情景下可能超过 1970—1999 年的两倍(Murari et al.,2015)。在 RCP2.6 和 RCP4.5 情景下,中国未来总中暑人数先逐渐增加,到 2040—2050 年开始下降,到 21 世纪末,平均每年的总中暑人数分别为 0.3 万人/ a 和 0.9 万人/ a;在 RCP8.5 情景下,中国未来总中暑人数将会持续增加,2100 年达到历史最高值,接近 7 万人/ a(刘钊,2017)。

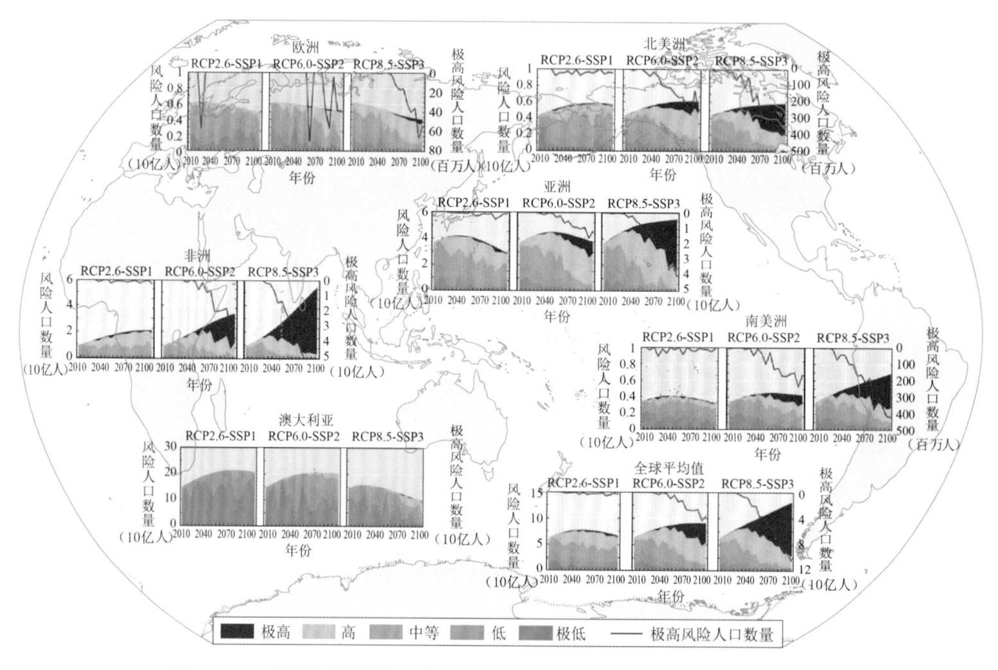

图 3.1 不同热浪健康风险等级下的人口数量(Dong et al.,2015)

3.2.1.3 小结

随着全球气候变暖,“一带一路”区域国家和地区高温热浪事件可能会频繁发生,导致中暑、热疾病发病率与超额死亡率的增加。当 21 世纪末的温度比工业化以前升高 1.5 ℃、2.0 ℃、3.0 ℃和 4 ℃时,中亚地区大约有 15%、30%、70%和 80%的陆地面积会受极端高温事件影响。高温风险最高的地区主要分布在印度、巴基斯坦、尼日利亚、加纳、布基纳法索、坦桑尼亚、乌干达、中国、印度尼西亚和菲律宾等地,欧洲面临高温热浪风险的人口数量呈增加趋势。到 2100 年,在 RCP8.5 情景下,94%的非洲人口和 72%的亚洲人口将会面临高温热浪风险;在 RCP6.0 情景下,非洲和亚洲受高温热浪风险的人口数量将分别超过 20 亿人和 0.9 亿人;在 RCP2.6 和 RCP4.5 情景下,中国平均每年的总中暑人数可能分别为 0.3 万人/ a 和 0.9 万人/ a,在 RCP8.5 情景下达到历史最高值,接近 7 万人/ a。

3.2.2 水资源和旱灾影响与风险

“一带一路”区域年平均降水量具有很强的区域性,表现为东南多、西北少的特点,其中,西伯利亚—中亚—西亚—北非一线降水最少。干旱是一种世界范围的自然灾害,长期影响各国农业生产和社会经济活动。"一带一路"区域生态环境脆弱、农业耕地集中、干旱灾害频繁(杨涛 等, 2016),其自然灾害造成的危害和经济损失十分严重。

3.2.2.1 水资源风险评估

"一带一路"区域国家跨界水资源问题突出。"一带一路"区域国家人均水资源量约为 3300 m^3,东南亚人均水资源量最为丰富,南亚、西亚和北非人均水资源量最少。"一带一路"区域入境水量占总水资源量的比例平均为 32%,其中,土库曼斯坦、孟加拉、科威特、巴林、埃及和匈牙利 6 国的入境水量占总资源量的比例高达 90%以上,跨界水问题在这一区域较为突出(水利部应对气候变化研究中心, 2017)。由于气候各异,"一带一路"国家水资源差别较大。在年际尺度上,中国、蒙俄、中亚、西亚和北非处在大陆型气候区,水资源年际变率较大。在季节上,受季风气候和冰川径流变化等因素影响,中国、蒙俄、中亚、东南亚和南亚的水资源季节变化较大,中东欧各国水资源的年际和季节变化相对缓和。

气候变化将对"一带一路"区域水资源产生重大影响。到 21 世纪末,不丹昌卡(Chamkhar)河流域的冰川将严重萎缩甚至消失,印度比亚斯河流域冰川预计在 2060 年前后消失;2010—2050 年,上述两流域的人均可利用水资源将减少,水资源短缺形势会进一步加剧(Li et al., 2016)。保加利亚西南部山区径流对气候变化敏感,未来气候变暖将使流域水量发生明显改变,2025—2085 年,最大径流提前到春季,夏季径流进一步减少;月流量和洪峰流量的变化与早期融雪和春季积雪减少有很大关系(Chang et al., 2002)。在目前气候条件下,捷克灌溉需水量将保持在每年 57.5 亿 m^3,如温度升高 2 ℃,单位面积灌溉需水量将增加 40%。到 2030 年,工业需水量相对 1993 年将增加 5%左右(Dvorak et al., 1997)。受气候变化影响,到 21 世纪末,希腊年平均、冬季和夏季径流量都将减少,与供水量有关的风险都可能增加(Baltas, 2013)。到 2080 年前后,约旦水资源可能减少 20%以上,其中,最大洪峰流量降低幅度更大,可能达到 35%~40%,气候变化将加剧约旦水资源短缺(Hammouri et al., 2015, 2017)。气候变化将可能增大越南水资源量,使水资源亏缺现状有所缓解,但可能也会加剧旱季水资源紧缺形势(van Ty et al., 2012)。

未来不同气候模式都预估气温持续升高,但对降水变化的预估存在很大差异,因此,对水资源的评估差异也较大。总的来看,未来气候变化下,"一带一路"区域国家也具有湿区更湿、干区更干的可能趋势。但由于极端事件的增多增强,即便在湿润区,旱季水资源紧缺也会进一步加剧,水资源安全风险增大。

3.2.2.2 旱灾风险评估

"一带一路"区域历史时期干旱波动增加。"一带一路"区域大部分国家或地区处于旱灾高风险区,尤其是东亚、中亚、西亚和中欧等区域(图 3.2)。旱灾一般和洪灾对应,需要建设调蓄水工程来缓解,同时还需要采取综合水资源管理规划、节水和非常规水资源利用等多种措施,才能发挥作用(左其亭 等, 2018)。

中亚以温带草原大陆性气候和温带沙漠气候为主,气候干燥酷热,水汽蒸发量大,极易形成干旱。如 2000 年 8 月—2001 年 8 月,乌兹别克斯坦持续大旱,共计 6 万余人受灾,人畜饮水困难极为凸显。中亚干旱的最直接原因是持续高温,沙漠分布广泛,日最高温度可能超过 60 ℃,加上中亚常年受到战乱影响,经济、医疗发展落后,旱灾应对措施相对落后,极易造成较大的灾害损失。

西亚由于受到副热带高压的控制,降水较少,沙漠气候广泛分布,偏北部地区为温带大陆

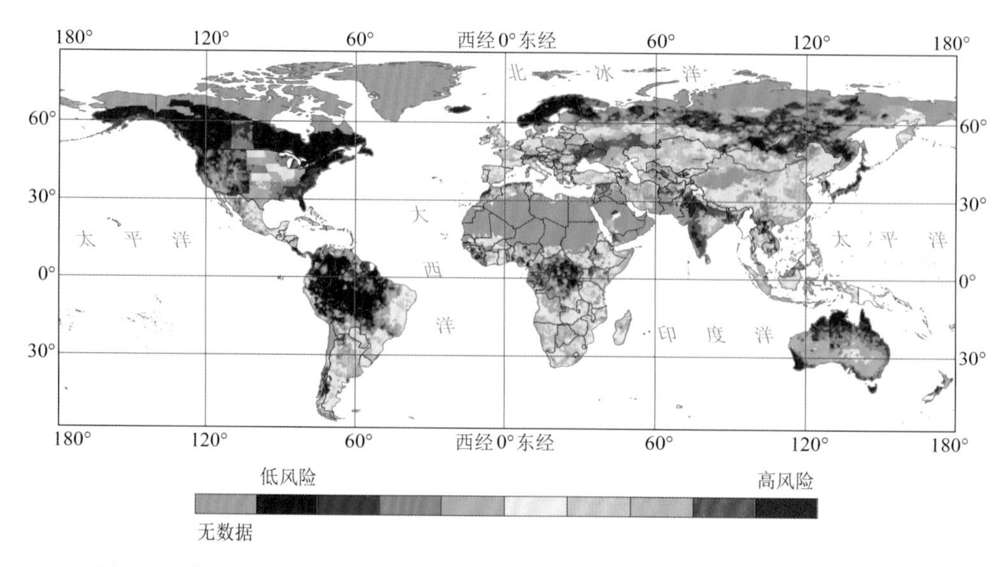

图 3.2 模拟的历史时期全球旱灾风险评价(1901—2010 年)(Carrão et al.,2016)

性气候,高温少雨,水资源的匮乏对农作物影响很大,因此灌溉对于农业生产有很大作用。西亚和中亚都表现为一种高温干旱的气候,但是由于西亚储存着丰富的石油资源,经济水平较中亚高,居民居住区基础设施建设较好,故西亚较中亚来说,对旱灾的承受能力相对更强,但非居住区的环境依然恶劣,高温和缺水仍是较普遍现象,对于经济的发展较为不利。

在 50°N 以南的"一带一路"区域,1998—2015 年冬季干旱主要分布在东北亚、东南亚和南亚,夏季的干旱主要分布在中亚和西亚,干旱具有明显的季节周期性。东北亚、西亚北非、南亚和中东欧的干旱平均水平呈现小范围的减轻趋势,中亚干旱平均水平呈现小范围的增强,东南亚的干旱平均水平变化呈现先减后增的波动特征。1998—2015 年,"一带一路"区域的干旱总面积以每年 4 万 km^2 的趋势不断减少(Bai et al.,2017)。

1901—2013 年,"一带一路"国家和地区干旱指数和面积呈波动上升,但干旱化进程缓慢,60%以上地区呈缓慢变湿,标准化降水蒸散发指数显著上升地区的面积百分比为 25%,而发生显著下降地区面积仅占 12%。中低纬度地区(15°~35°N)干旱化程度最为严重,特别是北非、阿拉伯半岛和伊朗高原,常年呈显著干旱状态,而俄罗斯、哈萨克斯坦、印度半岛、中国和蒙古干湿变化季节性特征明显(王飞 等,2017;Guo et al.,2018)。

未来气候变化将加剧丝绸之路区域的旱灾风险,并对该区域社会经济发展产生严重影响,尤其是丝绸之路核心区(中亚和中国西部)的旱灾风险受气候变化影响更加显著。与工业化前相比,21 世纪末丝绸之路核心区平均气温上升 6.5 ℃。相较于当前气候态(1986—2005 年),在 RCP2.6、RCP4.5、RCP6.0 和 RCP8.5 四种排放情景下,丝绸之路核心区到 21 世纪末将分别增温 1.5 ℃、2.9 ℃、2.6 ℃和 6.0 ℃(Zhou et al.,2018b)。增温改变了降雨、雪的形态,并使得热浪、干旱更加频繁。冰川和冰雪融化速率的增加可能会导致河川径流量大,而且短期内径流的季节性差异更大,中、长期的水资源供应量也会下降。这些变化会导致旱灾的发生,对水资源供应和农业与水电之间的水需求冲突产生负面影响。同时,旱灾可能会降低农作物产量,威胁粮食安全。即使在全球增温 2 ℃的阈值下,中亚也将受到气候变化的严重影响。

3.2.2.3 小结

"一带一路"区域水资源分布差异巨大。未来全球变暖将导致冰川大幅度退缩,区域需水量增大,大多数干旱地区国家的水资源减少,个别湿润地区(如越南)水资源增加。总体而言,气候变化将使得“一带一路”区域大多数国家水资源紧张状态加剧,水资源安全情势不容乐观。“一带一路”区域大部分国家或地区处于旱灾高风险区,尤其是东亚、中亚、西亚和中欧。历史时期干旱波动增加、分异性明显。1998—2015 年 50°N 以南“一带一路”区域的冬季干旱主要分布在东北亚、东南亚和南亚地区,夏季的干旱主要分布在中亚和西亚地区,干旱的发生具有明显的季节周期性。中低纬度地区(15°~35°N)干旱化程度最为严重,主要地区为北非、阿拉伯半岛和伊朗高原,常年呈现显著干旱状态,而俄罗斯、哈萨克斯坦、印度半岛、中国和蒙古干湿变化季节性特征明显。气候变暖背景下,旱灾风险有加剧趋势,对社会经济发展产生严重影响。当前旱灾风险应对与管理措施较为落后。

3.2.3 洪水和滑坡泥石流影响与风险

“一带一路”区域国家河流众多,地形复杂,是洪水和滑坡泥石流灾害的高发区和重灾区。近几十年,洪水和滑坡泥石流灾害呈增加趋势,对人民生活和社会经济发展产生了严重影响。由于洪水和滑坡泥石流灾害风险与环境因素和触发因素的敏感性紧密相关,使得“一带一路”区域灾害分布存在较大差异。因此,在灾害评估与防治时,应根据不同地区的特征制定不同的政策和措施。

3.2.3.1 洪水和滑坡泥石流事实及趋势

“一带一路”区域国家或地区多受洪水灾害影响,洪灾高风险区主要为东亚季风区、东南亚、南亚北部和中东欧。由于社会经济发展和政府管理水平的落后,非洲洪水灾害风险也十分严峻(方建 等, 2015)。近 40 a,“一带一路”区域中小型洪水发生频次逐渐增加,极端洪水发生频次略有下降。未来气候变化情景下,“一带一路”区域尤其是东亚和中东欧局部洪水灾害风险加剧(Milly et al. , 2002)。

滑坡泥石流发生的风险与其对环境因素(地层岩性、断裂构造、地形地貌、植被土壤、土地利用等)和触发因素(降雨、快速融雪、地震等)的敏感性有关。敏感性越高,表明滑坡泥石流发生的风险越大。在“一带一路”区域,尤其是欧亚大陆和东南亚大部分地区滑坡泥石流风险发生级别为中等及以下。风险较高或极高的区域则主要分布在:东亚的日本,蒙古高原及中国的台湾、东南沿海、西南山区、喜马拉雅山脉、昆仑山脉、祁连山脉和天山山脉等高山区;东南亚的苏门答腊岛、爪哇岛和新几内亚岛;西亚地区的伊朗高原、阿拉伯高原和阿富汗高原等地带;以及欧洲的阿尔卑斯山脉、意大利半岛和巴尔干半岛等地区(图 3.3)。

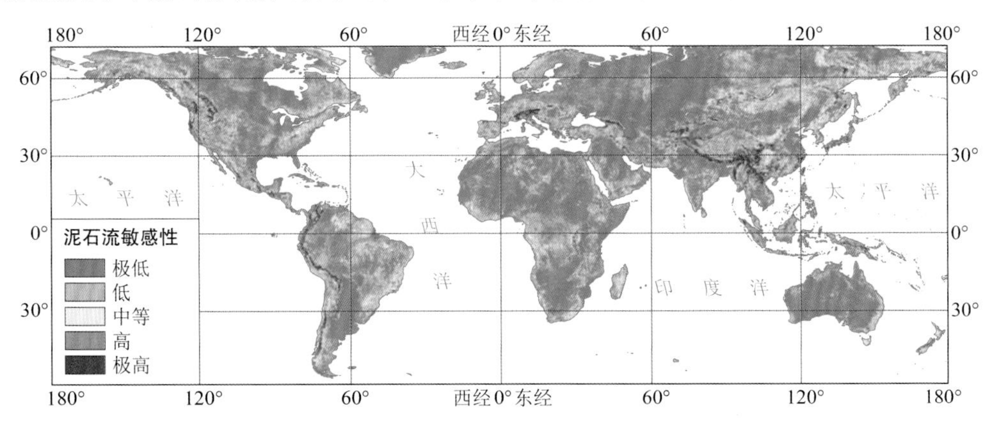

图 3.3 全球滑坡泥石流敏感性分布图(Stanley and Kirschbaum, 2017)

“一带一路”区域也是全球滑坡泥石流灾害的高发区和重灾区，同时也是造成人员伤亡的主要区域，近年造成人员伤亡的区域主要分布在中国长江流域以南和西南山区，东南亚的印度尼西亚、菲律宾、喜马拉雅山脉附近和印度西部沿海一带国家，中亚的高加索山脉，欧洲的巴尔干半岛、英国、意大利、挪威等地（图 3.4）。发生于 2007—2013 年的 5742 个滑坡事件造成了全球 2 万余人伤亡，其中印度的伤亡人数占全球伤亡人数的 30％以上，其次是中国，约占 20％以上，菲律宾、印度尼西亚和尼泊尔各占 5％左右。

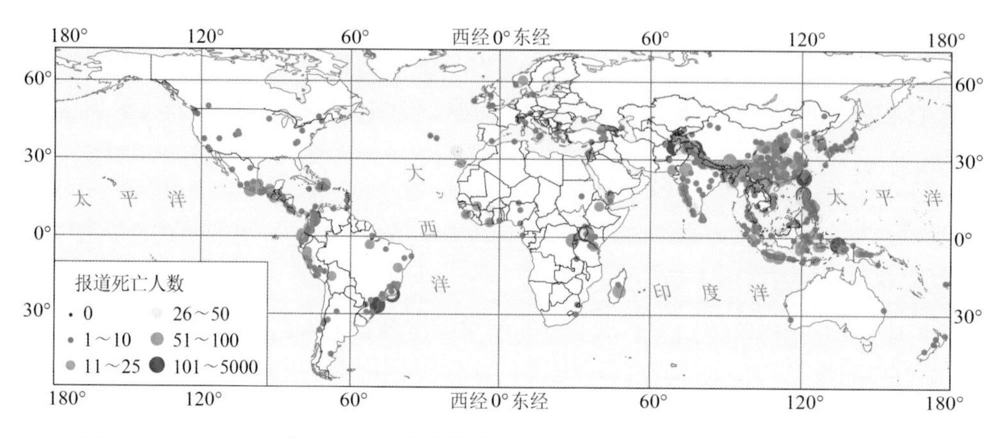

图 3.4 2007—2013 年全球有伤亡的滑坡泥石流事件分布（Kirschbaum et al.，2015）

3.2.3.2 洪水和滑坡泥石流风险评估

在 RCP8.5 情景下，如果不采取任何措施，21 世纪末全球洪水损失可能增加 20 倍。其中，“一带一路”所在区域的洪水损失将显著增加，到 21 世纪 80 年代洪水损失在湄公河流域增加 761％，在长江流域增加 331％，在印度河流域增加 363％，在欧洲莱茵河流域增加 37％，在多瑙河流域增加 31％，在非洲尼罗河流域增加 203％（如图 3.5）。

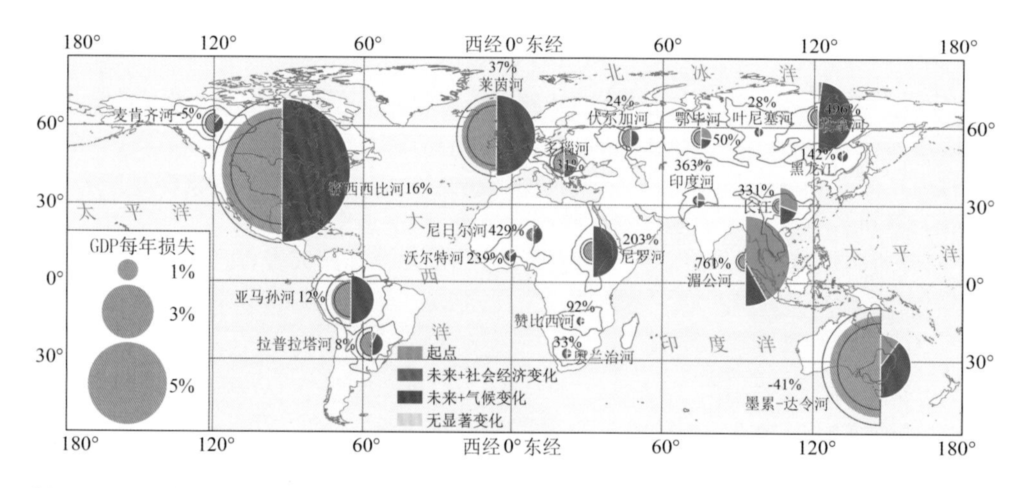

图 3.5 2080 年（相对于 2010 年）“基于化石燃料发展”的经济风险变化（Winsemius et al.，2016）
（各流域的百分比表示到 2080 年（相对于 2010 年）的洪水风险指标增加量）
（图中紫色实线为各流域范围）

在未来变暖情景下，“一带一路”区域滑坡泥石流灾害风险呈显著增加趋势，尤其是在东亚、东南亚、南亚和中亚山区的广大地区。滑坡泥石流不仅会造成房屋损坏、人员伤亡，还会摧毁道路、桥梁，对交通系统带来重大影响。因此需要针对高影响区，做好防范，制定有效的应对措施。

由于滑坡泥石流的触发因素主要包括强降水和快速融雪等，因此其变化与气候变化相联。在RCP4.5情景下，到21世纪中期，欧亚大陆大部分地区的滑坡泥石流发生频次增加，主要区域为南亚的印度，东亚的日本、朝鲜半岛、中国西南部、中国东南沿海、中国台湾省、喜马拉雅山脉附近，东南亚的缅甸、菲律宾及爪哇岛、苏门答腊岛、新几内亚岛和阿拉伯半岛最南端。其中印度北部和中国西南局部增加最为明显。欧洲南部和西亚没有呈现一致的减少或增加。到21世纪末期，欧洲南部和西亚的滑坡泥石流发生频次稍有减少，印度东部、中国华南局部和日本局部的滑坡泥石流频次稍有减少。但在喜马拉雅山脉附近、中国西南和缅甸的大部分地区，滑坡泥石流频次有增加趋势，风险较大，要注意重点加强工程建设和人员生命安全的保障工作。

3.2.3.3 小结

洪灾高风险区主要为东亚季风区、东南亚、南亚北部、中东欧和非洲。中小型洪水发生频次渐增，极端洪水发生频次略有下降。未来气候变化情景下，东亚和中东欧局部洪水灾害风险加剧。滑坡泥石流全球多有发生，但造成伤亡最严重的主要还在“一带一路”区域。2007—2013年因滑坡事件造成的全球2万余人伤亡中，印度和中国分别占30%和20%，菲律宾、印度尼西亚和尼泊尔各占5%左右。滑坡泥石流灾害高发区和重灾区主要分布在中国长江流域以南、西南山区，东南亚的印度尼西亚、菲律宾、喜马拉雅山脉附近、印度西部沿海一带国家，中亚的高加索山脉、欧洲的巴尔干半岛以及英国、意大利、挪威等地。到21世纪中期，欧亚大陆大部分地区滑坡泥石流发生频次增加，其中印度北部和中国西南局部增加最为明显，约为150%以上。

3.2.4 冰冻圈灾害影响与风险

冰冻圈是地球气候系统(大气圈、水圈、冰冻圈、生物圈和岩石圈)的主要组成部分之一，冰冻圈的组成要素包括冰川(含冰盖)、积雪、冻土、河冰、湖冰、海冰、冰架、冰山和大气圈内的冻结状水体。“一带一路”区域冰冻圈灾害分布区及其影响区与冰冻圈资源空间分布具有一定的一致性，但由于不同冰冻圈灾害成灾机理、承灾体及其孕灾环境各异，所以冰冻圈灾害分布还存在一定的空间差异特征，在灾害风险防范时应因地制宜、因灾而宜。

3.2.4.1 冰冻圈灾害类型及其成因

按冰冻圈所属地球圈层，冰冻圈灾害则可以分为陆地冰冻圈灾害、海洋冰冻圈灾害和大气冰冻圈灾害。按致灾体类别，其冰冻圈灾害类型包括冰崩、冰川跃动、冰湖溃决、冰川泥石流、冰凌/凌汛、雪灾/风吹雪/雪崩、融雪洪水、霜冻、冻融、冷冻雨雪、冰雹灾害、冻融侵蚀等。不同冰冻圈灾种拥有不同的致灾因子、影响区域和承灾体，且发生的时间规模也不一样(图3.6、表3.1)。冰冻圈灾害的形成是冰冻圈要素致灾因子、孕灾环境、承灾体及其经济社会系统脆弱性(防灾减灾能力)综合作用的结果。冰冻圈致灾因子包括冰(雪)崩、冰川跃动、海冰、冰山、冻融、暴风雪、冰暴、霜冻、低温、冰雹等。冰冻圈灾害是以上致灾因子发生导致生命和基础设施遭到损害的不期望发生的结果。其中，雪灾是冰冻圈灾害中分布最广的灾种，包括雪崩、风吹雪、暴风雪和冰冻雨雪等，各灾种相互作用、相互影响，常危及承灾区农牧业生产、区域交通等经济社会的可持续发展。冰崩、雪崩、冰湖溃决发生灾害时间短暂，预警与防范较难。冻融灾害、水资源短缺和海平面上升等一些冰冻圈灾害发生时间较长，在采取一定防灾减灾措施下，较容易应对。在中国，冰冻圈主要灾种包括冰湖溃决、冰雪洪水、冰凌灾害、牧区雪灾、雨雪冰冻、冻融等，各灾种直接影响着寒区交通、电力、水利、通信等基础设施和农林牧产业、冰雪旅游、文化景观及其人民的生命财产安全，主要影响区域包括天山、喜马拉雅山、念青唐古拉东段、喀喇昆仑山、青藏高原、黄河宁蒙山东段、西部牧区。

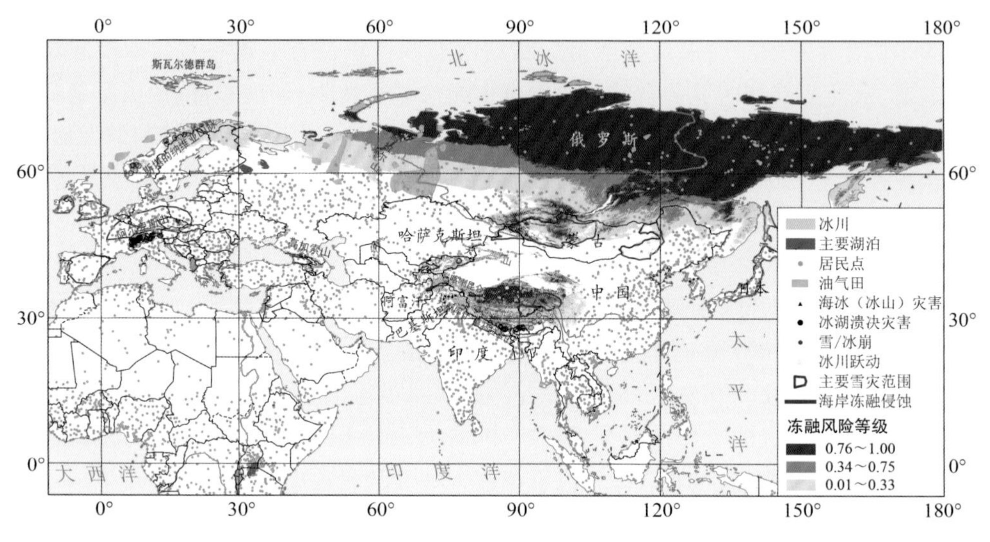

图 3.6 已有观测和记录的全球冰冻圈主要灾害空间分布（项目组绘制）

表 3.1 冰冻圈不同灾种的成因、主要影响区、承灾体类型及其时间规模（项目组汇总）

灾害类型	致灾因子	主要影响区域	主要承灾体	时间规模
雪崩灾害	大规模雪体滑动或降落	阿尔卑斯山、喜马拉雅山	高山旅游者、基础设施	min
冰崩灾害	大规模冰体滑动或降落	阿尔卑斯山、高加索山、喜马拉雅山	居民、基础设施	min
冰雹灾害	春夏季随雷阵雨出现的冰块大小	中高纬度地区	农作物、林果业、瓜蔬业	min
冰湖溃决灾害	冰崩、持续降水、管涌、地震等	喜马拉雅山	居民、公路桥梁、电站、基础设施	h
冰川泥石流	冰川崩塌、强降雨	念青唐古拉山东段	居民、公路桥梁、基础设施	h
冰川洪水	冰川融化所形成的洪水	喀喇昆仑山、天山	耕地、下游居民	d
积雪洪水	积雪融化所形成的洪水	中亚	耕地、下游居民	d
霜冻灾害	温度突然下降、地面强烈辐射散热	中高纬度地区	农作物、瓜蔬业	d
冰凌灾害	冰凌堵塞河道，壅高上游水位；解冻时，下游水位上升，形成了凌汛	黄河宁蒙山东段 、松花江	水利水电、航运	月
风吹雪	大风、积雪	天山、阿尔泰山	交通运输	d
牧区雪灾	较大范围积雪，较长积雪日数	中国、蒙古、高加索地区	农牧业和城市	d
冷冻雨雪	冬春季的低温雨雪冰冻	中国中东部	交通、电力和通信线路	d

续表

灾害类型	致灾因子	主要影响区域	主要承灾体	时间规模
冻融灾害	冻融作用	西伯利亚、青藏高原	寒区道路、输油(气)管道	a
水资源短缺	冰川水资源匮乏,供给不足	中亚干旱区	干旱区绿洲系统	10 a
海平面上升	山地冰川消融,导致海平面上升	"21 世纪海上丝绸之路"沿线岛国或沿岸	国土资源、淡水资源	100 a

3.2.4.2 冰冻圈灾害时空分布特征

"一带一路"主要冰冻圈灾害具有一定的区域特征。一般而言,冰冻圈所在区域区位闭塞,产业单一,经济落后,防灾减灾能力有限,居民对政府防灾减灾依赖程度较大。在"一带一路"区域,阿尔卑斯山区、喀喇昆仑山、兴都库什—喜马拉雅山、天山、高加索山、青藏高原、蒙古高原在内的许多山区或山地是冰冻圈灾害的频发区和重灾区(Mckillop and Clague, 2007; Shroder et al., 2015)。尽管各类冰冻圈灾害在以上区域交织发生,但一般来说某一地区以某一灾害为主导,在空间分布上呈灾害带分布(图 3.6)。

兴都库什克什米尔、帕米尔、大高加索和阿尔卑斯山一带主要受雪(冰)崩、冰川泥石流灾害影响(王世金和任贾文, 2012)。中巴经济走廊以冰川跃动和冰川泥石流灾害为主,且潜在风险巨大,严重影响道路通行和行进安全以及交通、通信、油气等基建项目的顺利开展。全线累计有 240 多个大型灾害点,各类地质病害路段长度占中巴公路总长的 90%以上。整个喜马拉雅山区以冰湖溃决、洪水、泥石流灾害为主,且往往形成跨境灾害。全球范围内,中巴经济走廊区域是冰湖溃决灾害频发区和重灾区。可以预见,在中巴经济走廊区持续增温及其地震频发背景下,形成冰湖溃决灾害的可能性很大,各方面应给予高度关注和重视(王世金 等, 2012; Wang and Zhou, 2017)。中亚天山主要受冰川洪水和融雪洪水灾害影响。近 30 a 来,中亚冰雪洪水发生频率明显增大,近期冰雪洪水灾害发生频率和影响程度呈加大趋势,给绿洲农业、居民财产和经济社会发展带来了巨大危害。

蒙古高原、青藏高原和格鲁吉亚等区域发生的主要灾害为雪灾(特别是牧区雪灾),其危害主要针对畜牧业,但有时也危及人的生命安全。新疆北部阿尔泰山、塔城和天山北坡一带多受风吹雪灾害影响,主要影响交通运输安全。俄罗斯西伯利亚、青藏高原、中国东北主要以冻融灾害为主,常危及路网、电信、输油(输气)管线、机场、居民点等基础设施建设(Nelson et al., 2002)。未来变暖将继续引起或加速冻土融化过程,对公路路面、铁路地基、桥梁、房屋建筑、输水渠道和水库坝基等带来潜在威胁,未来将有可能影响北京—莫斯科高铁、亚马尔半岛油气管道的建设问题。因此,在工程设计和维护方面如何减轻冻土融化导致的负面影响,需要认真思考和研究。在较长时间尺度上,祁连山北坡河西走廊、天山北坡经济带产业和中亚干旱区绿洲系统发展还将受冰冻圈水资源短缺的潜在影响。"21 世纪海上丝绸之路"沿线岛国或沿岸则主要受冰冻圈影响下海平面上升的威胁。

3.2.4.3 冰冻圈灾害影响

全球变暖正加剧冰冻圈灾害的强度与频率,冰冻圈的快速变化诱发了诸类冰冻圈灾害的频繁发生,并严重影响着中国—尼泊尔、中国—不丹、中国—印度、中国—巴基斯坦、中国—俄罗斯、中国—蒙古、中国—中亚国际公路沿线冰冻圈承灾区居民的生命和财产安全,也危及寒区交通运输、基础设施、重大工程、农牧业、冰雪旅游发展乃至国防安全,使冰冻圈承灾区经济社会系统遭受巨大破坏并潜伏多种威胁。因冰冻圈区地方财政薄弱，抵御灾害能力极为有限，其灾害已成为"一带一路"区域国家或地区经济社会系统持续健康发展面临的重要问题。

近 30 a 来，中亚冰雪洪水发生频率明显增大，对绿洲农业、居民财产和经济社会发展带来了巨大危害。1986 年冬季，格鲁吉亚大雪致使 80 人罹难，大约 2 万居民被迫改变了住所。1999—2003 年冬季，蒙古发生近 50 a 来最为严重雪灾；国际红十字会（2004）确定 850 万牲畜（25%）因雪灾死亡（Fernández-Giménez et al.，2012）。2002 年 9 月 20 日，俄罗斯高加索奥塞梯北部科卡（Kolka）冰川发生大规模的冰/岩崩泥石流灾害，泥石流冲向下游 12 km 的村落，估计冰体 120 亿 m^3，河谷两岸 100 m 高内的道路、通信设备及草地均被扫光，并导致下游村庄部分被埋，130 名村民罹难。2010 年 2 月 9—10 日，兴都库什海拔 3800 m 萨朗山口发生雪崩，大量雪崩体夹杂石块滚下，3.5 km 道路被阻，有 200 多辆汽车被埋，160 人死亡。2012 年 4 月 8 日，克什米尔巴基斯坦锡亚琴冰川地区遭遇近 20 a 来最大的一次雪崩，139 人全部遇难。2016 年 10 月 26 日，阿富汗北部又发生雪崩，造成 120 人死亡。青藏高原在过去的 60 多年（1951—2015 年）间发生大规模雪灾事件 238 起，雪灾致死 325 余人，累计死亡牲畜 1200 多万只（王世金和任贾文，2012；Wei et al.，2017）。

整个喜马拉雅山区严重受冰湖溃决、洪水/泥石流的影响，当前约有 8000 余个冰湖分布于此，超过 200 个冰川湖存在潜在危险。自 1930 年以来，中国有记录的冰湖溃决灾害呈增加趋势，累计发生冰湖溃决灾害超过 40 次，累计因灾死亡 715 人，冲毁大小桥梁 88 座，冲毁道路超过 185 km。气候变化导致多年冻土区活动层厚度增加、冻土厚度减薄、冻土分布下界升高、冻土温度升高和热融滑塌、热融湖塘等增加。冻土退化由于地下冰发生融化，导致地表变形，对工程构筑物的稳定性产生显著影响（吴青柏和牛富俊，2013）。由于冻融变化，西伯利亚远东公路 3539 km 路段中，18%由于冻土冻胀和融沉而变形，贝加尔—阿穆尔铁路变形率则为 20%。俄罗斯因热融灾害导致的铁路病害率在 30%左右。中国东北大小兴安岭牙林线与嫩林线工程病害均超过 30%。青藏铁路格尔木至拉萨段全长 1142 km，穿越多年冻土区长度为 632 km，其中高温高含冰量冻土区约 124 km。以热融性、冻胀性及冻融性灾害为主的次生冻融灾害对路基稳定性具有潜在危害，主要表现为路基沉陷、掩埋、侧向热侵蚀等。青藏公路路基以融化下沉类病害为主，占全部路基病害的 84%，冻胀和翻浆引起的路基破坏较少，约占 17%。现场调查发现青藏铁路±110 kV 输变线塔基的主要病害是融沉，相比青藏铁路±110 kV 输变线，刚投入运行的±4000 kV 输变线由于荷载变大，基础尺寸扩大的特点，未来运营期间融沉也将是最重要的病害。

冰冻圈低温雨雪灾害受灾范围更为广泛，受灾更为严重。例如，2008 年，中国低温雨雪冰冻灾害造成全国 19 个省（自治区、直辖市）和新疆生产建设兵团发生不同程度的灾害，因灾死亡 107 人，直接经济损失达 0.1 万亿元。2016 年 1 月 20—25 日的低温雨雪冰冻灾害主要表现为中国南方出现大范围的雨雪天气，且刷新下雪最南"底线"；1 月 22 日福建省迎来冬季第一场雪；广西南宁遭遇 40 a 一遇的雨夹雪天气；广州市区更是出现了 65 a 一遇的雨夹雪天气。与 2008 年南方雪灾相比，此次过程冷空气强度更强，但过程持续时间短，冻雨的范围和强度不如 2008 年猛烈。在全球变暖大背景下，两次过程都发生在交通、电力、煤炭等物资运输的重要通道和人口密集区，过程强度之大，影响范围之广，均属历史同期同类灾害之最。不仅如此，低温雨雪冰冻天气也会对电力、农业、林业、通信、交通运输等行业产生不同程度的危害（毛淑君和李栋梁，2015）。

3.2.4.4 小结

“一带一路”区域范围内,阿尔卑斯山区、高加索山、阿富汗以雪/冰崩为主,其发生频率远高于全球平均水平,喀喇昆仑山、兴都库什—喜马拉雅山、念青唐古拉山以冰湖溃决、洪水/泥石流为主,其冰湖溃决灾害占全球同类灾害数量的80%以上,中亚天山则以冰/雪洪水灾害为主,对中亚干旱区绿洲农业、居民财产和经济社会发展造成了巨大危害,其潜在危害巨大。中巴经济走廊地处全球冰川跃动灾害高发区,潜在风险巨大,全线累计有240多个大型灾害点,严重影响道路安全,以及交通、通信、油气等基建项目的顺利开展。青藏高原、蒙古高原及其高加索则是世界三大牧区雪灾频发区和重灾区,西伯利亚、青藏高原、中国东北主要以路网、管网和线网冻融灾害为主,其灾害发生点数量远高于其他多年冻土区。海平面上升已使“海上丝绸之路”的东南亚地区及印度洋海岸系统和低洼地区遭受越来越严重的不利影响,如土地淹没、沿海洪灾和海岸侵蚀等。在气候变暖背景下,冰冻圈加速变化,冰冻圈不稳定性增加,进而使冰冻圈事件频发,未来“一带一路”区域冰冻圈灾害频率及其潜在风险巨大,亟须统筹冰冻圈灾害风险评估与全过程管理,提出“一带一路”冰冻圈主要灾种适应性管理方案。

3.2.5 农牧业和生态影响与风险

农牧业和生态系统易受全球气候变化影响,具有较大的脆弱性。以下分别对气候变化背景下“一带一路”区域农业、牧业和生态风险进行评估。

3.2.5.1 气候变化和灾害对农业产量的影响

在全球尺度上,气候变化不利于玉米和小麦的生产。若不考虑CO_2效应,1980—2008年气候变化导致全球玉米减产3.8%,小麦减产5.5%(Lobell et al.,2012);气候变化对作物产量影响的区域差异性明显,气候变暖不利于热带和温带的小麦、玉米和水稻生产,但有利于高纬度(如中国东北和英国)的作物生产(IPCC,2014)。气候变暖背景下,东南亚、南亚和西亚的小麦、玉米和水稻均呈减产趋势(Lobell et al.,2008)。1989—2009年温度和降水的变化使欧洲小麦减产2.5%,大麦减产3.8%,玉米和甜菜分别增产0.2%和0.3%(Moore and Lobell,2015)。东欧、意大利北部和中部的小麦潜在产量每10 a下降0.4~0.9 t/hm^2,大麦潜在产量每10 a下降0.3~0.5 t/hm^2,比利时和英国的油菜籽潜在产量每10 a减少0.3~0.5 t/hm^2,马铃薯潜在产量每10 a减少0.1~0.8 t/hm^2,小麦和大麦潜在产量增加(Supit et al.,2010)。气候变暖背景下,中国一年两熟和一年三熟种植北界北移(Yang et al.,2015),中国东北地区玉米中晚熟品种的可能种植区扩大(Liu et al.,2013a,2013b)。1980—2008年,升温导致中国大部分地区小麦、玉米和大豆减产超过2.5%,例如,华北冬小麦和大豆、东北小麦和春玉米、西北玉米随着温度升高产量降低,而东北水稻产量增加5.0%~6.3%(Zhang et al.,2016d)。

未来气候变化情景下,若无适应措施,到2050年,全球春小麦将减产14%,玉米减产19%,大豆减产15%(Deryng et al.,2011)。“一带一路”区域的农业生产将受到显著影响,未来不同情景下气候变暖对“一带一路”不同国家和地区作物产量的影响如表3.2所示。气候变暖对低纬度地区农业的不利影响更为显著。南亚地区未来依然是粮食不安全的重点地区(Wu et al.,2011)。由于气候变暖、气候变率加大和病虫害影响加剧,南亚作物生产力下降;温度升高和降水减少对南亚作物生产的不利影响尤为显著,夜间平均温度每升高1 ℃,南亚水稻产量下降6%~10%(Lal,2011),升温3 ℃情景下,21世纪末南亚谷类作物单产将降低4%~

10%,升温 2 ℃和降水减少 20%情景下,南亚雨养区小麦减产将超过 10%,水稻减产有可能超过 20%(Lal, 2011)。若升温 2 ℃,到 2050 年,约旦的大麦产量较 1970—2005 年将降低 28%,降水减少 20%,将导致约旦大麦产量降低 8%(Al-Bakri et al., 2011)。

表 3.2 未来气候变化对农业的影响(项目组根据文献汇总)

地区和国家		情景	时段	作物	产量降低(%)	参考文献
中国	全国平均	A2	2011—2040 年	小麦	19	熊伟 等, 2006
			2041—2070 年	小麦	20	
			2071—2100 年	小麦	22	
		B2	2011—2040 年	小麦	10	熊伟 等, 2006
			2041—2070 年	小麦	11	
			2071—2100 年	小麦	13	
		A2	2011—2040 年	玉米	10	熊伟 等, 2006
			2041—2070 年	玉米	23	
			2071—2100 年	玉米	36	
		B2	2011—2040 年	玉米	11	熊伟 等, 2006
			2041—2070 年	玉米	15	
			2071—2100 年	玉米	27	
		A2	2011—2040 年	水稻	13	熊伟 等, 2006
			2041—2070 年	水稻	14	
			2071—2100 年	水稻	29	
		B2	2011—2040 年	水稻	5	熊伟 等, 2006
			2041—2070 年	水稻	9	
			2071—2100 年	水稻	16	
	四川盆地	RCP4.5 +不考虑 CO_2 肥效	2011—2040 年	水稻	4	Xu et al., 2017a
			2041—2070 年	水稻	8	
			2071—2099 年	水稻	14	
		RCP4.5 +考虑 CO_2 肥效	2011—2040 年	水稻	2	Xu et al., 2017a
			2040—2070 年	水稻	2	
			2071—2099 年	水稻	7	
	淮河流域	A1B	2030 年	大豆	8	Wang et al., 2013a
	辽河流域	A1B	2030 年	大豆	1	Wang et al., 2013a
南亚		升温 3 ℃	21 世纪末	谷类作物(小麦、水稻)	4~10	Lal, 2011
南亚雨养地区		升温 2 ℃ + 降水减少 20%	21 世纪末	小麦	>10	Lal, 2011
				水稻	>20	
南亚印度		A1B, A2, B1 和 B2	2040—2069 年	灌溉水稻	7	Soora et al., 2013
			2070—2099 年	灌溉水稻	10	
西亚约旦		升温 2 ℃	2050 年	大麦	28	Al-Bakri et al., 2011
		降水减少 20%	2050 年	大麦	8	

续表

地区和国家	情景	时段	作物	产量降低(%)	参考文献
欧洲	升温 3.9 ℃	2071—2100 年	小麦、玉米、大豆	2	Ciscar et al., 2011
	升温 5.4 ℃	2071—2100 年	小麦、玉米、大豆	10	
南欧	升温 3.9 ℃	2071—2100 年	小麦、玉米、大豆	12	Ciscar et al., 2011
	升温 5.4 ℃	2071—2100 年	小麦、玉米、大豆	27	
中欧	升温 3.9 ℃	2071—2100 年	小麦、玉米、大豆	<3	Ciscar et al., 2011
	升温 5.4 ℃	2071—2100 年	小麦、玉米、大豆	3～8	

在 A1B、A2、B1 和 B2 情景下，相对于 1969—1990 年，到 2040—2069 年和 2070—2099 年印度灌溉水稻产量将平均分别下降 7%和 10%，雨养水稻产量降低(<2.5%)(Soora et al., 2013)。在欧洲，气候变暖对农业产量的不利影响由北向南逐渐增大。升温 3.9 ℃情景下，2071 年气候变暖对欧洲作物产量(小麦、玉米和大豆)较 1961 年作物产量减产 2%，其中南欧减产 12%，中欧减产低于 3%；升温 5.4 ℃情景下，2071—2100 年欧洲作物产量(小麦、玉米和大豆)较 1961—1990 年减产 10%，其中南欧减产 27%，中欧减产 3%～8%，北欧呈增产趋势(Ciscar et al., 2011)。在 A2 和 B2 情景下，与 1961—1990 年相比，到 2011—2040 年、2041—2070 年和 2071—2099 年，中国小麦单产分别降低 19%和 10%、20%和 11%、22%和 13%，玉米单产分别降低 10%和 11%、23%和 15%、36%和 27%，水稻单产分别降低 13%和 5%、14%和 9%、29%和 16%(熊伟 等，2006)。在 A1B 情景下，到 2030 年，中国辽河流域大豆产量比 2010 年降低 1%，淮河流域大豆产量降低 8%(Wang et al., 2013a)。在 RCP4.5 情景下，到 2011—2040 年、2041—2070 年和 2071—2099 年，若不考虑 CO_2 肥效作用，中国四川盆地水稻平均产量比 1981—2010 年分别降低 4%、8%和 14%；考虑 CO_2 肥效，产量降低 2%、2%和 7%(Xu et al., 2017a)。CO_2 浓度增加在一定程度上减缓作物产量的下降趋势，但并不能抵消气候变化的不利影响。气候变暖和 CO_2 浓度升高对 C4 作物产量有利，在 A2 和 B2 情景下，到 2050 年，中国玉米较 2009 年增产 4%～10%(Ye et al., 2013)。未来气候变化对处于高纬度的中国东北地区玉米和水稻生产有利，在 RCP4.5 情景下，与 1976—2005 年相比，到 2010—2039 年、2040—2069 年和 2070—2099 年中国东北地区玉米产量均增加约 3%，水稻产量分别增加 7%、12%和 15%(Zhou and Wang, 2015)。随着气候变暖，高温灾害发生频率与强度增加，灾害面积明显增大(IPCC, 2014)。极端高温使作物灌浆阶段缩短，光合速率和灌浆速率降低，导致严重减产(Lobell et al., 2012)。水稻开花期若连续 6 d 最高温度达 41 ℃，能使小穗结实率下降 61%，灌浆阶段缩短 14 d(Shi et al., 2016)。在中国，水稻抽穗期白天平均气温高于 33 ℃，导致产量降低 6%～28%，灌浆初期白天平均气温高于 33 ℃，导致产量降低 4%～13%(Cao et al., 2009)。未来气候情景下，中国黄淮海平原和长江中下游高温热害频发(董思言 等，2014)，西南和华南是干旱灾害的高风险区(王莺 等，2014，2015；刘晓云 等，2015)。未来洪涝灾害主要集中于中国东南部，可能会涉及华北和东北地区(徐影 等，2014)。针对不同地区不同作物低温灾害发生频率增减趋势不同，但其发生强度均有增大趋势(吴立 等，2016)。在南亚的西部、北部和东部部分地区水稻受干旱胁迫较大。2045—2074 年，南亚极端干旱区干旱胁迫会减少 10%～50%，而中度干旱区干旱胁迫将增加 10%～50%(Li et al.,

2015b)。在伊朗水稻开花期 13 ℃低温持续 15 d,可导致产量降低 19%~29%(Ghadirnezhad and Fallah, 2014)。气候变暖加剧了农业气象灾害的发生,也导致农业有害生物种类剧增,病害和虫害发生面积扩大,危害程度加剧,导致农业生产脆弱性增加(Easterling et al., 2007; Piao et al., 2010; IPCC, 2014)。

3.2.5.2 气候变化和灾害对牧业生产的影响

草地是畜牧业的基础,"丝绸之路经济带"贯穿整个欧亚草原核心区域,主要涉及温带牧区和高寒牧区,包括温带草原、荒漠草原、高寒草甸、高寒草原等植被类型。以上区域主要发展传统的天然草地畜牧业,牧业生产结构单一,集约化程度较低,整个产业对环境资源的依赖较强,防灾减灾能力弱,极易受到气候变化和气象灾害的影响,具有较大的脆弱性。

过去气候变化和灾害对牧业生产的影响。"丝绸之路经济带"沿线是气候变化敏感区,气温逐年上升,降水呈现周期性波动,对草地生产力、牧草质量、畜牧业系统产生深刻的影响。对温带牧区而言,多数区域呈现温度升高、降水减少的暖干化趋势,从而对草地畜牧业产生负面影响。近 10 a,中国西北和中亚五国植被覆盖度有所降低,8%的草地变为灌丛,可食性牧草比例减少(Li et al., 2015b)。在中国甘南地区,近年来增温明显,但降水降低,导致干旱指数上升,牧区草场产草数量和质量下降,劣等牧草、杂草和毒草滋生,草场生产力进一步下降(张秀云 等, 2007)。气候变化引起了甘南草地退化、湿地萎缩、生物多样性损失、水土流失等一系列问题,加剧了牧民的生计脆弱性(王亚茹 等, 2016)。在哈萨克斯坦,超过 70%的国土被草原覆盖,畜牧业占农业产值的一半以上,受气候变化和不合理放牧的双重影响,60%以上的草原出现了退化现象(Lebed et al., 2012)。近 30 a,中亚草原区草地生产力总体上降低了 10%(Zhang and Ren, 2017)。

对高寒牧区而言,由于温度较低,增温显著促进了草地生产力,整体上有利于畜牧业发展。在三江源高寒牧区,近 60 a 气温上升,降水小幅增加,导致草地生产力明显提高,其中升温对其的贡献最大(周秉荣 等, 2016)。但这也可能与中国近年来实施的三江源保护工程有关,人类活动与气候变化对牧业生产存在交互影响。一项在俄罗斯寒区的研究表明,温度升高有利于牧草返青期提前,枯黄期推迟,生长季延长,有利于牧业生产,但放牧和资源开采等人类活动导致返青期推迟(Zeng et al., 2013)。在青藏高原高寒牧区,气候变化导致近 30 a 草地生产力增加了 13%(张镱锂 等, 2013)。因此在"丝绸之路经济带"沿线,气候变化对牧业生产的潜在影响不尽相同,其不仅与区域特点有关,并且与人类活动共同影响着当地牧业生产,但总体上呈现出气候变化对温带牧区以负面影响为主,对高寒牧区以正面影响为主。

随着气候变化不断加剧,"丝绸之路经济带"沿线自然灾害发生频率也呈升高态势(杨涛 等, 2016),主要包括雪灾、风灾和旱灾等,对牧草生产力、牧民生活以及牧业生产产生巨大影响。就中国而言,自然灾害造成的家畜死亡率在 5%以上,造成巨大的直接和间接经济损失(万开亮, 2008)。雪灾能阻碍家畜的采食和行动,与之相伴的低温能造成家畜掉膘、生病甚至死亡(李岚和侯扶江, 2016)。中国雪灾总体上在逐年增加,其中内蒙古、青海、新疆等草原区受灾较为严重,对当地畜牧业生产带来了巨大的冲击。以青海省为例,新中国成立以来青海牧区共发生了 30 次雪灾,严重的有 12 次,特大雪灾 6 次,造成了巨大的经济损失(颜亮东 等, 2013)。"丝绸之路经济带"沿线是典型的干旱和半干旱区,常年受到旱灾的影响。伊朗半干旱地区占全国面积的 61%,受到旱灾的影响,草地生产力显著降低(Bajgiran et al., 2009)。风灾主要以沙尘暴为主,其与连年干旱联系密切,沙尘暴常年侵袭中国西北地区,并呈现逐年增加的趋势(李岚和侯扶江, 2016)。因此,气候变化条件下,自然灾害发生频率和强度不确定性增加，加剧了“丝绸之路经济带”沿线地区牧业生产的脆弱性。

未来气候变化和灾害对牧业生产的影响。未来气候变化对“丝绸之路经济带”沿线牧业生产的影响存在较大的空间异质性。在青海三江源高寒牧区，未来 90 a 植被生产力将呈持续增加态势，有利于畜牧业发展（周秉荣 等，2016）。在青藏高原东北部，未来气候变暖情景下，牲畜抓膘期可能延长 40 余天，而掉膘期可能缩短 40 余天，这将对牧业生产极为有利（杜军 等，2015）。对整个青藏高原高寒牧区而言，在未来气候情景下 21 世纪末草地生产力将较 1961—1990 年增加 79%～134%（Gao et al.，2016），对寒区草地畜牧业将具有极大的正面作用。

在温带牧区，未来气候变化主要表现为温度升高、降水小幅降低，这将进一步增加区域性干旱，对干旱半干旱草地畜牧业发展带来巨大的冲击（Ozturk et al.，2017）。在中国西北，21 世纪末年干旱天数将长达 5 个月之久，这将严重威胁当地畜牧业生产（Liang et al.，2018）。蝗虫是草原主要害虫之一，给新疆畜牧业带来巨大的损失。在未来气候变暖情景下，蝗虫高度适生区面积将增加，并向更高海拔区域蔓延，将对当地畜牧业产生重要的影响（李培先 等，2017）。在俄罗斯，牧场青储饲料储备成本将在未来气候变暖情景下大幅降低，但由于干旱导致的年际牧草产量波动较大，因此饲料储备不足的风险仍会是影响牧业生产的关键因素（Kässi et al.，2015）。

总体而言，未来气候变化的影响存在差异性，对于高寒区域牧业生产具有显著的正效应，而对广阔的干旱半干旱区域牧业发展具有负效应。因此，对于“丝绸之路经济带”沿线牧业生产来说，在未来气候变化条件下机遇与挑战并存，区域气候风险依然严峻，充分利用气候变化红利，降低风险，有效适应是该区域亟待解决的问题。

3.2.5.3 气候变化对自然生态系统的影响

“一带一路”区域气候变化对生态系统的影响逐步显现，生态系统主要受到气温、降水和云量（影响太阳辐射）变化的限制。在中亚，80%地区的植被生长对降雨量变化较敏感，且存在滞后效应（Gessner et al.，2013）。1982—1991 年内蒙古草原北部的泰加森林植被变绿的开始日期较早，而在戈壁沙漠（40°～50°N）的东部和北部边缘则开始较晚。中亚蒙古草原植被对气候变化的季节性响应随植被特征和春季土壤水分有效性而变化，水分平衡限制决定着植被对气候变化响应的空间格局（Yu et al.，2003）。

多源卫星遥感和气象数据显示，1982—2010 年中亚地区年归一化植被指数（NDVI）总体呈缓慢增加趋势，而 1994 年以后则明显下降，尤其在哈萨克斯坦北部，这可能与过去 30 a 中亚降水的持续减少有关。中亚山区的 NDVI 值增幅最大。中亚地区年 NDVI 与年降水量成正相关关系，与气温变化存在弱负相关关系。

东喜马拉雅山地气候变化高于全球平均水平，生态系统脆弱性已经显现。在整个生态系统中，喜马拉雅山东部的大片区域可能会受到气候变化的不利影响。最脆弱的地区是布拉马普特拉谷地的整个延伸区域，包括东部喜马拉雅山脉、曼尼普尔区洛克塔湖附近的低恒河平原，尤其是从尼泊尔东南部到不丹东部的 Terai-Duar 地区（Sharma et al.，2009）。

全球气候变化对俄罗斯、蒙古和中国境内的不同生态系统具有显著影响。2000—2010 年“一带一路”区域林地面积总体下降。全球增暖导致气候灾害发生频率和范围不断扩大，造成了林地的减少（韩会庆 等，2017）。东欧、北亚和中亚拥有全世界 1/5 的森林资源，其中俄罗斯有大约 8.1 亿 hm^2 森林，差不多占该地区森林的 90%。这些地区的森林受气候变化的威胁在增加，部分森林可能由碳汇变为碳源（刘珉，2015）。

1980—2014 年，中亚植被净初级生产力总体减少，其中南疆极端干旱区的减少最为显著。

相对于1980—1984年，到1985—2014年中亚区域植被净初级生产力总体降低了10%，其中气温升高的正效应促使增加2%，而降水减少导致降低了18%(朱士华 等，2017)。

波兰北部的生态试验表明，泥炭藓生态系统对短时高温热浪具有较高的敏感性(Slowinska et al.，2013)。此外，未来热浪和干旱发生频率增加导致的野火风险增加，目前已受到水热资源条件限制的欧洲森林和草地生态系统将可能更难以适应气候变化(Pollner et al.，2008)。

3.2.5.4 小结

若无适应措施，气候变化对农业总体呈不利影响，对低纬度地区的不利影响更为显著。气候变化背景下，东南亚、南亚和西亚的小麦、玉米和水稻均呈减产趋势。未来温度升高和降水减少情景下，21世纪末南亚小麦减产超过10%，水稻减产超过20%。气候变暖使高纬度地区热量资源增加，作物种植北界北移，中国东北地区玉米等中晚熟品种的可种植区扩大，水稻产量增加5.0%～6.3%，未来升温情景下北欧作物(小麦、玉米和大豆)呈增产趋势。气候变暖加剧了农业气象灾害的发生，尤其是高温和干旱，严重制约着农业生产和发展。中国水稻抽穗期和灌浆期高温胁迫可导致减产4%～28%。南亚西部、北部和东部部分地区水稻受干旱胁迫较大，未来南亚极端干旱区干旱胁迫减少，而中度干旱区干旱胁迫将增加。

"丝绸之路经济带"涉及温带牧区和高寒牧区。与其他中高纬度地区不同，近30 a"丝绸之路经济带"温带牧区由于气候呈暖干化趋势，其草地生产力降低了10%。而在高寒牧区，草地生产力在近30 a则增加了13%。近年来，"丝绸之路经济带"自然灾害引起的家畜死亡率超过了5%。在未来气候变化情景下，高寒牧区草地生产力将显著升高，到21世纪末较1961—1990年时段将增加79%～134%，对草地畜牧业具有显著的正效应；而对广阔的温带牧区而言，未来气温有可能升高3～7 ℃，将造成持续的暖干化趋势，对依赖降水为主的温带草地畜牧业将带来进一步冲击。区域气候变化对生态系统的影响逐步显现，生态系统受到气温和降水变化的限制。未来干旱、林火、病虫害和外来物种入侵将是气候变化对生态系统的主要威胁。

3.3 "一带一路"海域气候变化灾害风险

3.3.1 海岸侵蚀和海水入侵风险

海岸侵蚀是指在风、浪、流和潮等的作用下，海洋泥沙支出大于输入，导致沉积物发生净损失的过程。海水入侵是由气候变化、海平面上升和地下水超采等综合因素诱发的主动(被动)水力动态平衡改变而引起的一种典型海岸地质灾害风险(Meier，1990；Vörösmarty et al.，2010；Ferguson and Gleeson，2012)。

3.3.1.1 海岸侵蚀对海岸工程和海岸资源的影响与风险

随着气候变化引起的海平面上升逐渐加剧，"21世纪海上丝绸之路"沿线区域海岸侵蚀问题将更加凸显。海拔低于10 m的海岸受威胁最大，其主要分布在非洲、亚洲南部及东南部(包括中国整个海岸线在内)和印度洋、大西洋中的低海拔岛屿，80%位于"21世纪海上丝绸之路"沿线。在亚洲东南部，中国海岸线由于海洋开发和海岸工程建设，自然岸线仅占三分之一，岸线68%向海上推进；22%向陆地后退。比如，过去的70 a里，福建省海岸后退约28 km^2，广东省海岸后退约123 km^2，广西壮族自治区海岸后退约28 km^2(Hou et al.，2016)。陆域河流水沙量的逐年减少、红树林和珊瑚礁的破坏及全球气候变化带来的海平面上升是主导因素。

越南海岸 20 世纪 60 年代以来，因人类活动的影响，其北部的海宁、锦普等地海岸侵蚀面积约为 181 hm^2 和 152 hm^2，而受季风影响在红河—太平三角洲附近的海岸侵蚀最高可达 322 hm^2，中部地区的砂质海岸发生侵蚀，最严重侵蚀面积为 446 hm^2（Cong et al.，2014）。柬埔寨地区覆盖海岸 23%～58%的珊瑚礁大部分死亡，严重威胁海岸稳定性（Rizvi and Singer，2011）。泰国比较严重的海岸侵蚀位于泰国湾，其海岸线的 90%处于侵蚀状态，侵蚀最严重的区域位于湄南河西部，其次是菲奇布里（Phetchburi）及华欣（Hua Hin）（Siripong，2010）。马来西亚北部的巴生港及南部的新加兰海滩的砂质海岸区是侵蚀比较严重的区域，岸线年均蚀退 3～5 m（Mohamad et al.，2014）。

亚洲南部的孟加拉国海岸除恒河—雅鲁藏布江河口区域外，都经历着快速的海岸侵蚀，其中哈蒂亚（Hatiya）岛地区最为典型，过去 20 a（1989—2009 年）中蚀退为 285 m/a，其次是恒河—雅鲁藏布江河口西部的孙德尔本斯地区，蚀退为 160 m/a，原因可能是由于河流影响及沿岸堤坝工程建设等。而亚洲西部的侵蚀主要是由于热带气旋对红树林的破坏造成的（Sarwar and Woodroffe，2013）。印度拥有世界上最大的红树林分布区，20 世纪 70 年代以来北部海滩都经历了快速的蚀退（Murali et al.，2013），过度采砂等人类活动造成南部及东南部 56%的海岸都处于侵蚀状态（Selvan et al.，2016），而西海岸由于海港的修建造成年均以 1.2 m 的速度蚀退（Naik and Kunte，2016）。而巴基斯坦的信德河口三角洲（Salik et al.，2015）、伊朗的阿曼湾内的海岸、沙特阿拉伯的东岸及红海的西岸被红树林和珊瑚礁占据。此外，沿岸的海岸活动，如海岸建筑、堤坝、采砂及航道疏浚等，也会造成海岸的严重侵蚀，主要发生在阿曼海岸、科威特、波斯湾及里海内的部分伊朗海岸（Dibajnia et al.，2012；Al-Hatrushi et al.，2014；Neelamani，2018）。

海岸侵蚀导致“21 世纪海上丝绸之路”沿线海岸的低平三角洲地区和港口码头区域洪涝灾害加剧、海岸工程破坏及沿岸红树林珊瑚礁破坏造成的生态系统恶化（图 3.7）。由于陆域河流水沙量的逐年减少、红树林和珊瑚礁的破坏及全球气候变化带来的海平面上升，导致中国福建中部泉州洛阳江附近、广东北部韩江附近和珠江口及广西的南流江及其以西的海岸区域受海岸侵蚀的风险较高（Luo et al.，2013，2015）。越南海岸线红河和湄公河三角洲海拔很低（<1 m），加之人类活动影响，其环境和生态效应十分脆弱（Boateng，2012；Takagi et al.，

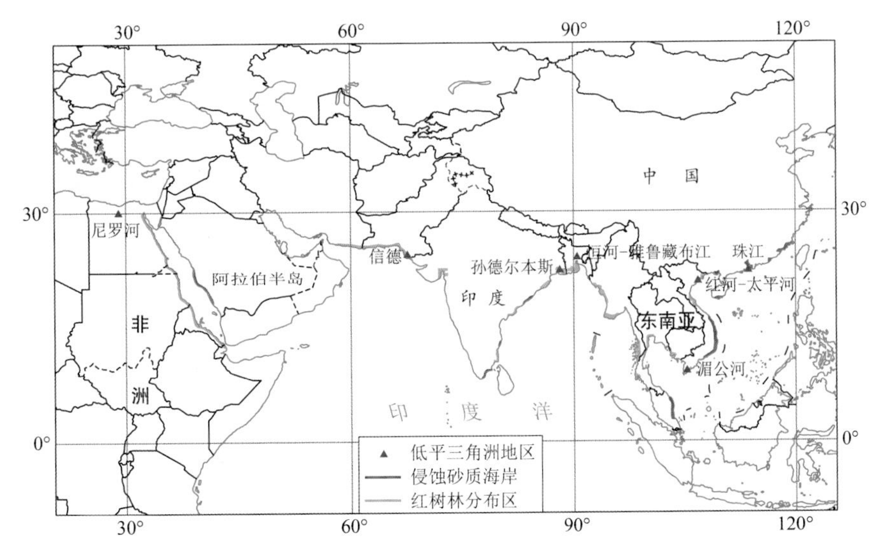

图 3.7　“21 世纪海上丝绸之路”沿线侵蚀砂质海岸、红树林和有侵蚀风险的三角洲分布（项目组绘制）

2014)。而一些海岸保护措施的修建又产生一些新的问题,加剧了海岸侵蚀(Takagi et al.,2015),旅游业、海岸建筑、海平面上升及风暴潮等面临严重的海岸侵蚀风险(Takagi et al.,2014)。柬埔寨、缅甸海岸多为红树林、珊瑚礁和海草床等生物海岸,海岸侵蚀造成红树林破坏,珊瑚礁大量死亡(Rizvi and Singer, 2011; Zöckler et al., 2013)。而孟加拉国海岸带由于恒河—雅鲁藏布江的泥沙卸载而使海岸线快速淤长,但同时也使得该区域成为应对海平面上升和气候变化最脆弱的低平地区。

印度海岸的红树林、珊瑚礁、海草床、盐沼、沙丘、河口和泻湖等遭受海岸侵蚀的风险极高。巴基斯坦的马克兰/俾路支斯坦海岸属于干旱贫瘠的海岸,信德省海岸的盖蒂本德尔处于河口区域,二者缺乏有效的防护措施,受气候变化威胁较大(Salik et al., 2015)。印度西北部的申达本(Sundarban)地区由于海拔较低(0~20 m),是受海平面上升威胁较大的区域(Pramanik,2015)。过去 30 a 的快速发展使得阿曼海和波斯湾内的伊朗海岸线面临许多问题。布什尔省的阿萨卢耶地区建立了许多大港,破坏了近岸大量的珊瑚礁,而阿曼海海岸线由于干旱少雨处于未开发阶段,被许多红树林和少量的珊瑚礁占据(Dibajnia et al., 2012)。沙特阿拉伯的东岸为红树林和珊瑚礁,西岸为红海沿岸南部的砂质海岸,受海平面上升和气候变化影响较大。

3.3.1.2 海水入侵对水文地质环境的影响与风险

在大部分排放情景(RCP4.5、RCP6.0 和 RCP8.5)下地表温度在 21 世纪都呈上升趋势,全球平均海平面将不断上升(IPCC, 2014),给滨海浅水层带来的海水入侵风险急剧增加(Vörösmarty,2000;Vörösmarty et al., 2010; Masterson and Garabedian, 2007; Nicholls and Cazenave, 2010; Ferguson and Gleeson, 2012)。"21 世纪海上丝绸之路"沿线国家存在较高的海水入侵风险,主要分布在人口集中分布的滨海平原区和河口三角洲,其主要风险区分布在环渤海滨海平原、长江三角洲、北部湾地区、湄公河三角洲、恒河三角洲、波河三角洲、尼罗河三角洲、印度河口以及吕宋岛、爪哇岛等滨海地带(Nicholls and Cazenave, 2010; Trung and Tri, 2014)。在气候变化背景下,海水入侵对"21 世纪海上丝绸之路"沿线国家有重要的影响,受强厄尔尼诺作用,2016 年湄公河的特大干旱使地下水位下降,诱发海水入侵比往年提前了 2 个月,盐水入侵三角洲主河道 40~93 km。在海平面上升 25~30 cm 的预估情景下,盐度大于 4 g/L 的咸水将上溯侵入 50~60 km 的河流,并对 3 万 hm^2 的农业面积造成影响(Vu et al., 2018)。另外,恒河三角洲也面临较高的海水入侵风险,使得河水和地下水水质变差,许多低平地区农作物已无法种植(Islam et al., 2016;Hagenlocher et al., 2018)。

海水入侵含水层的强度和范围与多种因素(降水补充、海岸地形、地下水抽取等)动态相关(Ferguson and Gleeson, 2012),可以诱发沿海地区滨海含水层盐度上升、含水层动态平衡改变,盐水沿河道入侵内陆等水文地质问题。在气候变化背景下,20 cm 的海平面上升导致旱季河流期间减少 15%的流量,并显示盐水入侵将深入内陆(Dat et al., 2011)。另外,受"盐度泵"效应的影响,许多沿海海洋环境受到高度污染,有毒有机化学品从海水转移到淡水沿海含水层。

3.3.1.3 海水入侵对滨海生态和社会生活的影响与风险

旱季海水在河口的上溯会导致河流下游生物地球化学过程发生明显变化,并导致海水物种向内陆水体的入侵和水体生物多样性的改变(Duc et al., 2012)。盐水入侵可能改变滨海湿地系统硫酸盐循环,减少甲烷产量并抑制甲烷排放(Dise and Verry, 2001)。海水入侵会影响沉积物的理化性质,改变微生物群落结构,将引起土地资源退化、农业结构改变和粮食减产、生态结构变化,进而影响滨海地带社会经济发展和食品安全。以越南湄公河三角洲为例,由于缺少充足的河网系统和管理不当,咸水进一步向稻田输送,沿海省份对虾养殖户因各种病害而遭受前所未有的损失。早在2013年初,越南槟椥省大约有0.2万 hm^2 的水稻受到盐水入侵的影响,并导致6.3万户居民缺乏淡水供给。在气候变化背景下,干旱和洪水等极端气候事件诱发的海水入侵风险将极大增加滨海生态系统和许多人类系统对当前气候变化的脆弱性和暴露度,包括生态系统的改变、粮食生产和水供应安全、基础设施和居民点的破坏、人体健康状况下降等。

由于人口和经济增长、污染造成水质恶化、城市化造成的入渗能力下降、河流流量减少和气候变化,滨海城市地下水污染问题日益突出(Post, 2005),海水入侵已经给沿海城市的经济建设与社会发展带来严重危害。滨海地区的集约化、城市化趋势与浅层地下水入侵有明显的负向反馈(Onodera et al., 2008)。雅加达和曼谷的研究个例表明,河口三角洲集约化大城市的发展会加剧诱发海水和浅层地下水的侵入。而这种海水入侵的结果又反过来抑制了城市化规模的发展。准确划分海水入侵的范围,超前预报海水入侵动态发展,在海水入侵条件下对沿海地区地下水污染风险进行评估具有重要意义,可以为当地水资源的规划和管理提供决策支持。

3.3.1.4 小结

"21世纪海上丝绸之路"沿线的红树林(约占全球总量的15%)、珊瑚礁海岸(约占全球总量的21%)和砂质海岸区海岸侵蚀严重,是气候变化和海平面上升以及各地区的海岸建筑设施、红树林的破坏(区域最大年均减少2.7%,最小0.3%,与全球平均的每年1%~2%相当)、珊瑚礁的破坏(最严重区域80%,全球平均减少量约58%)、海岸资源过度开采和旅游业开发等人类活动叠加作用的结果。海岸侵蚀导致沿线港口、码头、旅游设施、红树林和珊瑚礁等区域洪涝灾害加剧、海岸工程破坏和沿岸生态系统恶化。沿线低平的三角洲地区(包含7个大河三角洲)、干旱贫瘠的海岸和缺乏防护措施的河口区域将面临海平面上升带来的严重洪涝威胁。

海水入侵是"21世纪海上丝绸之路"沿线国家低平泛三角洲地区面临的一项典型海洋地质灾害,在中国渤海平原和南亚河口三角洲等地区尤为严重。在气候变化和海平面上升驱动下,极端灾害诱发的海水入侵强度呈进一步加剧趋势,对滨海三角洲平原农业结构、生态安全和居民生活造成严重影响,是影响"21世纪海上丝绸之路"沿线社会发展水平和城市化进程的一项约束因素。

3.3.2 台风和风暴潮风险

台风和风暴潮对"21世纪海上丝绸之路"沿海环境、生态和经济社会具有重要影响,评估它们的变化趋势和风险对"一带一路"倡议的实施具有至关重要的意义。以下分别就台风和风暴潮进行评估。

3.3.2.1 台风变化趋势及风险

"一带一路"区域不仅是台风的高发区,也是高风险区。"21世纪海上丝绸之路"涉及的西北太平洋是全球热带气旋活动最频繁的海域,登陆台风给其相邻的大陆地区带来严重的经济损失和人员伤亡；虽然北印度洋的台风活动远弱于西北太平洋，但对南亚等地的影响十分严重，在孟加拉国和印度，因台风导致的死亡人数占全球的86%；自1970年以来，亚洲地区因为台风死亡的人数超过50万(WMO，2014)。

由于缺乏长期可靠的观测数据，过去几十年全球台风频次和强度虽然存在显著的年际和年代际变化，但长期趋势并不明显。未来，气候变化对台风频次和强度的影响存在较强的区域差异(IPCC，2013)。对于"一带一路"倡议所涉及的西北太平洋和北印度洋区域来说，IPCC AR5之后的研究结论比较一致，认为在中等排放情景(RCP4.5)下及高排放情景(RCP8.5)下，台风总频次趋于减少或基本不变；西北太平洋地区强台风频次增加，台风强度及台风降水增强；北印度洋地区强台风频次和强度无明显变化趋势，台风降水增强。值得注意的是Bacmeister等(2018)的研究指出，与1985—2005年相比，21世纪末(2070—2090年)强台风频次的增加主要发生在西北太平洋地区(图3.8)，这一地区强台风频次将为现代气候的2倍甚至更多。

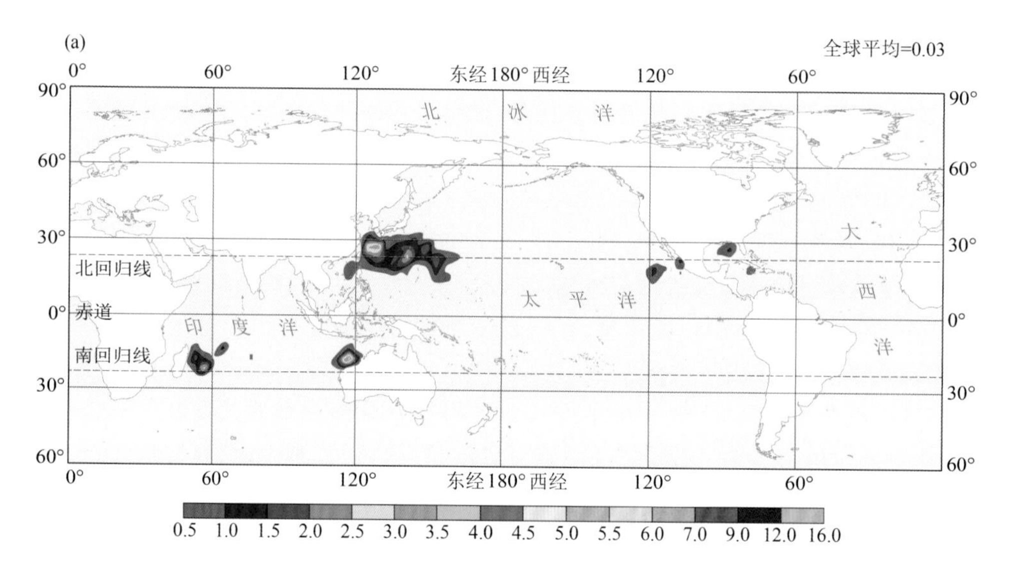

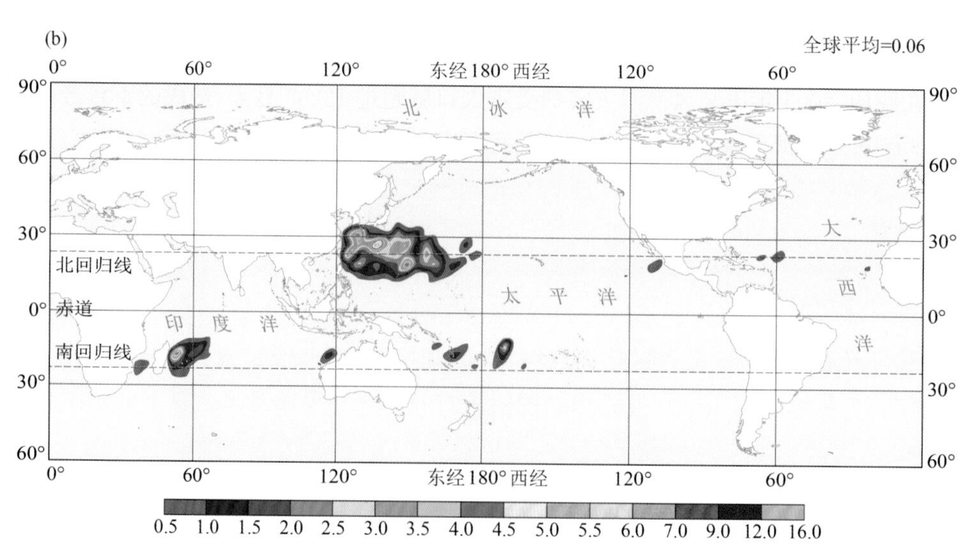

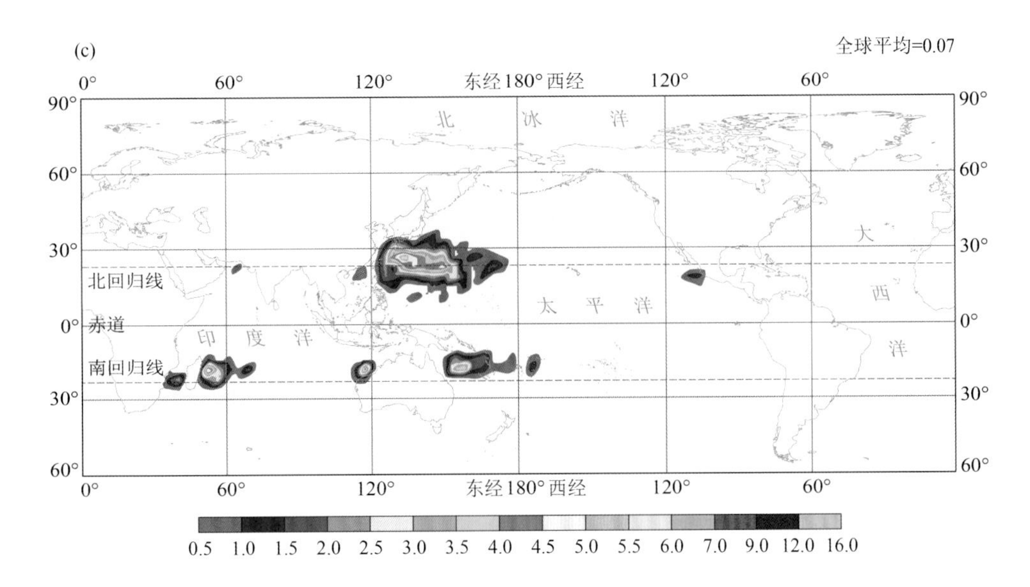

图 3.8　强台风的轨迹密度分布(Bacmeister et al.，2018)

(a)1985—2005 年的平均状态；(b)RCP4.5 情景下 2070—2090 年的平均状态；

(c)RCP8.5 情景下 2070—2090 年的平均状态

未来气候变暖情景下，强台风频次的增加及强度的增强，将增加亚洲地区，特别是河口三角洲及沿海城市的洪涝、基础设施损坏和人员伤亡的风险。同时，台风带来的强降水将增加山区发生山洪和泥石流的风险；台风引起的高海浪和风暴潮，将加剧海岸线侵蚀和沿海土壤盐化，影响淡水供应，进而影响沿海地区生态环境、粮食和水安全(Terry and Chui，2012)。对于海洋来说，强台风也将加剧珊瑚礁的退化，对海洋生态环境和物种多样性产生不利影响(De'ath et al.，2012)；同时也将加剧对海上活动的影响，如航运、海洋油气矿产资源开采、近海养殖、远洋捕捞等海上作业的安全风险加重。

3.3.2.2　风暴潮变化趋势及风险

风暴潮灾害居海洋灾害之首位，世界上绝大多数因强风暴引起的特大海岸灾害都是由风暴潮造成的。“21 世纪海上丝绸之路”沿线的西北太平洋和北印度洋沿岸是受风暴潮危害严重的区域。仅在我国，2005 年以来风暴潮灾害的受灾人口就超过 13265 万人，造成的直接经济损失高达 1614 亿元，占全部海洋灾害的 90%以上，是我国水文气象灾害中最严重的海洋灾害(图 3.9)。

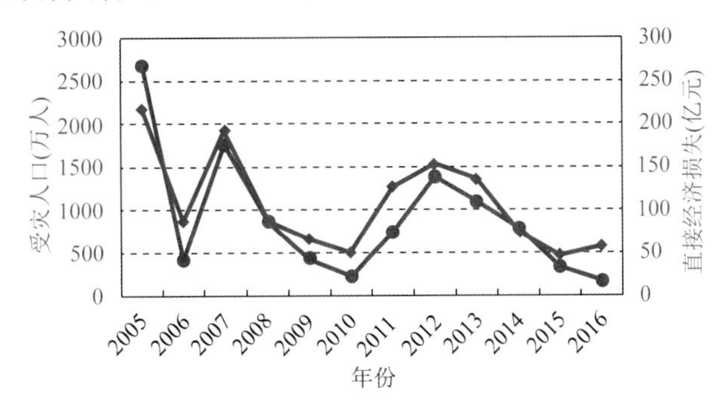

图 3.9　2005—2017 年我国风暴潮灾害造成的影响(红色实线表示受灾人口，蓝色实线表示直接经济损失，数据来自国家海洋局发布的中国海洋灾害公报)(项目组绘制)

气候变暖情景下,北印度洋和西北太平洋海域风暴潮影响将加剧。一方面,虽然上述海域的台风总频次减少或不变,但强台风的频次有显著上升趋势(IPCC, 2013),因此,风暴潮灾害极端事件发生的可能性在加大。另一方面,未来海平面的上升会导致基准潮位、设计水位标准的提升,这也会导致沿岸潮位的上升,加剧沿岸风暴潮的危险性,沿海风暴潮灾害风险有增强趋势,是沿岸地区社会经济发展的一大制约因素。

3.3.2.3 小结

"21世纪海上丝绸之路"沿线受到强台风和风暴潮灾害的影响加剧。未来气候变化情景下,西北太平洋和北印度洋海域的台风总频次呈下降趋势或基本不变,但强台风的频次显著增加。最新研究指出21世纪末西北太平洋地区强台风频次将为现代的2倍甚至更多,将极大地增加沿线区域强风、暴雨、风暴潮及次生灾害的风险,加剧沿海地区的海岸侵蚀、生态退化等现状,严重威胁沿线地区人民生命、财产安全和社会经济发展。

3.3.3 海洋生态与环境风险

"21世纪海上丝绸之路"涉及32个国家,约40亿人口,生产总值约16万亿美元,是一个人口众多、区域广阔的沿海经济带(陈万灵和何传添, 2014)。渔业资源及渔业活动在"21世纪海上丝绸之路"沿线国家社会经济发展中发挥着重要作用。渔业通过直接捕捞、加工和配套服务的方式产生产值,从而支持各国福祉。此外,海水养殖业是"21世纪海上丝绸之路"沿线国家促进经济发展、改善国民营养膳食结构的重要产业。随着人们对海洋经济重视程度的不断加大,沿海经济发展迅猛、陆地持续扩张、船舶压舱水循环使用率不断攀升。这些人为活动不仅改变了原有的海域环境,也间接地引发了多种海洋生态灾害问题。

3.3.3.1 气候变化对"21世纪海上丝绸之路"国家海洋生态的影响与风险

中国是海洋大国,近年来面临着严峻的海洋生态灾害。以浙江省为例,该省作为海洋经济大省,是"21世纪海上丝绸之路"的排头兵,也是海洋灾害最严重的省份之一,仅海洋生态灾害就有赤潮、海洋污损、溢油和生物入侵4种,每年造成的直接经济损失以数千万元计(赵聪蛟等, 2012)。浙江海域的溢油灾害主要发生在舟山—宁波海域。自2000年以来,浙江海域发生的溢油(含危险化学品泄漏)事件累计51次,累计污染面积超过310 km^2,直接经济损失累计超过4000万元,溢油(含危险化学品泄漏)量累计超过2500 t(赵聪蛟 等, 2012)。此外,浙江沿海普遍分布着入侵生物互花米草。互花米草具有极强的入侵性,对芦苇、滩涂底栖生物、养殖生物和红树林的生长具有很大的负面影响(赵月琴和卢剑波, 2007)。

近年来,"21世纪海上丝绸之路"沿线均或多或少地受到了海洋生态灾害的影响。除了在福建建设"21世纪海上丝绸之路"核心区,东南亚亦是重要区域,具有基础性作用和示范性效应(许利平, 2015)。南海的发展受到海洋良性生态系统缺位的制约。一方面,南海的生物多样性面临着严峻的现实威胁。南海70%的红树林已经消失;印度尼西亚、马来西亚、菲律宾和泰国的海草床也遭受着严重破坏;具有维系生物多样性价值的珊瑚礁有80%趋于退化;有益于生态平衡的湿地等也在大范围消失(邓颖颖, 2016)。单一优势种形成的有害藻华现象在多个国家屡有报道。马来西亚沙巴的沿海区域常年发生有害藻华事件(Adam et al., 2011)。2002年,越南的东南沿海暴发大规模球形棕囊藻藻华,对水产养殖及野生捕鱼业构成严重影响(Tang et al., 2004)。新加坡也受到大规模有害藻华的影响,仅2009年12月暴发的有害藻华就造成约20万条养殖鱼类的死亡,2014年2月的有害藻华则造成了上百万的渔业经济损失，2015年2月暴发的有害藻华导致约600 t鱼死亡，给新加坡沿海养殖户造成巨大经济损失(Lim and Leong, 2015)。有害藻华事件在印度频发；1999—2009年印度沿海暴发藻华101次，藻华暴发频次相比20世纪50年代激增(D'Silva et al., 2012)。暴发于阿拉伯海的甲藻藻华，通过产生毒素对海洋生物及人类健康构成了严重威胁(Singh et al., 2014)。另一方面，南海海洋生物资源正被过度开采，自1987年之后，在南海全海域大部分传统的小型远洋捕鱼量已经逼近最大开采量，大范围破坏性的渔业实践正加剧海洋栖息地的退化和高级鱼类的浪费。

在气候变化背景下，由海上经济贸易等人类活动诱发的海洋生态灾害现象会持续发生，并且部分灾害存在明显的加剧态势。其中，陆地和海水温度升高，降水量有明显的时空变化，海岸线受到腐蚀，干旱和洪水等极端事件频发，对人类活动和近海养殖业构成了显著影响(Nema et al., 2012)。与此同时，气候变化也导致了海洋生态灾害现象的日趋严重。例如，印度沿海藻华常常受到上升流季节性变化和季风导致的径流输入的影响(D'Silva et al., 2012)；安达曼群岛海域暴发的棕囊藻藻华事件与气候变化关系显著(Sachithanandam et al., 2013)；1990—2010年，阿拉伯海暴发的甲藻藻华优势类群受到气候变化的影响而发生了显著改变；1998—2010年，新加坡近海海域观测到强厄尔尼诺现象，同一时期伴随着大规模的共生鞭毛藻藻华。

3.3.3.2 气候变化对“21世纪海上丝绸之路”国家渔业资源的影响与风险

近几十年，“21世纪海上丝绸之路”沿线渔业资源状况总体堪忧。随着渔船设备的不断更新及渔业捕捞技术的发展，渔业捕捞压力迅速增加，其中以亚洲最为显著(Anticamara et al., 2011)。“21世纪海上丝绸之路”沿线主要集中在阿拉伯海、孟加拉湾、南海、泰国湾、苏鲁西里伯斯海和印尼海六大海洋生态系周边，海洋生态系统重建资源及增长型渔业资源比例出现了明显下降，到2014年仅占11%～24%，而与此同时，过度开发及衰退资源所占比例上升，到2014年，其在六大海洋生态系中所占比例达到了31%～42%(http://www.seaaroundus.org/)。

渔场的分布和变化直接受到生态系统中水文状况的限制，其中，水温是渔业生物最为敏感的要素之一。鱼类生长和繁殖等身体机能在某个温度范围内是最优的，当其生活区域的温度高于或低于其最优温度范围时，鱼类的身体机能将会受到影响，当温度超过其温度容差极限时，鱼类的身体功能将停止，生存受损。另一方面，温度也会通过影响鱼类的物候、分布、捕食压力及食物可利用性来间接影响鱼类生存。Belkin(2009)研究了在全球变暖趋势下各大海洋生态系的区域表层水温变动情况，1957—2006年，受气候变暖影响，“21世纪海上丝绸之路”沿线所处的六个大海洋生态系区域海水表层水温均呈现上升趋势，其中以南海大海洋生态系升温最为明显。随着海水温度升高，海洋鱼类会作出相应的响应(Piccolo, 2012)，例如，通过改变自己的分布区域以使得自身栖息在温度适宜的海域。

在全球变暖背景下，“21世纪海上丝绸之路”沿线国家渔业资源将受到巨大冲击。观测及理论结果均证实，海洋鱼类经常通过改变分布区以对海洋温度变化做出响应，在海洋变暖的情况下，鱼类分布区通常会向着高纬度海域(Perry, 2005; Hiddink and Hofstede, 2008; Poloczanska et al., 2013)和深海区转移(Dulvy et al., 2008)。在过去几十年，鱼类正以平均每10 a数十千米的速率向极地方向移动(Poloczanska et al., 2013)，若海水温度持续升高，这种现象将呈现加剧态势。对于温带气候区，局部冷水种鱼类的消失可能因新暖水种鱼类的进入而得到补偿，但大多数“21世纪海上丝绸之路”沿线所处的热带区域可能会因种群热带化程度达到饱和而面临物种丰富度的下降(Laffoley and Baxter, 2016)。对超过800种的已开发鱼类及无脊椎动物分布的研究表明,在较高温室气体排放情景下,它们的分布区域会以每10 a数十到数百千米的速度向极地方向移动(Jones and Cheung, 2015),这种鱼类分布区的改变通过地区物种入侵(分布于新区域)及灭绝(从原分布区消失),导致大尺度物种丰富度变化,区域物种入侵多发生在高纬度区域,而灭绝多集中在赤道,这种鱼类分布区的变动会导致局部鱼类群落的改变(Molinos et al., 2016)。与2005年相比,到2055年热带区域最大潜在渔获量将下降40%,其中"21世纪海上丝绸之路"沿线的印尼和中国位于最大潜在渔获量下降最明显的国家之列(Cheung et al., 2010)。相应地,相关区域的渔业收入也会受到明显影响(Lam et al., 2016)。

缓解气候变化对海洋鱼类影响的最直接的方法就是减少温室气体的排放。海洋鱼类从多个方面对海洋变暖做出了响应,这些响应连同其他已有的人类活动产生的压力一起,共同威胁着海洋鱼类的保护。根据巴黎协议,将全球变暖趋势控制在1.5 ℃范围以内,将降低21世纪预期的气候变化对海洋鱼类的影响。然而,气候变化将在接下来的几十年中继续发生,我们需要减少由此产生的海洋鱼类保护风险,气候风险减少措施包括减少其他非气候人类压力因素,持续监测海洋鱼类对变化海洋的响应,并允许现有的保护措施适应这些响应。

3.3.3.3 气候变化对"21世纪海上丝绸之路"国家海水养殖的影响与风险

东南亚、南亚、南太平洋等沿线处于气候变化的主要影响区,对其海水养殖活动的正常进行影响巨大。近年来,这些区域台风和暴雨等自然灾害频发,严重影响了沿岸网箱和筏架等海水养殖设施的安全和稳固以及生物生存环境,继而对鱼类养殖、贝藻类养殖产生影响(苏小平和黄富友, 2008)。高温和低氧生态灾害造成海洋养殖生物大面积死亡现象时有发生。此外,赤潮灾害已成为威胁海水养殖业发展的重要因素,赤潮毒素对养殖生物可造成灾难性影响,且水体持续低氧状态可造成养殖生物大规模死亡(杨宇峰 等, 2004),极大制约了"21世纪海上丝绸之路"沿线海洋牧场建设和区域海水养殖产业的持续健康发展。

台风和暴雨等极端事件对沿线海水养殖活动破坏严重。在气候变暖背景下,极端天气气候灾害明显增多,对社会经济发展的影响日益加剧(秦大河 等, 2005)。在极端天气气候事件中,热带气旋造成的灾害损失非常严重(殷洁 等, 2013)。台风是一种发生在热带或副热带海洋上的气旋性涡旋,常通过狂风、暴雨和风暴潮致灾,具有发生频率高、影响范围广、破坏强度大等特点,是人类面临的最严重的环境问题之一(牛海燕 等, 2011)。"21世纪海上丝绸之路"沿线毗邻海洋,且半数以上国家地处热带,因而海水养殖业受台风灾害影响破坏的风险较高。目前,海水养殖的主要方式有筏式养殖、网箱养殖、底播增养殖和池塘养殖等,台风等自然灾害对养殖设施具有很强的破坏作用,且随之而来的暴雨和强降雨可迅速改变灾害区域生物生存环境,使生物发生多重应激反应(苏小平和黄富友, 2008),继而对鱼类和贝藻类养殖产生巨大影响。

高温、海水淡化和低氧对"21世纪海上丝绸之路"沿线国家海水养殖产业影响巨大。近年来气候变化已经成为全球性环境问题,全球气候变暖已成为公认的事实,随之而来的是海水温度及海平面的升高,海水淡化严重(吴文强, 2016)。此外,近海陆架和河口区域低溶解氧现象时有发生,近几十年,低氧现象在某些近海海域变得十分突出,表现出低氧发生频率升高、海域面积增大、溶解氧浓度更低等现象(周锋, 2011)。海水溶解氧是海洋生物生存的必要物质(宋国栋, 2008),局部水域缺氧可造成海洋生物大面积死亡(周晓梦 等, 2018),严重威胁沿线国家海水养殖业的健康发展。

赤潮等生态灾害对沿线国家海水养殖业危害严重。气候变化对海洋生态系统的影响具有影响区域广、对象多、时期长、程度高的特点,海洋生态系统的各个层次都对其产生了一定的响应性变化,全球变暖对海洋生态系统影响巨大(王进河,2012)。全球气候变化可导致近岸水体环流异常,海岸生态系统的大规模平流和输送现象,决定着赤潮藻类的聚集和输送的物理行为(叶属峰 等,2004)。海水温度升高会直接造成赤潮生物快速生长期的变长,加之"21 世纪海上丝绸之路"沿线多为发展中国家,陆域经济社会活动的飞速发展进一步加重近海陆源污染,从而极有可能造成赤潮频发。海水养殖区赤潮的发生不仅对养殖生物可造成灾难性影响,且有的藻类能产生毒素并积累到贝类体内,从而引起食用者中毒甚至造成死亡(杨宇峰 等,2004)。此外,由赤潮引起的水体持续低氧状态可造成养殖生物大规模死亡(唐洪杰,2009),使养殖户蒙受损失,严重危害沿线国家海水养殖业的健康可持续发展。

3.3.3.4 小结

"21 世纪海上丝绸之路"沿线受到海洋生态灾害的影响,对海洋经济产业乃至人类社会发展带来了严峻风险。在气候变暖背景下,由海上经济贸易等人类活动诱发的海洋生态灾害现象会持续发生,并且海岸线腐蚀和大型藻华持续暴发等部分生态灾害存在明显加剧的态势。随着渔船设备的不断更新及渔业捕捞技术的发展,渔业捕捞压力迅速增加,"21 世纪海上丝绸之路"沿线渔业资源状况堪忧。极端气候、赤潮和低氧等海洋生态灾害现象频发,严重影响了沿线国家海洋牧场建设和区域海水养殖产业的持续健康发展。

3.4 应对策略和建议

3.4.1 建立"一带一路"区域应对气候变化的沟通合作机制

"一带一路"倡议是在已有多种区域性机制及各国发展战略的基础上展开的,如何处理好"一带一路"倡议与现存的多种合作机制的关系是一个重要难题。区别于政治、经济、军事等传统议题,气候变化是"一带一路"区域面临的共性挑战,利益分歧较少,相对容易达成共识。且气候事件的影响和风险通常跨越多个国家和区域,只有建立跨区域的多边工作协调机制,整合区域资源,采取协调一致的行动,才能推进各国应对气候变化工作的有效开展。

因此建议将应对气候变化理念贯穿于"一带一路"建设的全过程,重点在信息传播、科学研究、防灾减灾决策、灾害应对动员、灾害风险管理等方面建立交流合作机制。联合相关国家共同创建常态化的应对气候变化沟通协调机制。可考虑在"一带一路"高峰论坛和联合国气候变化大会上,围绕"一带一路"气候变化设立分论坛或组织边会,主动设立相关议题,积极拓展沟通交流渠道。同时要重视非官方渠道的重要作用,通过资助技术机构和非政府组织等形式,在当地探索开展应对气候变化的小型项目,团结当地各方,逐步争取民心,为"一带一路"建设和重点项目推进奠定基础。在国家和区域选择方面,目前可挑选在"一带一路"建设中的先行重点国家以及气候变化灾害严重的区域和国家开展试点。例如,中巴经济走廊、中蒙俄经济走廊、中国—中南半岛等。

3.4.2 建设"一带一路"区域自然灾害联防联控预警平台

"一带一路"区域贯穿欧亚非大陆,目前尚未被联合国主导的区域间防灾减灾合作所覆盖。

建议"一带一路"区域国家或地区打破国界和边界的概念,考虑在区域层面上建立防灾、减灾、救灾的联动机制,推动实现多方参与,避免泛国界灾害发生时出现缺乏协调机制、忽视灾害防范、延误灾害救援等情况。具体而言,可以将"一带一路"区域国家根据灾害风险类型的不同分为中蒙俄、中国—中亚、中国—南亚、中国—东盟等多个区域,在每个区域中根据灾害的风险分布和救灾能力情况选定核心区域,以核心区域承担救灾主要职能,统筹制定联动协同机制,共同提高防灾减灾能力。

灾前预防预警是成本更低且更为有效的灾害管理方式。由于"一带一路"区域各国自然灾害特征、灾害管理能力等各不相同,地缘文化差异较大。因此,推进"一带一路"防灾减灾国际合作,除了要坚持当前中国对许多国家单向援助的做法外,还需要建立多种自然灾害联防联控预警平台,吸引更多的国家参与其中,使合作机制更具有活力和持续性,提高"一带一路"区域国家整体防灾减灾效益。首先,"一带一路"区域各国需要制定自然灾害联防联控战略合作框架协议,建立灾害预防跨国合作机制及灾情通报机制,共同制定短期、中期和长期的防灾减灾规划;其次,充分利用现有多边合作机制,通过"一带一路"减灾防灾国际论坛、专题学术研讨会等建立面向政府、企业、科技人员、社会组织等防灾主体的"一带一路"技术交流与对话平台;第三,建立自然灾害风险和减灾救灾信息共享平台,完善灾害预报预警网络,运用舆情网络、传统媒介、社交媒体等,加强灾害预警风险信息的及时共享,提高区域的综合应对能力。此外,建议设立"一带一路"自然灾害应急基金,探讨建设市场化运作的巨灾风险基金,创新自然灾害联防联控金融合作机制。

3.4.3 构建气候变化与灾害风险天-空-地-海一体化监测网络

气候变化及其灾害风险是"一带一路"区域国家面临的共同挑战,但目前相应的数据观测与共享网络还处于较为缺失的状态,这严重制约了相关研究的有效开展和决策的科学制定,因此有必要构建"一带一路"区域气候变化与灾害风险天-空-地-海一体化监测网络,以弥补研究和决策数据信息方面的不足。

结合"一带一路"区域陆地、冰冻圈及水圈灾害详细调查,整合各国气象、水文、地质等已有的观测系统,有效利用已有的资源、高分、环境、风云及碳卫星等卫星观测手段,实现对相关区域的历史及实时数据的互通共享、有效互补。根据现有的需求查看相关的薄弱环节,共同开展薄弱环节数据的调查、观测,必要时候可以共建观测站,甚至可以针对气候变化及灾害风险研究的需求研发专门的减灾卫星。加强"一带一路"区域国家台风、风暴潮、赤潮及养殖水环境等监测、预警预报和管理服务。合理地开放共享航空、航海及航天观测数据,实现观测的天-空-地-海全覆盖。研究多源数据立体观测及统一时空基准的快速处理技术,构建"天-空-地-海"协同的跨区域高分辨率对地观测体系。基于相应的观测体系研究灾害体的精准提取与变化更新技术方法,实现对承灾体的目标识别、面向灾害风险的成灾要素演进模式及关联特征的挖掘,建立精细结构化的成灾要素数据库,建立防灾减灾数据库综合管理系统,为灾害风险的联防联控与决策提供数据平台的支撑。

3.4.4 组建"一带一路"区域气候变化合作研究联盟

作为提高应对气候变化能力的有效手段,应加强科技对应对气候变化的支撑能力。建议在中国科学院牵头成立的"一带一路"科技组织联盟的基础上,组建成立"一带一路"区域气候变化合作研究联盟。集中“一带一路”国家的优势科技资源，加强体制机制创新，促进气候变化科技跨越发展。

组织“一带一路”气候变化国际合作研究计划。针对“一带一路”区域国家面临的重大气候威胁、重大适应挑战，甄别关键科学问题，进行重点攻关，实现气候变化领域科技的重点突破，促进适用性强的应对气候变化技术的研发和推广应用。在长期的生产实践中，“一带一路”区域国家尤其是中国已经积累了大量的效果好、适用性强、成本低的应对气候变化技术，鉴别和挖掘这些“草根”技术，同时针对气候变化带来的新问题研发关键应对技术，凝练升华形成“一带一路”区域国家系统的应对气候变化技术体系，推动“一带一路”气候变化领域的科技人才交流和合作培养。通过研究生培养、人才互访、科技援外、能力培训等多种形式促进相关人才的深度交流与融合，为“一带一路”区域培养和储备一批高水平的气候变化科技人才。

3.4.5 开展“一带一路”对外投资重点项目的灾害综合风险评估

在推进“一带一路”重点项目建设中，应将防灾减灾融入规划、评估、建设等项目实施的全过程。尽管许多“一带一路”区域国家基础设施落后，经济发展水平不高，但是可以把发达国家或者中国在早期发展过程中为环境生态所付出沉重代价的经历被这些国家视为经验教训，引以为戒。将防灾减灾的环境保护理念融入“一带一路”建设重点项目中，不仅是落实绿色“一带一路”的建设理念的重要体现，也是通过区域之间经济合作惠及民生的一项举措。

“一带一路”对外投资重点项目灾害风险综合评估，包括基础设施建设、产业园区、海上重要支点（港口）建设、能源通道、水电站等。对中巴经济走廊的公路、铁路、港口和水电站建设、印尼雅万高铁、中老铁路、斯里兰卡科伦坡港口城、汉班托塔港二期工程等重大项目，以及中白工业园、柬埔寨西哈努克港经济特区、中国—印尼综合产业园青山园区等重点海外园区建设，都应该充分评估可能面临的灾害综合风险，做好相应的灾害预防和防灾抗灾建设。对于尚未开展的重大建设项目，如中尼通道，应将灾害综合风险评估作为项目前期论证的重要内容之一。中国政府以及亚洲基础设施投资银行、丝路基金、金砖国家新开发银行等国际投资机构，在能源、城市开发、交通等不同领域的投资也要充分考虑相关的灾害管理，降低自然灾害可能带来的损失，提高投资效益。

“一带一路”区域自然灾害风险类型区域分异明显，不同区域的项目建设应采取不同的重点应对措施。中亚和西亚气候干燥酷热，虽然干旱时常发生，水资源匮乏是发展的最大瓶颈问题，但在雨季该地区也易发生洪涝灾害，同时，东南亚和南亚也是洪水和风暴潮灾害威胁较大的地区，伴随的泥石流、滑坡灾害也较多，在建厂时应注意避开山体，在地势平坦处修建厂房。中东欧夏季高温、冬季寒冷等极端天气灾害发生较多，在发展经济时要设立温度调节设备，以保证企业的正常运转。厂址选择也要注意避风和防洪，从而减少可能的灾害损失。

3.4.6 小结

“一带一路”区域气候类型复杂多样，气候变暖背景下极端天气气候事件频发，高温热浪、干旱、暴雨洪涝、台风、暴风雪和低温寒潮等天气气候有关的灾害频繁。随着未来气候变暖的加剧，“一带一路”区域国家和地区面临的极端天气气候事件发生的频率和强度均将增加。“一带一路”区域多数国家和地区的经济欠发达，基础设施建设不足，应对气候变化能力普遍薄弱。

因此需要组建"一带一路"区域气候变化合作研究联盟和各国应对气候变化的沟通合作机制；构建气候变化与灾害风险天-空-地-海一体化监测网络；建设"一带一路"区域自然灾害联防联控预警平台；并针对重大工程和对外投资重点项目开展灾害综合风险评估。为保障"一带一路"国家气候安全，推进绿色"一带一路"建设提供政策行动保障。

参考文献

别强，强文丽，王超，等，2013. 1960—2010年黑河流域冰川变化的遥感监测[J]. 冰川冻土，35(2)：574-582.

蔡博峰，陆军，刘兰翠，等，2011. 城市与气候变化[M]. 北京：化学工业出版社.

蔡清海，杜琦，卢振彬，等，2005. 福建主要港湾的水质单项评价与综合评价[J]. 台湾海峡，24(1)：63-71.

车志伟，2007. 三亚湾海域关键水质因子的监测与评价[J]. 海南大学学报(自然科学版)，25(3)：297-300，305.

陈发虎，黄伟，靳立亚，等，2011. 全球变暖背景下中亚干旱区降水变化特征及其空间差异[J]. 中国科学：地球科学，41(11)：1647-1657.

陈丽，李文兵，贺青山，2014. 新疆45年间不同强度等级沙尘暴天气空间格局年际变化趋势研究[J]. 新疆环境保护，36(4)：34-38.

陈隆勋，朱乾根，罗会邦，1991. 东亚季风[M]. 北京：气象出版社：362.

陈万灵，何传添，2014. 海上丝绸之路的各方博弈及其经贸定位[J]. 改革，(3)：74-83.

程国栋，赵林，2000. 青藏高原开发中的冻土问题[J]. 第四纪研究，20(6)：521-531.

邓颖颖，2016. 21世纪"海上丝绸之路"背景下南海海洋保护区建设探析[J]. 学术论坛，39(7)：42-47.

丁一汇，孙颖，刘芸芸，等，2013. 亚洲夏季风的年际和年代际变化及其未来预测[J]. 大气科学，37(2)：253-280.

丁一汇，柳艳菊，梁苏洁，等，2014. 东亚冬季风的年代际变化及其与全球气候变化的可能联系[J]. 气象学报，72(5)：835-852.

董思言，徐影，周波涛，等，2014. 基于CMIP5模式的中国地区未来高温灾害风险预估[J]. 气候变化研究进展，10(5)：365-369.

董文杰，韦志刚，范丽军，2001. 青藏高原东部牧区雪灾的气候特征分析[J]. 高原气象，20(4)：402-406.

杜军，马鹏飞，杜晓辉，等，2015. 气候变化对藏东北牧业生产关键期的影响[J]. 冰川冻土，37(5)：1361-1371.

范航清，何斌源，韦受庆，2000. 海岸红树林地沙丘移动对林内大型底栖动物的影响[J]. 生态学报，20(5)：722-727.

方国洪，王凯，郭丰义，等，2002. 近30年渤海水文和气象状况的长期变化及其相互关系[J]. 海洋与湖沼，33(5)：515-525.

方建，李梦婕，王静爱，等，2015. 全球暴雨洪水灾害风险评估与制图[J]. 自然灾害学报，24(1)：1-8.

高鑫，张世强，叶柏生，等，2011. 河西内陆河流域冰川融水近期变化[J]. 水科学进展，22(3)：344-350.

葛全胜，2011. 中国历朝气候变化[M]. 北京：科学出版社：709.

国家海洋局，2017. 2016年中国海平面公报[R/OL]. (2017-04-06)[2020-12-30]. http://www.nmdis.org.cn/hygb/zghpmgb/2016nzghpmgb/.

韩会庆，张金，张德博，等，2017. 2000—2010年"一带一路"沿线林地变化[J]. 亚热带农业研究，13(2)：73-78.

郝璐，王静爱，满苏尔，等，2002. 中国雪灾时空变化及畜牧业脆弱性分析[J]. 自然灾害学报，11(4)：42-48.

郝志新，葛全胜，郑景云，2009. 宋元时期中国西北东部的冷暖变化[J]. 第四纪研究，29(5)：871-879.

郝志新，耿秀，刘可邦，等，2017. 关中平原过去1000年干湿变化特征[J]. 科学通报，62(21)：2399-2406.

何雪琴，温伟英，何清溪，2001. 海南三亚湾海域水质状况评价[J]. 台湾海峡，20(2)：165-170.

贺圣平，王会军，2012. 东亚冬季风综合指数及其表达的东亚冬季风年际变化特征[J]. 大气科学，36(3)：

523-538.

金卫红,邵秀伟,2000. 近岸海域水质分析及对海洋生态环境的影响研究[J]. 高师理科学刊,20(1):20-23.

康尔泗,杨针娘,赖祖铭,等,2000. 冰雪融水径流和山区河川径流[C]//施雅风. 中国冰川与环境——现在、过去和未来. 北京:科学出版社.

李立,许金电,蔡榕硕,2002. 20世纪90年代南海海平面的上升趋势:卫星高度计观测结果[J]. 科学通报,47(1):59-62.

李岚,侯扶江,2016. 我国草原生产的主要自然灾害[J]. 草业科学,33(5):981-988.

李培先,林峻,麦迪·库尔曼,等,2017. 气候变化对新疆意大利蝗潜在分布的影响[J]. 植物保护,43(3):90-96.

李庆祥,黄嘉佑,2013. 环渤海地区城市化对夏季极端暖夜的影响[J]. 气象学报,71(4):668-676.

李韧,赵林,丁永建,等,2012. 青藏公路沿线多年冻土区活动层动态变化及区域差异特征[J]. 科学通报,57(30):2864-2871.

梁苏洁,丁一汇,赵南,等,2014. 近50年中国大陆冬季气温和区域环流的年代际变化研究[J]. 大气科学,38(5):974-992.

刘华强,孙照渤,王举,等,2005. 青藏高原东西部积雪效应的模拟对比分析[J]. 高原气象,24(3):357-365.

刘珉,2015. 东欧、北亚及中亚地区林业发展研究[J]. 林业经济,37(10):113-118.

刘通易,吴立广,张娇艳,等,2013. 1965—2010年7—9月影响中国的热带气旋降水变化趋势分析[J]. 气象学报,71(1):63-75.

刘晓云,王劲松,李耀辉,等,2015. 基于Copula函数的中国南方干旱风险特征研究[J]. 气象学报,73(6):1080-1091.

刘兴元,2012. 藏北高寒草地生态系统现状及发展态势[J]. 草业科学,29(9):1352-1358.

刘钊,2017. 城市人群在高温热浪中的中暑风险研究[D]. 北京:北京师范大学.

马丽娟,2008. 近50年青藏高原积雪的时空变化特征及其与大气环流因子的关系[D]. 北京:中国科学院研究生院.

马丽娟,秦大河,2012. 1957—2009年中国台站观测的关键积雪参数时空变化特征[J]. 冰川冻土,34(1):1-11.

马丽娟,罗勇,秦大河,2011. CMIP3模式对未来50 a欧亚大陆雪水当量的预估[J]. 冰川冻土,33(4):707-720.

马勇刚,张弛,塔西甫拉提·特依拜,2014. 中亚区域陆表植被物候时空变化特征分析[J]. 干旱区地理,37(2):310-317.

毛淑君,李栋梁,2015. 基于气象要素的我国南方低温雨雪冰冻综合评估[J]. 冰川冻土,37(1):14-26.

牛海燕,刘敏,陆敏,等,2011. 中国沿海地区近20 a台风灾害风险评价[J]. 地理科学,31(6):764-768.

潘静,刘铸飘,郑崇伟,等,2014. 1958—2001年全球海域海表风速变化趋势[J]. 气象科技,42(1):104-109.

齐庆华,蔡榕硕,2017. 21世纪海上丝绸之路海表温度异常与气候变率的相关性初探[J]. 海洋开发与管理,34(4):41-49.

祁新华,程煜,李达谋,等,2016. 西方高温热浪研究述评[J]. 生态学报,36(9):2773-2778.

钱正安,宋敏红,李万元,2002. 近50年来中国北方沙尘暴的分布及变化趋势分析[J]. 中国沙漠,22(2):106-111.

钱正安,蔡英,刘景涛,等,2006. 中蒙地区沙尘暴研究的若干进展[J]. 地球物理学报,49(1):83-92.

秦大河,孙鸿烈,孙枢,等,2005. 2005—2020年中国气象事业发展战略[J]. 地球科学进展,20(3):268-274.

邱绍芳,1999. 涠洲岛附近海域水质和底质环境的分析与评价[J]. 广西科学院学报,15(4):170-173.

任贾文，叶柏生，丁永建，等，2011. 中国冰冻圈变化对海平面上升潜在贡献的初步估计[J]. 科学通报，56(14)：1084-1087.

施雅风，沈永平，李栋梁，等，2003. 中国西北气候由暖干向暖湿转型的特征和趋势探讨[J]. 第四纪研究，23(2)：152-164.

水利部应对气候变化研究中心，2017. 一带一路国家水资源状况分析[R]. 南京水利科学研究院技术报告.

司东，丁一汇，柳艳菊，2010. 中国梅雨雨带年代际尺度上的北移及其原因[J]. 科学通报，55(1)：68-73.

宋国栋，2008. 东海溶解氧气候态分布及海洋学应用研究[D]. 青岛：中国海洋大学.

苏全有，韩洁，2008. 中国雪灾及相关研究述评[J]. 防灾科技学院学报，10(2)：130-137.

苏小平，黄富友，2008. 台风暴雨对网箱养殖鱼类的危害与对策[J]. 内陆水产，33(9)：43-44.

宿兴涛，张志标，欧磊，2017. A1B 情景下东亚地区未来春季沙尘变化趋势预估[J]. 中国沙漠，37(2)：315-320.

唐洪杰，2009. 长江口及邻近海域富营养化近 30 a 变化趋势及其与赤潮发生的关系和控制策略研究[D]. 青岛：中国海洋大学.

万开亮，2008. 畜牧业灾害补偿问题研究[D]. 武汉：华中农业大学.

王飞，丁建丽，魏阳，2017. "一带一路"国家和地区百年尺度干旱化特征分析[J]. 地球信息科学学报，19(11)：1442-1455.

王会军，范可，2013. 东亚季风近几十年来的主要变化特征[J]. 大气科学，37(2)：313-318.

王进河，2012. 两种赤潮微藻与两种轮虫相互作用对气候因子变化响应的实验生态学研究[D]. 青岛：中国海洋大学.

王秋香，刘卫平，李圆圆，等，2015. 新疆不同区域牧业雪灾损失时频变化特征[J]. 冰川冻土，37(4)：905-915.

王世金，任贾文，2012. 国内外雪崩灾害研究综述[J]. 地理科学进展，31(11)：1529-1536.

王世金，秦大河，任贾文，2012. 冰湖溃决灾害风险研究进展及其展望[J]. 水科学进展，23(5)：735-742.

王亚茹，赵雪雁，张钦，等，2016. 高寒生态脆弱区农户的气候变化适应策略：以甘南高原为例[J]. 地理研究，35(7)：1273-1287.

王莺，王静，姚玉璧，等，2014. 基于主成分分析的中国南方干旱脆弱性评价[J]. 生态环境学报，23(12)：1897-1904.

王莺，沙莎，王素萍，等，2015. 中国南方干旱灾害风险评估[J]. 草业学报，24(5)：12-24.

王友绍，王肇鼎，黄良民，2004. 近 20 年来大亚湾生态环境的变化及其发展趋势[J]. 热带海洋学报，23(5)：85-95.

王云龙，黄晓东，邓婕，等，2016. 欧亚大陆中高纬度区逐日无云积雪产品研发及验证[J]. 遥感技术与应用，31(5)：1013-1021.

吴立，霍治国，姜燕，等，2016. 气候变暖背景下南方早稻春季低温灾害的发生趋势与风险[J]. 生态学报，36(5)：1263-1271.

吴青柏，牛富俊，2013. 青藏高原多年冻土变化与工程稳定性[J]. 科学通报，58(2)：115-130.

吴青柏，董献付，刘永智，2005. 青藏公路沿线多年冻土对气候变化和工程影响的响应分析[J]. 冰川冻土，27(1)：50-54.

吴通华，2005. 青藏高原冻土对全球气候变化响应研究[D]. 北京：中国科学院研究生院.

吴文强，2016. 中国周边海域与西北太平洋海水温度的时空变化分异[D]. 上海：上海师范大学.

谢强，鄢利农，侯一筠，等，1999. 南沙与暖池海域 SST 的长期振荡及其耦合过程[J]. 海洋与湖沼，30(1)：88-96.

谢自楚，王欣，康尔泗，等，2006. 中国冰川径流的评估及其未来 50 年变化趋势预测[J]. 冰川冻土，28(4)：457-466.

辛月霖，杨树娥，王艳艳，等，2005. 渤海湾沧州沿岸水质状况评价报告[J]. 河北渔业，(3)：43-44，50.
熊伟，居辉，许吟隆，等，2006. 两种气候变化情景下中国未来的粮食供给[J]. 气象，32(11)：36-41.
徐明德，吕文魁，2006. 黄海南部近岸海域水质评价[J]. 安全与环境工程，13(4)：18-20，29.
徐霞，成亚薇，江红蕾，等，2017. 风速变化对草原生态系统的影响研究进展[J]. 生态学报，37(12)：489-498.
徐影，张冰，周波涛，等，2014. 基于 CMIP5 模式的中国地区未来洪涝灾害风险变化预估[J]. 气候变化研究进展，10(4)：268-275.
徐影，周波涛，吴婕，等，2017. 1.5～4 ℃升温阈值下亚洲地区气候变化预估[J]. 气候变化研究进展，13(4)：306-315.
许利平，2015. 21 世纪海上丝绸之路与中国—东盟命运共同体．亚太地区发展报告(2015)[M]. 北京：社会科学文献出版社：48-58.
颜亮东，李林，刘义花，2013. 青海牧区干旱、雪灾灾害损失综合评估技术研究[J]. 冰川冻土，35(3)：662-680.
杨明珠，丁一汇，2007. 中国夏季降水对南印度洋偶极子的响应研究[J]. 大气科学，31(4)：685-694.
杨涛，郭琦，肖天贵，2016. “一带一路”沿线自然灾害分布特征研究[J]. 中国安全生产科学技术，12(10)：165-171.
杨续超，陈葆德，胡可嘉，2015. 城市化对极端高温事件影响研究进展[J]. 地理科学进展，34(10)：1219-1228.
杨宇峰，姜胜，王朝晖，等，2004. 中国海水养殖发展状况与养殖海域赤潮生态防治[J]. 海洋科学，28(7)：71-75.
叶属峰，纪焕红，曹恋，等，2004. 长江口海域赤潮成因及其防治对策[J]. 海洋科学，28(5)：26-32.
“一带一路”生态环境状况报告编写组，2015. 全球生态环境遥感监测 2015 年度报告：“一带一路”生态环境状况[R]. 中华人民共和国科学技术部国家遥感中心：122.
殷洁，戴尔阜，吴绍洪，2013. 中国台风灾害综合风险评估与区划[J]. 地理科学，33(11)：1370-1376.
曾刚，孙照渤，王维强，等，2007. 东亚夏季风年代际变化——基于全球观测海表温度驱动 NCAR Cam3 的模拟结果分析[J]. 气候与环境研究，12(2)：211-224.
张爱英，任国玉，郭军，等，2009. 近 30 年我国高空风速变化趋势研究[J]. 高原气象，28(3)：680-687.
张乔民，隋淑珍，2001. 中国红树林湿地资源及其保护[J]. 自然资源学报，16(1)：28-36.
张秀云，姚玉璧，邓振镛，等，2007. 青藏高原东北边缘牧区气候变化及其对畜牧业的影响[J]. 草业科学，24(6)：66-73.
张镱锂，祁威，周才平，等，2013. 青藏高原高寒草地净初级生产力(NPP)时空分异[J]. 地理学报，68(9)：1197-1211.
赵聪蛟，宋琍琍，余骏，等，2012. 浙江省 2000—2010 年海洋生态灾害概况及防灾对策[J]. 海洋开发与管理，29(11)：62-66，120.
赵贯锋，余成群，武俊喜，等，2013. 青藏高原退化高寒草地的恢复与治理研究进展[J]. 贵州农业科学，41(5)：125-129.
赵月琴，卢剑波，2007. 浙江省主要外来入侵种的现状及控制对策分析[J]. 科技通报，23(4)：487-491.
赵宗慈，罗勇，江滢，2011. 全球大风在减少吗？[J]. 气候变化研究进展，7(2)：149-151.
郑爱榕，蔡明红，张珞平，等，2000. 厦门同安湾水质状况评价[J]. 海洋环境科学，19(2)：46-49.
郑崇伟，2013. 全球海域大风频率精细化统计分析[J]. 广东海洋大学学报，33(6)：77-81.
中国气象局气候变化中心，2019. 中国气候变化蓝皮书(2019)[R]. 北京：中国气象局气候变化中心．
周秉荣，朱生翠，李红梅，2016. 三江源区植被净初级生产力时空特征及对气候变化的响应[J]. 干旱气象，34(6)：958-965，988.
周锋，2011. 平流对中国北部近海层化的作用[D]. 杭州：浙江大学．
周华坤，赵新全，赵亮，等，2008. 青藏高原高寒草甸生态系统的恢复能力[J]. 生态学杂志，27(5)：

697-704.

周晓梦,张秀梅,李文涛,2018. 高温和低氧胁迫对两种规格刺参半致死时间及生理机能的影响[J]. 中国水产科学,25(1):60-73.

周雅清,任国玉,2014. 城市化对华北地区极端气温事件频率的影响[J]. 高原气象,33(6):1589-1598.

周自江,章国材,2003. 中国北方的典型强沙尘暴事件(1954—2002年)[J]. 科学通报,48(11):1224-1228.

朱士华,艳燕,邵华,等,2017. 1980—2014年中亚地区植被净初级生产力对气候和 CO_2 变化的响应[J]. 自然资源学报,32(11):1844-1856.

朱益民,杨修群,2003. 太平洋年代际振荡与中国气候变率的联系[J]. 气象学报,61(6):641-654.

朱玉祥,丁一汇,2007. 青藏高原积雪对气候影响的研究进展和问题[J]. 气象科技,35(1):1-8.

左其亭,郝林钢,马军霞,等,2018. "一带一路"分区水问题与借鉴中国治水经验的思考[J]. 灌溉排水学报,37(1):1-7.

ADAM A,MOHAMMAD-NOOR N,ANTON A,et al,2011. Temporal and spatial distribution of harmful algal bloom (HAB) species in coastal waters of Kota Kinabalu,Sabah,Malaysia[J]. Harmful Algae,10(5):495-502.

ADNAN S,ULLAH K,SHOUTING G,2016. Investigations into precipitation and drought climatologies in south central Asia with special focus on Pakistan over the period 1951—2010[J]. J Climate,29(16):6019-6035.

AIZEN V,AIZEN E,GLAZIRIN G,et al,2000. Simulation of daily runoff in central Asian alpine watersheds[J]. J Hydrol,238(1/2):15-34.

AL-BAKRI J,SULEIMAN A,ABDULLA F,et al,2011. Potential impact of climate change on rainfed agriculture of a semi-arid basin in Jordan[J]. Phys Chem Earth Parts A/B/C,36(5/6):125-134.

AL-HATRUSHI S,KWARTENG A,SANA A,et al,2014. Coastal Erosion in Al Batinah,Sultanate of Oman[M]. Academic Publication Board,Sultan Qaboos University:261.

ANDRADE C,LEITE S,SANTOS J,2012. Temperature extremes in Europe:Overview of their driving atmospheric patterns[J]. Nat Hazards Earth Syst Sci,12:1671-1691.

ANISIMOV O,RENEVA S,2006. Permafrost and changing climate:The russian perspective[J]. AMBIO J Hum Environ,35(4):169-175.

ANTICAMARA J A,WATSON R,GELCHU A,et al,2011. Global fishing effort (1950—2010):Trends,gaps,and implications[J]. Fish Res,107(1/2/3):131-136.

ARMSTRONG R L,BRODZIK M J,2001. Recent northern hemisphere snow extent:A comparison of data derived from visible and microwave satellite sensors[J]. Geophys Res Lett,28(19):3673-3676.

ARNELL N W,GOSLING S N,2016. The impacts of climate change on river flood risk at the global scale[J]. Climtic Change,134(3):387-401.

BACMEISTER J T,REED K A,HANNAY C,et al,2018. Projected changes in tropical cyclone activity under future warming scenarios using a high-resolution climate model[J]. Climatic Change,146(3/4):547-560.

BAI Y Q,WANG J L,WANG Y J,et al,2017. Spatio-temporal distribution of drought in the belt and road area during 1998—2015 based on TRMM precipitation data[J]. J Resour Ecol,8(6):559-570.

BAJGIRAN P R,SHIMIZU Y,HOSOI F,et al,2009. MODIS vegetation and water indices for drought assessment in semi-arid ecosystems of Iran[J]. J Agric Meteorol,65(4):349-355.

BALTAS E A,2013. Measures against climate change and its impacts on water resources in Greece[J]. Int J Water Resour Dev,29(2):237-249.

BELKIN I M,2009. Rapid warming of large marine ecosystems[J]. Prog Oceanogr,81(1/2/3/4):207-213.

BENSON B,MAGNUSON J J,JENSEN O P,et al,2012. Extreme events,trends,and variability in northern hemisphere lake-ice phenology (1855—2005)[J]. Climatic Change,112(2):299-323.

BIANCHI G G, MCCAVE I N, 1999. Holocene periodicity in north Atlantic climate and deep-ocean flow south of Iceland[J]. Nature, 397(6719): 515-517.

BLISS A, HOCK R, RADIĆ V, 2014. Global response of glacier runoff to twenty-first century climate change [J]. J Geophys Res-Earth, 119(4): 717-730.

BOATENG I, 2012. GIS assessment of coastal vulnerability to climate change and coastal adaption planning in Vietnam[J]. J Coast Conserv, 16(1):25-36.

BOLLASINA M A, MING Y, RAMASWAMY V, 2011. Anthropogenic aerosols and the weakening of the South Asian summer monsoon[J]. Science, 334(6055): 502-508.

BORER E T, GRACE J B, HARPOLE W S, et al, 2017. A decade of insights into grassland ecosystem responses to global environmental change[J]. Nat Ecol Evol, 1(5): 0118.

BROWN R D, MOTE P W, 2009. The response of northern hemisphere snow cover to a changing climate [J]. J Climate, 22(8): 2124-2145.

BROWN R D, ROBINSON D A, 2011. Northern hemisphere spring snow cover variability and change over 1922—2010 including an assessment of uncertainty[J]. Cryosphere, 5(4): 219-229.

BRUTEL-VUILMET C, MÉNÉGOZ M, KRINNER G, 2013. An analysis of present and future seasonal northern hemisphere land snow cover simulated by CMIP5 coupled climate models[J]. Cryosphere, 7(1): 67-80.

BRUTSAERT W, HIYAMA T, 2012. The determination of permafrost thawing trends from long-term streamflow measurements with an application in eastern Siberia [J]. J Geophys Res Atmos, 117 (D22): D22110.

BULYGINA O N, RAZUVAEV V N, KORSHUNOVA N N, 2009. Changes in snow cover over Northern Eurasia in the last few decades[J]. Environ Res Lett, 4(4): 045026.

BULYGINA O N, GROISMAN P Y, RAZUVAEV V N, et al, 2011. Changes in snow cover characteristics over Northern Eurasia since 1966[J]. Environ Res Lett, 6(4): 045204.

BÜNTGEN U, TEGEL W, NICOLUSSI K, et al, 2011. 2500 years of European climate variability and human susceptibility[J]. Science, 331(6017): 578-582.

BÜNTGEN U, MYGLAN V S, LJUNGQVIST F C, et al, 2016. Cooling and societal change during the late antique little ice age from 536 to around 660 AD[J]. Nat Geosci, 9(3): 231-236.

CAI W, LI K, LIAO H, et al, 2017a. Weather conditions conducive to Beijing severe haze more frequent under climate change[J]. Nat Climate Change, 7(4): 257-262.

CAI Y, KE C Q, DUAN Z, 2017b. Monitoring ice variations in Qinghai Lake from 1979 to 2016 using passive microwave remote sensing data[J]. Sci Total Environ, 607(7): 120-131.

CALLAGHAN T V, JOHANSSON M, BROWN R D, et al, 2011. The changing face of Arctic snow cover: A synthesis of observed and projected changes[J]. AMBIO, 40(s1): 17-31.

CANNABY H, PALMER M D, HOWARD T, et al, 2016. Projected sea level rise and changes in extreme storm surge and wave events during the 21st century in the region of Singapore[J]. Ocean Sci, 12(3): 613-632.

CAO Y Y,DUAN H,YANG L N,et al, 2009. Effect of high temperature during heading and early filling on grain yield and physiological characteristics in indica rice[J]. Acta Agron Sin, 35(3):512-521.

CARRÃO H, NAUMANN G, BARBOSA P, 2016. Mapping global patterns of drought risk: An empirical framework based on sub-national estimates of hazard,exposure and vulnerability[J]. Glob Environ Change, 39(4):108-124.

CARTURAN L, FILIPPI R, SEPPI R, et al, 2013. Area and volume loss of the glaciers in the Ortles-

Cevedale group (Eastern Italian Alps): Controls and imbalance of the remaining glaciers[J]. Cryosphere, 7(5): 1339-1359.

CHANG H,KNIGHT C G,STANEVA M P,et al, 2002. Water resource impacts of climate change in southwestern Bulgaria[J]. Geo J, 57(3):159-168.

CHANG J, CIAIS P, VIOVY N, et al, 2017. Future productivity and phenology changes in European grasslands for different warming levels: Implications for grassland management and carbon balance[J]. Carbon Bal Manag, 12(1): 11.

CHASE T N, PIELKE R A, KITTEL T G F, et al, 2001. Relative climatic effects of landcover change and elevated carbon dioxide combined with aerosols: A comparison of model results and observations[J]. J Geophys Res:Atmos, 106(D23): 31685-31691.

CHEN F H, CHEN J H, HOLMES J, et al, 2010. Moisture changes over the last millennium in arid central Asia: A review, synthesis and comparison with monsoon region[J]. Quaternary Sci Rev, 29(7/8): 1055-1068.

CHEN X, ZHANG C, LUO G, 2014a. Modeling Dryland Ecosystems' Response to Global Change in Central Asia[M]. Beijing: China Meteorological Press: 174.

CHEN Z, WU R, CHEN W, 2014b. Impacts of autumn Arctic sea ice concentration changes on the East Asian winter monsoon variability[J]. J Climate, 27(14): 5433-5450.

CHEN Y, LI W, DENG H, et al, 2016. Changes in central Asia's water tower: Past, present and future [J]. Sci Rep, 6:35458.

CHENG G, WU T, 2007. Responses of permafrost to climate change and their environmental significance, Qinghai-Tibet Plateau[J]. J Geophys Res:Earth, 112(F2): 93-104.

CHEUNG W W L,LAM V W Y,SARMIENTO J L,et al, 2010. Large-scale redistribution of maximum fisheries catch potential in the global ocean under climate change[J]. Glob Chang Biol, 16(1):24-35.

CHOI G,COLLINS D, REN G, et al, 2009. Changes in means and extreme events of temperature and precipitation in the Asia pacific network region, 1955—2007[J]. Int J Climatol, 29(13): 1906-1925.

CHRISTIANSEN B, 2001. Downward propagation of zonal mean zonal wind anomalies from the stratosphere to the troposphere: Model and reanalysis[J]. J Geophys Res:Atmos, 106(D21): 27307-27322.

CHRISTIANSEN H, HUMLUM O, 2008. Interannual variations in active layer thickness in Svalbard[C]. In Proceedings Ninth International Conference on Permafrost, University of Alaska Fairbanks, 29 June—3 July, 2008. Vol. 1, Kane DL, Hinkel KM (eds). University of Alaska: Fairbanks, 257-262.

CISCAR J C,IGLESIAS A,FEYEN L,et al, 2011. Physical and economic consequences of climate change in Europe[J]. Proc Natl Acad Sci USA, 108(7):2678-2683.

COHEN J, SCREEN J A, FURTADO J C, et al, 2014. Recent Arctic amplification and extreme mid-latitude weather[J]. Nat Geosci, 7(9):627-637.

COMISO J, MEIER W, GERSTEN R, 2017. Variability and trends in the Arctic sea ice cover: Results from different techniques[J]. J Geophys Res:Oceans, 122(8): 6883-6900.

CONG L V,CU N V,SHIBAYAMA T,2014. Assessment of Vietnam Coastal Erosion and Relevant Laws and Policies[M]. Oxford: Elsevier:81-106.

COOK K H, VIZY E K, 2012. Impact of climate change on mid-twenty-first century growing seasons in Africa[J]. Climate Dyn, 39(12): 2937-2955.

COOK A D B, HANGZO P, 2014. The rise of Iskandar Malaysia: Implications for Singapore's marine and coastal environment[J]. Social Science Electronic Publishing(February 6, 2014).

COOK E R, SEAGER R, KUSHNIR Y, et al, 2015. Old world megadroughts and pluvials during the common era[J]. Sci Adv, 1(10): 1-9.

CORDEIRA J M, LAIRD N F, 2008. The influence of ice cover on two lake-effect snow events over Lake Erie [J]. Mon Wea Rev, 136(7): 274-2763.

CUI L, SHI J, MA Y, 2017. A comparison of thermal growing season indices for the northern China during 1961—2015[J]. Adv Meteor, 2:1-14.

DAT T Q,LIKITDECHAROTE K,SRISATIT T, et al, 2011. Modeling the influence of river discharge and sea level rise on salinity intrusion in the Mekong Delta[R]. The 1st Environment Asis International Conference on "Environmental Supporting in Food and Energy Security: Crisis and Opportunity", Thai Society of Higher Education Institutes on Environment:685-701.

DE BEURS K M, HENEBRY G M, OWSLEY B C, et al, 2015. Using multiple remote sensing perspectives to identify and attribute land surface dynamics in central Asia 2001—2013[J]. Remote Sens Environ, 170: 48-61.

DE BEURS K M, WRIGHT C K, HENEBRY G M, 2009. Dual scale trend analysis for evaluating climatic and anthropogenic effects on the vegetated land surface in Russia and Kazakhstan[J]. Environ Res Lett, 4(4): 045012.

DE'ATH G,FABRICIUS K E,SWEATMAN H,et al, 2012. The 27-year decline of coral cover on the Great Barrier Reef and its causes[J]. Proc Natl Acad Sci USA, 109(44):17995-17999.

DÉRY S J, BROWN R D, 2007. Recent northern hemisphere snow cover extent trends and implications for the snow-albedo feedback[J]. Geophys Res Lett, 34(22): L22504.

DERYNG D,SACKS W J,BARFORD C C,et al, 2011. Simulating the effects of climate and agricultural management practices on global crop yield[J]. Glob Biogeochem Cyc, 25(2): GB2006.

DIBAJNIA M,SOLTANPOUR M,VAFAI F,et al, 2012. A shoreline management plan for Iranian coastlines [J]. Ocean Coast Manag, 63:1-15.

DING Y, WANG Z, SUN Y, 2008. Inter-decadal variation of the summer precipitation in east China and its association with decreasing Asian summer monsoon. part I: Observed evidences[J]. Int J Climatol, 28(9): 1139-1161.

DISE N, VERRY E, 2001. Suppression of peatland methane emission by cumulative sulfate deposition in simulated acid rain[J]. Biogeochem, 53(2):143-160.

D'ODORICO P, OKIN G S, BESTELMEYER B T, 2012. A synthetic review of feedbacks and drivers of shrub encroachment in arid grasslands[J]. Ecohydrol, 5(5): 520-530.

DONAT M G, ALEXANDER L V, YANG H, et al, 2013. Updated analyses of temperature and precipitation extreme indices since the beginning of the twentieth century: The HadEX2 dataset[J]. J Geophys Res: Atmos, 118(5): 2098-2118.

DONG X, XUE F, 2016. Phase transition of the pacific decadal oscillation and decadal variation of the East Asian summer monsoon in the 20th century[J]. Adv Atmos Sci, 33(3): 330-338.

DONG B, SUTTON R T, WOOLLINGS T, 2011. Changes of interannual NAO variability in response to greenhouse gases forcing[J]. Climate Dyn, 37(7/8): 1621-1641.

DONG W H, LIU Z, LIAO H, et al, 2015. New climate and socio-economic scenarios for assessing global human health challenges due to heat risk[J]. Climatic Change, 130(4):505-518.

DORE M H, 2005. Climate change and changes in global precipitation patterns: What do we know? [J]. Environ Int, 31(8): 1167-1181.

D'SILVA M S, ANIL A C, NAIK R K, et al, 2012. Algal blooms: A perspective from the coasts of India [J]. Nat Hazards, 63(2):1225-1253.

DUAN M, WU G X, 2006. Change of cloud amount and the climate warming on the Tibetan Plateau [J]. Geophys Res Lett, 33(22): L22704.

DUC P A, LINH N T M, VAN MIEN P, 2012. Study on migration of marine organisms into inland and changes of biodiversity at water bodies in Mekong delta for evaluation of saline intrusion of sea level rise [J]. APCBEE Procedia, 1:252-257.

DULVY N K, ROGERS S I, JENNINGS S, et al, 2008. Climate change and deepening of the north sea fish assemblage: A biotic indicator of warming seas[J]. J Appl Ecol, 45(4):1029-1039.

DVORAK V, HLADNY J, KASPAREK L, 1997. Climate change hydrology and water resources impact and adaptation for selected river basins in the Czech Republic[J]. Climatic Change, 36:93-106.

EAMER J, AHLENIUS H, PRESTRUD P, 2007. Global Outlook for Ice and Snow[M]. Nairobi, Kenya: Division of Early Warning and Assessment DEWA, United Nations Environmental Programme.

EASTERLING W, PAGGARWAL P, BATIMA P, et al, 2007. Food, Fibre and Forest Products. Climate Change 2007: Impacts, Adaptation and Vulnerability[M]. Cambridge: Cambridge University Press, 273-313.

EICHLER A, OLIVIER S, HENDERSON K, et al, 2009. Temperature response in the Altai region lags solar forcing[J]. Geophys Res Lett, 36(1): 276-284.

EMANUEL K A, 2005. Increasing destructiveness of tropical cyclones over the past 30 years[J]. Nature, 436 (7051): 686-688.

ENDO N, YASUNARI T, 2006. Changes in low cloudiness over China between 1971 and 1996[J]. J Climate, 19(7): 1204-1213.

ENGELSTAEDTER S, TEGEN I, WASHINGTON R, 2006. North African dust emissions and transport [J]. Earth-Sci Rev, 79(1-2): 73-100.

EVAN A T, KOSSIN J P, CHUNG C E, et al, 2012. Arabian sea tropical cyclones intensified by emissions of black carbon and other aerosols[J]. Nature, 479(7371): 94-97.

EVAN A T, FLAMANT C, GAETANI M, et al, 2016. The past, present and future of African dust [J]. Nature, 531(7595): 493-507.

FAO, 2015a. Global Forest Resources Assessment 2015: How are the World's Forests Changing? [M]. Rome: Food and Agriculture Organization of the United Nations.

FAO, 2015b. Global Forest Resources Assessment 2015: Desk Reference[M]. Rome: Food and Agriculture Organization of the United Nations.

FARRE A, STEPHENSON S R, CHEN L, et al, 2014. Commercial Arctic shipping through the northeast passage: Routes, resources, governance, technology, and infrastructure[J]. Polar Geogr, 37(4): 298-324.

FERGUSON G, GLEESON T, 2012. Vulnerability of coastal aquifers to groundwater use and climate change [J]. Nat Clim Change, 2(5):342-345.

FERNÁNDEZ-GIMÉNEZ M E, BATKHISHIG B, BATBUYAN B, 2012. Cross-boundary and cross-level dynamics increase vulnerability to severe winter disasters (dzud) in Mongolia[J]. Glob Environ Chang, 22 (4):836-851.

FETTERER F, KNOWLES K, MEIER W, et al, 2017. Sea ice index, version 3 (updated daily)[Z]. Boulder, Colorado USA. NSIDC: National Snow and Ice Data Center. DOI: https://doi.org/10.7265/N5K072F8.

FIENER P, NEUHAUS P, BOTSCHEK J, 2013. Long-term trends in rainfall erosivity-analysis of high resolution precipitation time series (1937—2007) from western Germany[J]. Agric Forest Meteorol, 171-172: 115-123.

FILIZADEH Y, 2010. Possible impact of caspian sea level rise on the natural habitat of the Anzali Lagoon in the north of Iran[J]. Environ Sci, 7(3): 91-102.

FRANCIS J A, VAVRUS S J, 2012. Evidence linking Arctic amplification to extreme weather in mid-latitudes[J]. Geophys Res Lett, 39(6): L06801.

FRAUENFELD O W, ZHANG T, BARRY R G, et al, 2004. Interdecadal changes in seasonal freeze and thaw depths in Russia[J]. J Geophys Res Atmos, 109(D5): D05101.

FURTADO J C, COHEN J L, TZIPERMAN E, 2016. The combined influences of autumnal snow and sea ice on northern hemisphere winters[J]. Geophys Res Lett, 43(7): 3478-3485.

GABRIEL K M A,ENDLICHER W R, 2011. Urban and rural mortality rates during heat waves in Berlin and Brandenburg,Germany[J]. Environ Pollut, 159(8/9):2044-2050.

GAO X, YE B S, ZHANG S Q, et al, 2010. Glacier runoff variation and its influence on river runoff during 1961—2006 in the Tarim River Basin[J]. Sci China - Earth Sci, 53(6): 880-891.

GAO Y Q,SUN J Q, LI F, et al, 2015. Arctic sea ice and Eurasian climate: A review[J]. Adv Atmos Sci, 32(1): 92-114.

GAO Q Z,GUO Y Q,XU H M,et al, 2016. Climate change and its impacts on vegetation distribution and net primary productivity of the alpine ecosystem in the Qinghai-Tibetan Plateau[J]. Sci Total Environ, 554-555:34-41.

GAO X J, WU J, SHI Y, et al, 2018. Future changes in thermal comfort conditions over China based on multi-RegCM4 simulations[J]. Atmos Oceanic Sci Lett, 11(4): 291-299.

GARDELLE J, BERTHIER E, ARNAUD Y, et al, 2013. Region-wide glacier mass balances over the Pamir-Karakoram-Himalaya during 1999—2011[J]. Cryosphere, 7(4): 1263-1286.

GASCARD J C, RIEMANN-CAMPE K, GERDES R, et al, 2017. Future sea ice conditions and weather forecasts in the Arctic: Implications for Arctic shipping[J]. Ambio, 46(2): 355-367.

GE Y, GONG G, FREI A, 2009. Physical mechanisms linking the winter Pacific-North American teleconnection pattern to spring North American snow depth[J]. J Climate, 22(19): 5135-5148.

GE Q, HAO Z, ZHENG J, et al, 2013. Temperature changes over the past 2000 yr in China and comparison with the northern hemisphere[J]. Climate Past, 9(3): 1153-1160.

GEETHA B, BALACHANDRAN S, 2014. Decadal variations in translational speeds of cyclonic disturbances over north Indian Ocean[J]. Mausam, 65(1):115-118.

GESSNER U,NAEIMI V,KLEIN I,et al, 2013. The relationship between precipitation anomalies and satellite-derived vegetation activity in Central Asia[J]. Glob Planet Chang, 110(2):74-87.

GHADIRNEZHAD R,FALLAH A, 2014. Temperature effect on yield and yield components of different rice cultivars in flowering stage[J]. Int J Agron:1-4.

GIANNINI A, SARAVANAN R, CHANG P, 2003. Oceanic forcing of Sahel rainfall on interannual to interdecadal time scales[J]. Science, 302(5467): 1027-1030.

GISNÅS K, ETZELMÜLLER B, LUSSANA C, et al, 2017. Permafrost map for Norway, Sweden and Finland[J]. Permafrost Periglac Process, 28(2): 359-378.

GOGGINS W B,CHAN E Y Y,NG E,et al, 2012. Effect modification of the association between short-term meteorological factors and mortality by urban heat islands in Hong Kong[J]. PLoS One, 7(6):e38551.

GONG D, HO C H, 2002. Shift in the summer rainfall over the Yangtze River valley in the late 1970s[J]. Geophys Res Lett, 29(10): 1436.

GONG D, YANG J, KIM S J, et al, 2011. Spring Arctic Oscillation-East Asian summer monsoon connection through circulation changes over the western North Pacific[J]. Climate Dyn, 37(11/12): 2199-2216.

GOSLING S N, ARNELL N W, 2016. A global assessment of the impact of climate change on water scarcity

[J]. Climatic Change, 134(3): 371-385.

GOU P, YE Q, CHE T, et al, 2017. Lake ice phenology of Nam Co, Central Tibetan Plateau, China, derived from multiple MODIS data products[J]. J Great Lakes Res, 43(6): 989-998.

GRIFFIN D W, KUBILAY N, KOCAK M, et al, 2007. Airborne desert dust and aeromicrobiology over the Turkish Mediterranean coastline[J]. Atmos Environ, 41(19): 4050-4062.

GRUBER S, 2012. Derivation and analysis of a high-resolution estimate of global permafrost zonation [J]. Cryosphere, 6(1): 221-233.

GUNDUZ M, 2014. Caspian sea surface circulation variability inferred from satellite altimeter and sea surface temperature[J]. J Geophy Res:Oceans, 119(2): 1420-1430.

GUO D, SUN J, 2015. Permafrost thaw and associated settlement hazard onset timing over the Qinghai-Tibet engineering corridor[J]. Int J Disaster Risk Sci, 6(4): 347-358.

GUO D, WANG H, 2016. CMIP5 permafrost degradation projection: A comparison among different regions [J]. J Geophys Res:Atmos, 121(9): 4499-4517.

GUO D, WANG H, 2017. Permafrost degradation and associated ground settlement estimation under 2 ℃ global warming[J]. Climate Dyn, 49(7/8): 2569-2583.

GUO H,BAO A M,LIU T,et al, 2018. Spatial and temporal characteristics of droughts in Central Asia during 1966—2015[J]. Sci Total Environ, 624:1523-1538.

HAGENLOCHER M,RENAUD F G,HAAS S,et al, 2018. Vulnerability and risk of deltaic social-ecological systems exposed to multiple hazards[J]. Sci Total Environ, 631-632:71-80.

HAGG W, HOELZLE M, WAGNER S, et al, 2013. Glacier and runoff changes in the Rukhk catchment, upper Amu-Darya basin until 2050[J]. Glob Planet Change, 110(11) 62-73.

HALDER S, DIRMEYER P A, 2017. Relation of Eurasian snow cover and Indian summer monsoon rainfall: Importance of the delayed hydrological effect[J]. J Climate, 30(4): 1273-1289.

HALLEGATTE S, GREEN C, NICHOLLS R J, et al, 2013. Future flood losses in major coastal cities [J]. Nat Clim Change, 3(9): 802-806.

HAMMOURI N,AL-QINNA M,SALAHAT M,et al, 2015. Community based adaptation options for climate change impacts on water resources:The case of Jordan[J]. J Water Land Dev, 26(1):3-17.

HAMMOURI N,ADAMOWSKI J,FREIWAN M,et al, 2017. Climate change impacts on surface water resources in arid and semi-arid regions:A case study in northern Jordan[J]. Acta Geod Geophys, 52(1):141-156.

HAN Z, ZHOU B, XU Y, et al, 2017. Projected changes in haze pollution potential in China: An ensemble of regional climate model simulations[J]. Atmos Chem Phys, 17(16): 10109-10123.

HANSEN M C, STEHMANB S V, POTAPOVA P V, 2010. Quantification of global gross forest cover loss [J]. Proc Natl Acad Sci USA, 107(19): 8650-8655.

HATTERMANN F F, KRYSANOVA V, GOSLING S N, et al, 2017. Cross-scale intercomparison of climate change impacts simulated by regional and global hydrological models in eleven large river basins [J]. Climatic Change, 141(3): 561-576.

HAUG T, ROLSTAD C, ELVEHØY H, et al, 2009. Geodetic mass balance of the western Svartisen ice cap, Norway, in the periods 1968—1985 and 1985—2002[J]. An Glacio, 50(50): 119-125.

HE S P, WANG H J, 2013. Oscillating relationship between the East Asian winter monsoon and ENSO[J]. J Climate, 26(24): 9819-9838.

HE Y, MOK H Y, LAI E S T, 2016. Projection of sea-level change in the vicinity of Hong Kong in the 21st century[J]. Int J Climatol, 36(9): 3237-3244.

HE S, GAO Y, LI F, et al, 2017. Impact of Arctic Oscillation on the East Asian climate: A review[J].

Earth-Sci Rev, 164:48-62.

HE M, YANG B, SHISHOV V, et al, 2018. Projections for the changes in growing season length of tree-ring formation on the Tibetan Plateau based on CMIP5 model simulations[J]. Int J Biometeor, 62(4): 631-641.

HEINRICH I, TOUCHAN R, LIÑÁN I D, et al, 2013. Winter-to-spring temperature dynamics in Turkey derived from tree rings since AD 1125[J]. Climate Dyn, 41(7/8): 1685-1701.

HELD I M, DELWORTH T L, LU J, et al, 2005. Simulation of Sahel drought in the 20th and 21st centuries [J]. Proc Natl Acad Sci USA, 102(50): 17891-17896.

HELLDÉN U, TOTTRUP C, 2008. Regional desertification: A global synthesis[J]. Glob Planet Change, 64 (3/4): 169-176.

HEZEL P J, ZHANG X, BITZ C M, et al, 2012. Projected decline in snow depth on Arctic sea ice caused by progressively later autumn open ocean freeze-up this century[J]. Geophys Res Lett, 39(17):L17505.

HIDDINK J G, TER HOFSTEDE R, 2008. Climate induced increases in species richness of marine fishes [J]. Glob Chang Biol, 14(3):453-460.

HILBICH C, HAUCK C, HOELZLE M, et al, 2008. Monitoring of mountain permafrost evolution using electrical resistivity tomography: A 7-year study of seasonal, annual, and long-term variations at Schilthorn[J]. Swiss Alps J Geophys Res-Earth, 113(F1) :F01S90.

HIPP T, ETZELMÜLLER B, FARBROT H, et al, 2012. Modelling borehole temperatures in Southern Norwayinsights into permafrost dynamics during the 20th and 21st centuries[J]. Cryosphere, 6(3) 553-571.

HIRABAYASHI Y, MAHENDRAN R, KOIRALA S, et al, 2013. Global flood risk under climate change [J]. Nat Clim Change, 3(9): 816-821.

HOELZLE M, MÜHLL D V, HAEBERLI W, 2002. Thirty years of permafrost research in the Corvatsch-Furtschellas area, eastern Swiss Alps: A review[J]. Norsk Geogr Tidsskr, 56(2): 137-145.

HOFFMANN B, HERTEL S, BOES T, et al, 2008. Increased cause-specific mortality associated with 2003 heat wave in Essen,Germany[J]. J Toxicol Environ Heal Part A, 71(11/12):759-765.

HONG X, LU R, LI S, 2017. Amplified summer warming in Europe-West Asia and Northeast Asia after the mid-1990s[J]. Environ Res Lett, 12(9): 094007.

HOU X Y, WU T, HOU W, et al, 2016. Characteristics of coastline changes in mainland China since the early 1940s[J]. Sci China Earth Sci, 59(9):1791-1802.

HOUGHTON J T, DING Y, GRIGGS D J, et al, 2001. Climate change 2001: The Scientific Basis[M]. Contribution of working group 1 to the third assessment report of the intergovernmental panel on climate change. Cambridge: Cambridge University Press.

HU Z Z, YANG S, WU R, 2003. Long-term climate variations in China and global warming signals[J]. J Geophys Res:Atmos, 108(D19): 4614.

HU D, GUAN Z, TIAN W, et al, 2018. Recent strengthening of the stratospheric Arctic vortex response to warming in the central North Pacific[J]. Nat Commun, 9(1): 1697.

HUA W, CHEN H, ZHOU L, et al, 2017. Observational quantification of climatic and human influences on vegetation greening in China[J]. Remote Sens, 9(5): 425.

HUANG C, QIAO F, 2015. Sea level rise projection in the South China Sea from CMIP5 models[J]. Acta Ocean Sin, 34(3): 31-41.

HUANG J P, YU H P, GUAN X D, et al, 2015a. Accelerated dryland expansion under climate change[J]. Nat Clim Change, 6(2): 166-172.

HUANG Y, WANG H, FAN K, et al, 2015b. The western pacific subtropical high after 1970s: Westward or eastward shift? [J]. Climate Dyn, 44(7/8): 2035-2047.

HUANG X, DENG J, MA X, et al, 2016. Spatiotemporal dynamics of snow cover based on multi-source remote sensing data in China[J]. Cryosphere, 10(5): 2453-2463.

HUANG F, ZHOU X, WANG H, 2017a. Arctic sea ice in CMIP5 climate model projections and their seasonal variability[J]. Acta Ocean Sin, 36(8): 1-8.

HUANG X, DENG J, WANG W, et al, 2017b. Impact of climate and elevation on snow cover using intergrated remote sensing snow products in Tibetan Plateau[J]. Remote Sens Environ, 190:274-288.

HURTT G C, CHINI L P, FROLKING S, et al, 2009. Harmonization of global land-use scenarios for the period 1500—2100 for IPCC-AR5[J]. iLEAPS Newsletter, 7:6-8.

HURTT G C, CHINI L P, FROLKING S, et al, 2011. Harmonization of land-use scenarios for the period 1500—2100: 600 years of global gridded annual land-use transitions, wood harvest, and resulting secondary lands[J]. Climatic Change, 109(1/2) 117-161.

IMMERZEEL W W, BEEK L P, BIERKENS M F, 2010. Climate change will affect the Asian water towers [J]. Science, 328(5984): 1382-1385.

IPCC,2001. Climate Change 2001: The scientific basis[M]. Cambridge: Cambridge University Press: 881.

IPCC, 2013. Climate Change 2013: The Physical Science Basis[M]. Cambridge: Cambridge University Press:1535.

IPCC, 2014. Climate Change 2014: Impacts, Adaptation, and Vulnerability [M]. Cambridge: Cambridge University Press: 650.

ISAKSEN K, SOLLID J L, HOLMLUND P, et al, 2007. Recent warming of mountain permafrost in Svalbard and Scandinavia[J]. J Geophys Res:Earth, 112(F2): F02S04.

ISLAM M,MITRA D,DEWAN A,et al, 2016. Coastal multi-hazard vulnerability assessment along the Gnges deltaic coast of Bangladesh-A geospatial approach[J]. Ocean Coast Manag, 127:1-15.

ISSANOVA G, ABUDUWAILI J, GALAYEVA O, et al, 2015. Aeolian transportation of sand and dust in the Aral Sea region[J]. Int J Environ Sci Technol, 12(10): 3213-3224.

JAHN A, KAY J E, HOLLAND M M, et al, 2016. How predictable is the timing of a summer ice-free Arctic? [J]. Geophys Res Lett, 43(17): 9113-9120.

JEONG J H, OU T, LINDERHOLM H W, et al, 2011. Recent recovery of the Siberian high intensity[J]. J Geophys Res:Atmos, 116(D23): D23102.

JI Z, KANG S, 2013. Projection of snow cover changes over China under RCP scenarios[J]. Climate Dyn, 41 (3/4): 589-600.

JONES M C,CHEUNG W W L, 2015. Multi-model ensemble projections of climate change effects on global marine biodiversity[J]. ICES J Mar Sci, 72(3):741-752.

KÄÄB A, 2008. Glacier volume changes using ASTER satellite stereo and ICESat GLAS laser altimetry. A test study on Edgeoya, Eastern Svalbard[J]. IEEE Trans Geosci Remote Sens, 46(10): 2823-2830.

KÄÄB A, BERTHIER E, NUTH C, et al, 2012. Contrasting patterns of early twenty-first-century glacier mass change in the Himalayas[J]. Nature, 488(7412): 495-498.

KANG K K, DUGUAY C R, LEMMETYINEN J, et al, 2014. Estimation of ice thickness on large northern lakes from AMSR-E brightness temperature measurements[J]. Remote Sens Environ, 150:1-19.

KAO P K, HUNG C W, HSU H H, 2016. Decadal variation of the East Asian winter monsoon and Pacific decadal oscillation[J]. Terr Atmos Ocean Sci, 27(5): 617-624.

KARIM M F, MIMURA N, 2008. Impacts of climate change and sea-level rise on cyclonic storm surge floods in Bangladesh[J]. Glob Env Change, 18(3): 490-500.

KARIYEVA J, VAN LEEUWEN W J D, WOODHOUSE C A, 2012. Impacts of climate gradients on the vegetation phenology of major land use types in Central Asia (1981—2008)[J]. Front Earth Sci, 6(2): 206-225.

KASER G, GROSSHAUSER M, MARZEION B, 2010. Contribution potential of glaciers to water availability in different climate regimes[J]. Proc Natl Acad Sci USA, 107(47): 20223-20227.

KÄSSI P, KÄNKÄNEN H, NISKANEN O, et al, 2015. Farm level approach to manage grass yield variation under climate change in Finland and north-western Russia[J]. Biosyst Eng, 140:11-22.

KIM Y, KIM K-Y, KIM B-M, 2013. Physical mechanisms of European winter snow cover variability and its relationship to the NAO[J]. Climate Dyn, 40(7/8): 1657-1669.

KING J C, POMEROY J W, GRAY D M, et al, 2008. Snow-Atmosphere Energy and Mass Balance. Edited by: Armstrong R L, Brun E. Snow and Climate: Physical Processes, Surface Energy Exchange and Modeling[M]. Cambridge: Cambridge University Press:70-124.

KIRSCHBAUM D, STANLEY T, ZHOU Y P, 2015. Spatial and temporal analysis of a global landslide catalog [J]. Geomorphology, 249:4-15.

KLEIN A G, KINCAID J L, 2006. Retreat of glaciers on Puncak Jaya, Irian Jaya, determined from 2000 and 2002 IKONOS satellite images[J]. J Glaciol, 52(176): 65-79.

KNUTSON T R, MCBRIDE J L, CHAN J C L, et al, 2010. Tropical cyclones and climate change[J]. Nat Geosci, 3(3): 157-163.

KNUTSON T R, SIRUTIS J J, ZHAO M, et al, 2015. Global projections of intense tropical cyclone activity for the late twenty-first century from dynamical downscaling of CMIP5/RCP4. 5 scenarios[J]. Climate, 28 (18): 7203-7224.

KOSSIN J P, EMANUEL K A, VECCHI G A, 2014. The poleward migration of the location of tropical cyclone maximum intensity[J]. Nature, 509(7500): 349-352.

KOURAEV A, SEMOVSKI S, SHIMARAEV M, et al, 2007. Observations of Lake Baikal ice from satellite altimetry and radiometry[J]. Remote Sens Environ, 108(3): 240-253.

KRAAIJENBRINK P, BIERKENS M F P, LUTZ A F, et al, 2017. Impact of a global temperature rise of 1. 5 degrees Celsius on Asia's glaciers[J]. Nature, 549(7671): 257-260.

KROPÁČEK J, MAUSSION F, CHEN F, et al, 2013. Analysis of ice phenology of lakes on the Tibetan Plateau from MODIS data[J]. Cryosphere, 7(1): 287-301.

KUCHARSKI F, BRACCO A, YOO J H, et al, 2009. A Gill-Matsuno-type mechanism explains the tropical Atlantic influence on African and Indian monsoon rainfall[J]. Quart J Roy Meteor Soc, 135(640): 569-579.

KUGLITSCH F G, TORETI A, XOPLAKI E, et al, 2010. Heat wave changes in the eastern Mediterranean since 1960[J]. Geophys Res Lett, 37(4): 379-384.

KUROSAKI Y, MIKAMI M, 2007. Threshold wind speed for dust emission in East Asia and its seasonal variations[J]. J Geophys Res, 112(D17): D17202.

LAAIDI K, ZEGHNOUN A, DOUSSET B, et al, 2012. The impact of heat islands on mortality in Paris during the August 2003 heat wave[J]. Environ Heal Perspect, 120(2):254-259.

LAFFOLEY D, BAXTER J M, 2016. Explaining Ocean Warming: Causes, Scale, Effects and Consequences [M]. Switzerland: IUCN, International Union for Conservation of Nature.

LAL M, 2011. Implications of climate change in sustained agricultural productivity in South Asia[J]. Reg Environ Change, 11(S1):79-94.

LALIBERTE F, HOWELL S E L, KUSHNER P J, 2016. Regional variability of a projected sea ice-free Arctic during the summer months[J]. Geophys Res Lett, 43(1): 256-263.

LAM V WY,CHEUNG W W L,REYGONDEAU G,et al, 2016. Projected change in global fisheries revenues under climate change[J]. Sci Rep, 6:32607.

LAMB H H, 2013. Climate: Present, Past and Future(Routledge Revivals) [M]. London: Routledge: 870.

LEBED L,QI J,HEILMAN P, 2012. An ecological assessment of pasturelands in the Balkhash area of Kazakhstan with remote sensing and models[J]. Environ Res Lett, 7(2):025203.

LEE H S, 2013. Estimation of extreme sea levels along the Bangladesh coast due to storm surge and sea level rise using EEMD and EVA[J]. Geophys Res:Oceans, 118(9): 4273-4285.

LEE T C, KNUTSON T R, KAMAHORI H, et al, 2012. Impacts of climate change on tropical cyclones in the western North Pacific Basin, part I: Past observations[J]. Trop Cyclone Res Rev, 1(2): 213-230.

LEE X, GOULDEN M L, HOLLINGER D Y, et al, 2011. Observed increase in local cooling effect of deforestation at higher latitudes[J]. Nature, 479(7373): 384-387.

LEI T, PANG Z, WANG X, et al, 2016. Drought and carbon cycling of grassland ecosystems under global change: A review[J]. Water, 8(10): 460.

LENTON T M, HELD H, KRIEGLER E, et al, 2008. Tipping elements in the earth's climate system [J]. Proc Natl Acad Sci USA, 105(6): 1786-1793.

LI S, BATES G T, 2007. Influence of the Atlantic Multidecadal Oscillation on the winter climate of east China [J]. Adv Atmos Sci, 24(1): 126-135.

LI B L, ZHU A X, ZHANG Y C, et al, 2006. Glacier change over the past four decades in the middle Chinese Tien Shan[J]. J Glacio, 52(178): 425-432.

LI H, DAI A, ZHOU T, et al, 2008. Responses of East Asian summer monsoon to historical SST and atmospheric forcing during 1950—2000[J]. Climate Dyn, 34(4): 501-514.

LI H, WANG H, YIN Y, 2012. Interdecadal variation of the West African summer monsoon during 1979—2010 and associated variability[J]. Climate Dyn, 39(12): 2883-2894.

LI F, WANG H, GAO Y, 2014. Modulation of Aleutian Low and Antarctic Oscillation co-variability by ENSO[J]. Climate Dyn, 44(5/6): 1245-1256.

LI C, ZHANG C, LUO G, et al, 2015a. Carbon stock and its responses to climate change in Central Asia [J]. Glob Change Biol, 21(5): 1951-1967.

LI Z,CHEN Y N,LI W H,et al, 2015b. Potential impacts of climate change on vegetation dynamics in Central Asia[J]. J Geophys Res:Atmos, 120(24):12345-12356.

LI H,XU C Y,BELDRING S,et al, 2016. Water resources under climate change in Himalayan basins[J]. Water Resour Manage, 30(2):843-859.

LI Y, DING Y, LI W, 2017a. Interdecadal variability of the Afro-Asian summer monsoon system[J]. Adv Atmos Sci, 34(7): 833-846.

LI Z, SONG L, MA H, et al, 2017b. Observed surface wind speed declining induced by urbanization in east China[J]. Climate Dyn, 50(3/4): 735-749.

LIANG Y L,WANG Y L,YAN X D,et al, 2018. Projection of drought hazards in China during twenty-first century[J]. Theor Appl Climatol, 133(1/2):331-341.

LIM L,LEONG S, 2015. Harmful algal blooms in Singapore coastal waters[J]. Sains Malaysiana,41(12): 1509-1515.

LIN I I, CHAN J C L, 2015. Recent decrease in typhoon destructive potential and global warming implications[J]. Nat Commun, 6: 7182.

LITTLE C M, HORTON R M, KOPP R E, et al, 2015. Joint projections of US east coast sea level and storm surge[J]. Nat Climate Change, 5(12): 1114-1120.

LIU Y, CHIANG J C H, 2011. Coordinated abrupt weakening of the Eurasian and North African monsoons in the 1960s and links to extratropical North Atlantic cooling[J]. J Climate, 25(10): 3532-3548.

LIU K S, CHAN J C L, 2013. Inactive period of western North Pacific tropical cyclone activity in 1998—2011 [J]. J Climate, 26(8): 2614-2630.

LIU X, QIN D, SHAO X, et al, 2005. Temperature variations recovered from tree-rings in the middle Qilian Mountain over the last millennium[J]. Sci China Ser D:Earth Sci, 48(4): 521-529.

LIU S Y, SHANGGUAN D H, DING Y J, et al, 2006a. Glacier changes during the past century in the Gangrigabu Mountains, southeast Qinghai-Xizang (Tibetan) Plateau, China[J]. Ann Glaciol, 43(1): 187-193.

LIU S Y, DING Y J, SHANGGUAN D H, et al, 2006b. Glacier retreat as a result of climate warming and increased precipitation in the Tarim River basin, northwest China[J]. Ann Glaciol, 43(1): 91-96.

LIU J, CURRY J A, WANG H, et al, 2012. Impact of declining Arctic sea ice on winter snowfall[J]. Proc Natl Acad Sci USA, 109(11): 4074-4079.

LIU Z J, HUBBARD K G, LIN X M, et al, 2013a. Negative effects of climate warming on maize yield are reversed by the changing of sowing date and cultivar selection in northeast China[J]. Glob Change Biol, 19 (11), 3481-3492.

LIU Z J, YANG X G, CHEN F, et al, 2013b. The effects of past climate change on the northern limits of maize planting in northeast China[J]. Climatic Change, 117(4):891-902.

LIU X, XU Z, DONG H, et al, 2014a. A less or more dusty future in the northern Qinghai-Tibetan Plateau? [J]. Sci Rep, 4:6672.

LIU Y, CHIANG J C H, CHOU C, et al, 2014b. Atmospheric teleconnection mechanisms of extratropical North Atlantic SST influence on Sahel rainfall[J]. Climate Dyn, 43(9/10): 2797-2811.

LIU Y C, DAI J H, WANG H J, et al, 2016. Phenological records in Guanzhong area in central China between 600 and 902 AD as proxy for winter half-year temperature reconstruction[J]. Sci China Earth Sci, 59(9): 1847-1853.

LOBELL D B, BURKE M B, TEBALDI C, et al, 2008. Prioritizing climate change adaptation needs for food security in 2030[J]. Science, 319(5863):607-610.

LOBELL D B, SIBLEY A, IVAN ORTIZ-MONASTERIO J, 2012. Extreme heat effects on wheat senescence in India[J]. Nat Clim Change, 2(3):186-189.

LU R, DONG B, DING H, 2006. Impact of the Atlantic Multidecadal Oscillation on the Asian summer monsoon[J]. Geophys Res Lett, 33(24): L24701.

LUO D, GONG T, 2006. A possible mechanism for the eastward shift of interannual NAO action centers in last three decades[J] Geophys Res Lett, 33(24): L24815.

LUO S L, WANG H J, CAI F, 2013. An integrated risk assessment of coastal erosion based on fuzzy set theory along Fujian coast, southeast China[J]. Ocean Coast Manag, 84:68-76.

LUO S L, CAI F, LIU H J, et al, 2015. Adaptive measures adopted for risk reduction of coastal erosion in the People's Republic of China[J]. Ocean Coast Manag, 103:134-145.

LUTERBACHER J, WERNER J P, SMERDON J E, et al, 2016. European summer temperatures since Roman times[J]. Environ Res Lett, 11(2): 024001.

LYNCH C M, BARR I D, MULLAN D, et al, 2016. Rapid glacial retreat on the Kamchatka Peninsula during the early 21st century[J]. Cryosphere, 10(4): 1809-1821.

MA L, 2017. Projection of Eurasian snow cover by the middle and the end of 21st century[C]. EGU General Assembly Conference (23—28 April, 2017, Vienna, Austria) Abstracts, 19:10929.

MA R H, YANG G S, DUAN H T, et al, 2011. China's lakes at present: Number, area and spatial distribution[J]. Sci China Earth Sci, 54(2): 283-289.

MACKINTOSH A N, ANDERSON B M, LORREY A M, et al, 2017. Regional cooling caused recent New Zealand glacier advances in a period of global warming[J]. Nat Commun, 8:14202.

MAGNUSON J J, ROBERTSON D M, BENSON B J, et al, 2000. Historical trends in lake and river ice cover in the northern hemisphere[J]. Science, 289(5485): 1743-1746.

MAHMOOD R, PIELKE R A, HUBBARD K G, et al, 2014. Land cover changes and their biogeophysical effects on climate[J]. Int J Climatol, 34(4): 929-953.

MAHOWALD N M, LUO C, 2003. A less dusty future? [J]. Geophys Res Lett, 30(17): 1903.

MALECKI J, 2013. Elevation and volume changes of seven Dickson Land glaciers, Svalbard, 1960—1990—2009[J]. Polar Res, 32(1): 18400.

MARZEION B, JAROSCH A H, HOFER M, 2012. Past and future sea-level change from the surface mass balance of glaciers[J]. Cryosphere, 6(6): 1295-1322.

MASTERSON J P,GARABEDIAN S P, 2007. Effects of sea-level rise on ground water flow in a coastal aquifer system[J]. Ground Water, 45(2):209-217.

MCKILLOP R J,CLAGUE J J, 2007. Statistical,remote sensing-based approach for estimating the probability of catastrophic drainage from moraine-dammed lakes in southwestern British Columbia[J]. Glob Planet Change, 56(1/2):153-171.

MCVICAR T R, RODERICK M L, DONOHUE R J, et al, 2012. Global review and synthesis of trends in observed terrestrial near-surface wind speeds: implications for evaporation[J]. J Hydrol, 416-417: 182-205.

MEI W, XIE S P, 2016. Intensification of landfalling typhoons over the Northwest Pacific since the late 1970s [J]. Nat Geosci, 9(10): 753-757.

MEIER M F, 1990. Reduced rise in sea level[J]. Nature, 343(6254):115-116.

MESSAGER M L, LEHNER B, GRILL G, et al, 2016. Estimating the volume and age of water stored in global lakes using a geo-statistical approach[J]. Nat Commun, 7:13603.

MICHELOZZI P,ACCETTA G,DE SARIO M,et al, 2009. High temperature and hospitalizations for cardiovascular and respiratory causes in 12 European cities[J]. Amer J Respir Crit Care Med, 179(5):383-389.

MILLY P C D,WETHERALD R T,DUNNE K A,et al, 2002. Increasing risk of great floods in a changing climate[J]. Nature, 415(6871):514-517.

MIMURA N, KATO T, YOKOKI H, 2000. Coastal environmental problems and impacts of climate change in Thailandnd[C]. Proceedings of the Symposium on Global Environment Japan Society of Civil Engineers, 8: 143-148.

MOELER M, FINKELNBURG R, BRAUN M, et al, 2013. Variability of the climatic mass balance of Vestfonna ice cap, northeastern Svalbard, 1979—2011[J]. Ann Glaciol, 54(63): 254-264.

MOHAMAD M F LEE LH, SAMION KMH, 2014. Coastal vulnerability assessment towards sustainable management of peninsular Malaysia coastline[J]. Int J Environ Sci Dev, 5(6):533-538.

MOHOLDT G, WOUTERS B, GARDNER A S, 2012. Recent mass changes of glaciers in the Russian High Arctic[J]. Geophys Res Lett, 39(10): L10502.

MÖLG T, CULLEN N J D, HARDY R, et al, 2013. East African glacier loss and climate change: Corrections to the UNEP article "Africa without ice and snow"[J]. Environ Dev, 6(1): 1-6.

MOLINOS J,HALPERN B S,SCHOEMAN D S,et al, 2016. Climate velocity and the future global redistribution of marine biodiversity[J]. Nat Climate Change, 6(1):83-88.

MOORE F C,LOBELL D B, 2015. The fingerprint of climate trends on European crop yields[J]. Proc Natl

Acad Sci USA, 112(9):2670-2675.

MORI M, KIMOTO M, ISHII M, et al, 2013. Hindcast prediction and near-future projection of tropical cyclone activity over the western North Pacific using CMIP5 near-term experiments with MIROC[J]. Meteor Soc Japan, 91(4): 431-452.

MORI M, WATANABE M, SHIOGAMA H, et al, 2014. Robust Arctic sea-ice influence on the frequent Eurasian cold winters in past decades[J]. Nat Geosci, 7(12): 869-873.

MORTIN J, SVENSSON G, GRAVERSEN R, 2016. Melt onset over Arctic sea ice controlled by atmospheric moisture transport[J]. Geophys Res Lett, 43(12): 6636-6642.

MUNCK S D, GAUTHIER Y, BERNIER M, et al, 2017. River predisposition to ice jams: A simplified geospatial model[J]. Nat Hazards Earth Syst Sci, 17(7): 1033-1045.

MURALI R,ANKITA M,AMRITA S,et al, 2013. Coastal vulnerability assessment of Puducherry Coast,India,using the analytical hierarchical process[J]. Nat Hazards Earth Syst Sci, 13(12):3291-3311.

MURARI K K,GHOSH S,PATWARDHAN A,et al, 2015. Intensification of future severe heat waves in India and their effect on heat stress and mortality[J]. Reg Environ Change, 15(4):569-579.

MUSTAFA M, MUKHTAR K A, HAZMI M R M, 2012. Mitigating the implication of offshore oil and gas activities on the marine environment in Malaysia: Some measures through environmental impact assessment[J]. Aust J Basic Appl Sci, 6(11): 273-280.

MYHRA K, WESTERMANN S, ETZELMÜLLER B, 2017. Modelled distribution and temporal evolution of permafrost in steep rock walls along a latitudinal transect in Norway by CryoGrid 2D[J]. Perm Peri Proc, 28(1): 172-182.

NAIK D,KUNTE P D, 2016. Impact of port structures on the shoreline of Karnataka,west Coast,India[J]. Int J Adv Remote Sens GIS, 5(1):1726-1746.

NAKAMURA J, CAMARGO S J, SOBEL A H, et al, 2017. Western North Pacific tropical cyclone model tracks in present and future climates[J]. J Geophys Res:Atmos, 122(18): 9721-9744.

NAREN A, MAITY R, 2017. Hydroclimatic modelling of local sea level rise and its projection in future [J]. Theor App Climatol, 130(3/4): 761-774.

NEELAMANI S, 2018. Coastal erosion and accretion in Kuwait-problems and management strategies [J]. Ocean Coast Manag, 156:76-91.

NELSON F,ANISOMOV O,SHIKLOMANOV N,2002. Climate change and hazard zonation in the circum-Arctic permafrost regions[J]. Nat Hazards, 26(3): 203-225.

NEMA P,NEMA S,ROY P, 2012. An overview of global climate changing in current scenario and mitigation action[J]. Renew Sustain Energy Rev, 16(4):2329-2336.

NEMANI R R, KEELING C D, HASHIMOTO H, et al, 2003. Climate-driven increases in global terrestrial net primary production from 1982 to 1999[J]. Science, 300(5625): 1560-1563.

NG W S, MENDELSOHN R, 2005. The impact of sea level rise on Singapore[J]. Environ Dev Econ, 10(2): 201-215.

NICHOLLS R J,CAZENAVE A, 2010. Sea-level rise and its impact on coastal zones[J]. Science, 328(5985): 1517-1520.

NIEDERER P, BILENKO V, ERSHOVA N, et al, 2008. Tracing glacier wastage in the northern Tien Shan (Kyrgyzstan/Central Asia) over the last 40 years[J]. Climatic Change, 86(1/2): 227-234.

NIYAS N T, SRIVASTAVA A K, HATWAR H R, 2009. Variability and Trend in the Cyclonic Storms over North Indian Ocean[M]. Met Monograph No Cyclone Warning - 3/2009: India Meteorological Department: 35.

NOGES P, KANGUR K, NOGES T, et al, 2008. Highlights of large lake research and management in Europe[J]. Hydrobiol, 599(1): 259-276.

ONODERA S I, SAITO M, SAWANO M, et al, 2008. Effects of intensive urbanization on the intrusion of shallow groundwater into deep groundwater: Examples from Bangkok and Jakarta[J]. Sci Total Environ, 404(2/3): 401-410.

OVERLAND J E, WANG M, 2013. When will the summer Arctic be nearly sea ice free? [J]. Geophys Res Lett, 40(10): 2097-2101.

OZTURK T, TURP M T, TÜRKEŞ M, et al, 2017. Projected changes in temperature and precipitation climatology of Central Asia CORDEX region 8 by using RegCM4. 3. 5[J]. Atmos Res, 183: 296-307.

PAGES 2k Consortium, 2013. Continental-scale temperature variability during the past two millennia[J]. Nat Geosci, 6: 339-346.

PARKINSON C L, 2006. Earth's cryosphere: Current state and recent changes[J]. Annu Rev Env Resour, 31(1): 33-60.

PATTERSON W P, DIETRICH K A, HOLMDEN C, et al, 2010. Two millennia of North Atlantic seasonality and implications for Norse colonies[J]. Proc Natl Acad Sci USA, 107(12): 5306-5310.

PAUL F, ANDREASSEN L M, WINSVOLD S H, 2011. A new glacier inventory for the Jostedalsbreen region, Norway, from Landsat TM scenes of 2006 and changes since 1966[J]. Ann Glaciol, 52(59): 153-162.

PAVLOV A V, MOSKALENKO N G, 2002. The thermal regime of soils in the north of western Siberia [J]. Perm Peri Proc, 13(1): 43-51.

PENG S, PIAO S, CIAIS P, et al, 2013. Changes in snow phenology and its potential feedback to temperature in the northern hemisphere over the last three decades[J]. Environ Res Lett, 8(1): 014008.

PENG X, ZHANG T, FRAUENFELD O W, et al, 2018. Spatiotemporal changes in active layer thickness under contemporary and projected climate in the Northern Hemisphere[J]. J Climate, 31(1), 251-266.

PEROVICH D, RICHTER-MENGE J, 2009. Loss of sea ice in the Arctic[J]. Annu Rev Mar Sci, 1(1): 417-441.

PERRY A L, 2005. Climate change and distribution shifts in marine fishes[J]. Science, 308(5730): 1912-1915.

PIAO S, FANG J, LIU H, et al, 2005. NDVI-indicated decline in desertification in China in the past two decades[J]. Geophys Res Lett, 32(6): L06402.

PIAO S L, CIAIS P, HUANG Y, et al, 2010. The impacts of climate change on water resources and agriculture in China[J]. Nature, 467(7311): 43-51.

PIAO S L, CIAIS P, LOMAS M, et al, 2011. Contribution of climate change and rising CO_2 to terrestrial carbon balance in East Asia: A multi-model analysis[J]. Glob Planet Change, 75(3/4): 133-142.

PICCOLO J, 2012. Gasping fish and panting squids: Oxygen, temperature and the growth of water-breathing animals[J]. Fish Fish, 13(3): 359.

PIELKE R A, PITMAN A, NIYOGI D, et al, 2011. Land use/land cover changes and climate: Modeling analysis and observational evidence[J]. WIREs Climate Change, 2(6): 828-850.

PITMAN A J, ZHAO M, 2000. The relative impact of observed change in land cover and carbon dioxide as simulated by a climate model[J]. Geophys Res Let, 27(9): 1267-1270.

PITMAN A J, DE NOBLET-DUCOUDRÉ N, AVILA F B, et al, 2012. Effects of land cover change on temperature and rainfall extremes in multi-model ensemble simulations[J]. Earth Syst Dyn, 3(2): 213-231.

POGLIOTTI P, GUGLIELMIN M, CREMONESE E, et al, 2015. Warming permafrost and active layer variability at Cime Bianche, Western European Alps[J]. Cryosphere, 9(2): 647-661.

POLLNER J, KRYSPIN-WATSON J, NIEUWEJAAR S, et al, 2008. Climate change adaptation in Europe and Central Asia (ECA): Disaster risk management[R]. Washington D C, World Bank Group, 63pp, Available online at: http://documents.worldbank.org/curated/en/699781484888380512/Climate-change-adaptation-in-Europe-and-Central-Asia-ECA-disaster-risk-management.

POLOCZANSKA E S,BROWN C J,SYDEMAN W J,et al, 2013. Global imprint of climate change on marine life[J]. Nat Clim Change, 3(10):919-925.

POST V E A, 2005. Fresh and saline groundwater interaction in coastal aquifers:Is our technology ready for the problems ahead?[J]. Hydrogeol J, 13(1):120-123.

PRAMANIK M K, 2015. Sea level rise and coastal vulnerability along the eastern coast of India through geo-spatial technologies[J]. J Geophys Remote Sens, 4(2):145.

QUINCEY D J, GLASSER N F, COOK S J, et al, 2015. Heterogeneity in Karakoram glacier surges[J]. J Geophys Res-Earth, 120(7): 1288-1300.

RADIC V, BLISS A, BEEDLOW A C, et al, 2014. Regional and global projections of twenty-first century glacier mass changes in response to climate scenarios from global climate models[J]. Climate Dyn, 42(1/2): 37-58.

RAGHAVAN S, RAJESH S, 2003. Trends in tropical cyclone impact: A study in Andhra Pradesh, India [J]. Bull Amer Meteorol Soc, 84(5): 635-644.

RAMACHANDRAN A, KHAN A S, PALANIVELU K, et al, 2017. Projection of climate change-induced sea-level rise for the coasts of Tamil Nadu and Puducherry, India using SimCLIM: A first step towards planning adaptation policies[J]. Coastal Conserv, 21(6): 731-742.

RAMZI T, AKKEMIK Ü, HUGHES M K, et al, 2007. May—June precipitation reconstruction of south-western Anatolia, Turkey during the last 900 years from tree rings[J]. Quat Res, 68(2): 196-202.

REVADEKAR J, KOTHAWALE D, PATWARDHAN S, et al, 2012. About the observed and future changes in temperature extremes over India[J]. Nat Hazards, 60(3): 1133-1155.

REVICH B, TOKAREVICH N, PARKINSON A J, 2012. Climate change and zoonotic infections in the Russian Arctic[J]. Int J Circumpol Heal, 71(1): 18792.

REYER C P O,OTTO I M,ADAMS S,et al, 2017. Climate change impacts in Central Asia and their implications for development[J]. Reg Environ Change, 17(6):1639-1650.

RGI CONSORTIUM, 2017. Randolph Glacier Inventory (RGI) - A Dataset of Global Glacier Outlines: Version 6.0[Z]. Global Land Ice Measurements from Space, Boulder, Colorado, USA.

RIZVI A,SINGER U, 2011. Cambodia Coastal Situation Analysis[M]. Gland, Switzerland: IUCN:58.

ROGERS T S, WALSH J E, RUPP T S, et al, 2013. Future Arctic marine access: Analysis and evaluation of observations, models, and projections of sea ice[J]. Cryosphere, 7(1): 321-332.

ROMANOVSKY V E, SAZONOVA T S, BALOBAEV V T, et al, 2007. Past and recent changes in air and permafrost temperatures in eastern Siberia[J]. Glob Planet Change, 56(3/4): 399-413.

ROMANOVSKY V E, DROZDOV D S, OBERMAN N G, et al, 2010. Thermal state of permafrost in Russia[J]. Perm Peri Proc, 21(2): 136-155.

ROUDIER P, ANDERSSON J C M, DONNELLY C, et al, 2015. Projections of future floods and hydrological droughts in Europe under a +2 ℃ global warming[J]. Climatic Change, 135(2): 341-355.

RUOSTEENOJA K, RÄISÄNEN J, VENÄLÄINEN A, et al, 2016. Projections for the duration and degree days of the thermal growing season in Europe derived from CMIP5 model output[J]. Int J Climatol, 36(8): 3039-3055.

SACHITHANANDAM V, MOHAN P, KARTHIK R, et al, 2013. Climate changes influence the phytoplankton bloom (prymnesiophyceae: phaeocystis spp.) in North Andaman coastal region[J]. Indian J Geo-Marine Sci, 42(1): 58-66.

SALIK K M, JAHANGIR S, UL ZAFAR ZAHDI W, et al, 2015. Climate change vulnerability and adaptation options for the coastal communities of Pakistan[J]. Ocean Coast Manag, 112: 61-73.

SANTINI M, DI PAOLA A, 2015. Changes in the world rivers' discharge projected from an updated high resolution dataset of current and future climate zones[J]. Hydr, 531(3): 768-780.

SARWAR M G M, WOODROFFE C D, 2013. Rates of shoreline change along the coast of Bangladesh[J]. J Coast Conserv, 17(3): 515-526.

SCREEN J, SIMMONDS I, 2010. The central role of diminishing sea ice in recent Arctic temperature amplification[J]. Nature, 464(7293): 1334-1337.

SEAGER R, KUSHNIR Y, NAKAMURA J, et al, 2010. Northern hemisphere winter snow anomalies: ENSO, NAO and the winter of 2009/10[J]. Geophys Res Lett, 37(14): L14703.

SEDDON A W R, MACIAS-FAURIA M, LONG P R, et al, 2016. Sensitivity of global terrestrial ecosystems to climate variability[J]. Nature, 531(7593): 229-232.

SELVAN S, KANKARA R S, MARKOSE V J, et al, 2016. Shoreline change and impacts of coastal protection structures on Puducherry, SE coast of India[J]. Nat Hazards, 83(1): 293-308.

SERREZE M C, HOLLAND M M, STROEVE J, 2007. Perspectives on the Arctic's shrinking sea-ice cover [J]. Science, 315(5818): 1533-1536.

SHAHGEDANOVA M, OSENKO N G, KHROMOVA T, et al, 2010. Glacier shrinkage and climatic change in the Russian Altai from the mid-20th century: An assessment using remote sensing and PRECIS regional climate model[J]. J Geophys Res: Atmos, 115(D16): D16107.

SHAHGEDANOVA M, NOSENKO G, BUSHUEVA I, et al, 2012. Changes in area and geodetic mass balance of small glaciers, Polar Urals, Russia, 1950—2008[J]. J Glaciol, 58(211): 953-964.

SHANGGUAN D H, BOLCH T, DING Y J, et al, 2015. Mass changes of southern and northern Inylchek Glacier, Central Tian Shan, Kyrgyzstan, during ∼ 1975 and 2007 derived from remote sensing data [J]. Cryosphere, 9(2): 703-717.

SHAO X M, XU Y, YIN Z Y, et al, 2010. Climatic implications of a 3585-year tree-ring width chronology from the northeastern Qinghai-Tibetan Plateau[J]. Quat Sci Rev, 29(17/18): 2111-2122.

SHARMA E, CHETTRI N, TSE-RING K, et al, 2009. Climate Change Impacts and Vulnerability in the eastern Himalayas[M]. Nepal :ICIMOD, Kathmandu.

SHI Y, GAO X, WU J, et al, 2011. Changes in snow cover China in the 21st century as simulated by a high resolution regional climate model[J]. Environ Res Lett, 6(4): 045401.

SHI H, WANG C, 2015. Projected 21st century changes in snow water equivalent over northern hemisphere landmasses from the CMIP5 model ensemble[J]. Cryosphere, 9(5): 1943-1953.

SHI F, GE Q, BAO Y, et al, 2015. A multi-proxy reconstruction of spatial and temporal variations in Asian summer temperatures over the last millennium[J]. Climatic Change, 131(4): 663-676.

SHI P H, ZHU Y, TANG L, et al, 2016. Differential effects of temperature and duration of heat stress during anthesis and grain filling stages in rice[J]. Environ Exp Bot, 132: 28-41.

SHRODER J, HAEBERLI W, WHITEMAN C, 2015. Snow and Ice-related Hazards, Risks, and Disasters[M]. Oxford: Elsevier.

SI D, DING Y, 2016. Oceanic forcings of the interdecadal variability in East Asian summer rainfall[J]. J Climate, 29(21): 7633-7649.

SINGH R P, ROVSHAN S, GOROSHI S K, et al, 2011. Spatial and temporal variability of net primary productivity (NPP) over terrestrial biosphere of India using NOAA-AVHRR based GloPEM model[J]. J Indian Soc Remote Sens, 39(3): 345-353.

SINGH A, HÅRDING K, REDDY H R V, et al, 2014. An assessment of Dinophysis blooms in the coastal Arabian Sea[J]. Harmful Algae, 34:29-35.

SIRIPONG A, 2010. Education for disaster risk reduction in Thailand[J]. Journal of Earthquake and Tsunami, 4(2): 61-72.

SIROTENKO O D, ABASHINA E V, 2008. Modern climate changes of biosphere productivity in Russia and adjacent countries[J]. Russ Meteor Hydrol, 33(4): 267-271.

SLOWIŃSKA S, MARCISZ K, SLOWIŃSKI M, et al, 2013. Response of peatland ecosystem to climatic changes in Central-Eastern Europe: A long-term ecological approach[C]. AGU Fall Meeting :1792725.

SMITH L C, STEPHENSON S R, 2013. New Trans-Arctic shipping routes navigable by midcentury[J]. Proc Natl Acad Sci USA, 110(13): E1191-E1195.

SNAPE T J, FORSTER P M, 2014. Decline of Arctic sea ice. Evaluation and weighting of CMIP5 projections [J]. J Geophys. Res:Atmos, 119(2): 546-554.

SON J Y, LEE J T, ANDERSON G B, et al, 2012. The impact of heat waves on mortality in seven major cities in Korea[J]. Environ Heal Perspect, 120(4):566-571.

SOORA N K, AGGARWAL P K, SAXENA R, et al, 2013. An assessment of regional vulnerability of rice to climate change in India[J]. Climatic Change, 118(3/4):683-699.

STANLEY T, KIRSCHBAUM D B, 2017. A heuristic approach to global landslide susceptibility mapping [J]. Nat Hazards, 87(1):145-164.

STEPHENSON S R, SMITH L C, 2015. Influence of climate model variability on projected Arctic shipping futures[J]. Earth's Future, 3(11): 331-343.

STEWART K M, MAGNUSON J J, 2009. Encyclopedia of Inland Waters[M]. Oxford: Academic Press: 664-670.

STROEVE J, NOTZ D, 2015. Insights on past and future sea-ice evolution from combining observations and models[J]. Glob Planet Change, 135:119-132.

STROEVE J C, SERREZE M C, HOLLAND M M, et al, 2012. The Arctic's rapidly shrinking sea ice cover: A research synthesis[J]. Climatic Change, 110(3/4): 1005-1027.

STURM M, SCHIMEL J, MICHAELSON G, et al, 2005. Winter biological processes could help convert arctic tundra to shrubland[J]. Bio Sci, 55(1): 17-26.

SU W, ZHANG X, WANG Z, et al, 2011. Analyzing disaster-forming environments and the spatial distribution of flood disasters and snow disasters that occurred in China from 1949 to 2000[J]. Math Comput Model, 54(3/4): 1069-1078.

SUN J, WANG H, 2012. Changes of the connection between the summer north Atlantic oscillation and the East Asian summer rainfall[J]. J Geophys Res Atmos, 117(D8): D08110.

SUN B, WANG H, 2017. A trend towards a stable warm and windless state of the surface weather conditions in northern and northeastern China during 1961—2014[J]. Adv Atmos Sci, 34(6): 713-726.

SUN J, WANG H, YUAN W, et al, 2010a. Spatial-temporal features of intense snowfall events in China and their possible change[J]. J Geophys Res:Atmos, 115(D16): D16110.

SUN J, WANG H, YUAN W, 2010b. Linkage of the boreal spring Antarctic oscillation to the West African summer monsoon[J]. J Meteorol Soc Japan, 88(1): 15-28.

SUN Y, ZHANG X B, ZWIERS F W, et al, 2014. Rapid increase in the risk of extreme summer heat in eastern

China[J]. Nat Clim Change, 4(12):1082-1085.

SUN J, WU S,AO J, 2015. Role of the north Pacific sea surface temperature in the East Asian winter monsoon decadal variability[J]. Climate Dyn, 46(11/12): 3793-3805.

SUPIT I,VAN DIEPEN C A,DE WIT A J W,et al, 2010. Recent changes in the climatic yield potential of various crops in Europe[J]. Agric Syst, 103(9):683-694.

TAKAGI H, ESTEBAN M, TAM T T, 2014. Coastal Vlnerabilities in a Fast-growing Vietnamese City[M]. Oxford: Elsevier: 157-171.

TAKAGI H,THAO N D,ESTEBAN M,et al,2015. Coastal Dsasters in Vietnam[M]. Oxford: Elsevier: 235-255.

TAN J G,ZHENG Y F,TANG X,et al, 2010. The urban heat island and its impact on heat waves and human health in Shanghai[J]. Int J Biometeorol, 54(1):75-84.

TANG D L,KAWAMURA H,DOAN-NHU H,et al, 2004. Remote sensing oceanography of a harmful algal bloom off the coast of southeastern Vietnam[J]. J Geophys Res, 109C03014.

TAO S L, FANG J Y, ZHAO X, et al, 2015. Rapid loss of lakes on the Mongolian Plateau[J]. Proc Natl Acad Sci USA, 112(7): 2281-2286.

TEGEN I, FUNG I, 1994. Modeling of mineral dust in the atmosphere: Sources, transport and optical thickness[J]. J Geophys Res Atmos, 99(D11): 22897-22914.

TERRY J P,CHUI T F M, 2012. Evaluating the fate of freshwater lenses on atoll Islands after eustatic sea-level rise and cyclone-driven inundation:A modelling approach[J]. Glob Planet Change, 88-89:76-84.

TERZAGO S, VON HARDENBERG J, PALAZZI E, et al, 2014. Snowpack changes in the Hindu Kush-Karakoram-Himalaya from CMIP5 global climate models[J]. Hydrometeor, 15(6): 2293-2313.

TIELIDZE L G, 2016. Glacier change over the last century, Caucasus Mountains, Georgia, observed from old topographical maps, landsat and ASTER satellite imagery[J]. Cryosphere, 10(2): 713-725.

TRENBERTH K E, 2010. Changes in precipitation with climate change[J]. Climate Res, 47:123-138.

TRUNG N H,TRI V P D, 2014. Possible Impacts of Seawater Intrusion and Strategies for Water Management in Coastal Areas in the Vietnamese Mekong Delta in the Context of Climate Change[M]. Oxford: Elsevier: 219-232.

TSOU C H, HUANG P Y, TU C Y, et al, 2016. Present simulation and future typhoon activity projection over western North Pacific and Taiwan/east coast of China in 20-km HiRAM climate model[J]. Terrestrial, Atmos Oceanic Sci, 27(5): 687-703.

TURNER A G, ANNAMALAI H, 2012. Climate change and the South Asian summer monsoon[J]. Nat Clim Change, 2(8): 587-595.

ULBRICH U, CHRISTOPH M, 1999. A shift of the NAO and increasing storm track activity over Europe due to anthropogenic greenhouse gas forcing[J]. Climate Dyn, 15(7): 551-559.

ULBRICH U, LECKEBUSCH G C, PINTO J G, 2009. Extratropical cyclones in the present and future climate: A review[J]. Theor Appl Climatol, 96(1/2): 117-131.

UNNIKRISHNAN A S, KUMAR M R R, SINDHU B, 2011. Tropical cyclones in the bay of Bengal and extreme sea-level projections along the east coast of India in a future climate scenario[J]. Curr Sci India, 101(3): 327-331.

VAN TY T,SUNADA K,ICHIKAWA Y, 2012. Water resources management under future development and climate change impacts in the Upper Srepok River Basin,Central Highlands of Vietnam[J]. Water Policy, 14(5):725-745.

VAUTARD R, CATTIATUX J, YIOU P, et al, 2010. Northern hemisphere atmospheric stilling partly attributed to an increase in surface roughness[J]. Nat Geosci, 3(11): 756-761.

VAVRUS S, 2007. The role of terrestrial snow cover in the climate system[J]. Climate Dyn, 29(1): 73-88.

VICENTESERRANO S M, LOPEZMORENO J, BEGUERÍA S, et al, 2014. Evidence of increasing drought severity caused by temperature rise in southern Europe[J]. Environ Res Lett, 9(4): 044001.

VÖRÖSMARTY C J, 2000. Global water resources: Vulnerability from climate change and population growth [J]. Science, 289(5477):284-288.

VÖRÖSMARTY C J, MCINTYRE P B, GESSNER M O, et al, 2010. Global threats to human water security and river biodiversity[J]. Nature, 467(7315):555-561.

VOUSDOUKAS M I, VOUKOUVALAS E, ANNUNZIATO A, et al, 2016. Projections of extreme storm surge levels along Europe[J]. Climate Dyn, 47(9/10): 3171-3190.

VU D T, YAMADA T, ISHIDAIRA H, 2018. Assessing the impact of sea level rise due to climate change on seawater intrusion in Mekong Delta, Vietnam[J]. Water Sci Technol, 77(6):1632-1639.

WALSH S E, VAVRUS S J, FOLEY J A, et al, 1998. Global patterns of lake ice phenology and climate: Model simulations and observations[J]. J Geophys Res: Atmos, 103(D22): 28825-28837.

WALSH K J E, MCBRIDE J L, KLOTZBACH P J, et al, 2016. Tropical cyclones and climate change [J]. WIREs Climate Change, 7(1): 65-89.

WALTER K M, SMITH L C, CHAPIN F S, 2007. Methane bubbling from northern lakes: Present and future contributions to the global methane budget. Philos[J]. Trans R Soc A, 365(1865): 1657-1676.

WAN H, ZHANG X, ZWIERS F W, et al, 2013. Effect of data coverage on the estimation of mean and variability of precipitation at global and regional scales[J]. J Geophys Res: Atmos, 118(2): 534-546.

WANG H J, 2001. The weakening of the Asian monsoon circulation after the end of 1970's[J]. Adv Atmos Sci, 18(3): 376-386.

WANG H J, CHEN H P, 2016. Understanding the recent trend of haze pollution in eastern China: Roles of climate change[J]. Atmos Chem Phys, 16(6): 4205-4211.

WANG S J, ZHOU L Y, 2017. Glacial lake outburst flood disasters and integrated risk management in China [J]. Int J Disaster Risk Sci, 8(4):493-497.

WANG L, CHEN W, HUANG R, 2007. Changes in the variability of North Pacific oscillation around 1975/1976 and its relationship with East Asian winter climate[J]. J Geophys Res, 112(D11) :D11110.

WANG B, BAO Q, HOSKINS B, et al, 2008a. Tibetan Plateau warming and precipitation changes in East Asia[J]. Geophys Res Lett, 35(14): L14702.

WANG L, CHEN W, HUANG R, 2008b. Interdecadal modulation of PDO on the impact of ENSO on the east Asian winter monsoon[J]. Geophys Res Lett, 35(20): L20702.

WANG L, HUANG R, GU L, et al, 2009. Interdecadal variations of the East Asian winter monsoon and their association with quasi-stationary planetary wave activity[J]. J Climate, 22(18): 4860-4872.

WANG B, WU Z, CHANG C P, et al, 2010. Another look at interannual-to-interdecadal variations of the East Asian winter monsoon: The northern and southern temperature modes[J]. J Climate, 23:1495-1512.

WANG B, XU S, WU L, 2012. Intensified Arabian Sea tropical storms[J]. Nature, 489(7416): E1-E2.

WANG J X, HUANG J K, YAN T T, 2013a. Impacts of climate change on water and agricultural production in ten large river basins in China[J]. J Integr Agric, 12(7):1267-1278.

WANG L, DERKSEN C, BROWN R, et al, 2013b. Recent changes in pan-Arctic melt onset from satellite passivmicrowave measurements[J]. Geophys Res Lett, 40(3): 522-528.

WANG T, WANG H J, OTTERÅ O H, et al, 2013c. Anthropogenic agent implicated as a prime driver of shift in precipitation in eastern China in the late 1970s[J]. Atmos Chem Phys, 13(24): 12433-12450.

WANG L, HUANG G, ZHOU W, et al, 2016. Historical change and future scenarios of sea level rise in Macau and adjacent waters[J]. Adv Atmos Sci, 33(4): 462-475.

WANG A, XU L, KONG X, 2017a. Assessments of the north hemisphere snow cover response to 1.5 ℃ and 2.0 ℃ warming[J]. Earth Sys Dyn, 9(2): 865-877.

WANG L, XU P, CHEN W, et al, 2017b. Interdecadal variations of the Silk Road pattern[J]. J Climate, 30(24): 9915-9932.

WARD K, LAUF S, KLEINSCHMIT B, et al, 2016. Heat waves and urban heat islands in Europe: A review of relevant drivers[J]. Sci Total Environ, 569-570: 527-539.

WARREN G, EASTMAN R M, HAHN C J, 2007. A survey of changes in cloud cover and cloud types over land from surface observations, 1971—96[J]. J Climate, 20(4): 717-738.

WEBSTER P J, HOLLAND G J, CURRY J A, et al, 2005. Changes in tropical cyclone number, duration, and intensity in a warming environment[J]. Science, 309(5742): 1844-1846.

WEGMANN M, ORSOLINI Y, DUTRA E, et al, 2017. Eurasian snow depth in long-term climate reanalyses[J]. Cryosphere, 11(2): 923-935.

WEI Z, DONG W, 2015. Assessment of simulations of snow depth in the Qinghai-Tibetan Plateau using CMIP5 multi-models[J]. Arctic, Antarctic, Alpine Res, 47(4): 611-625.

WEI J, LIU S, XU J, et al, 2015a. Mass loss from glaciers in the Chinese Altai Mountains between 1959 and 2008 revealed based on historical maps, SRTM, and ASTER images[J]. J Mt Sci, 12(2): 330-343.

WEI M, XIE S P, PRIMEAU F, et al, 2015b. Northwestern Pacific typhoon intensity controlled by changes in ocean temperatures[J]. Sci Adv, 1(4): e1500014.

WEI Y Q, WANG S J, FANG Y P, et al, 2017. Integrated assessment on the vulnerability of animal husbandry to snow disasters under climate change in the Qinghai-Tibetan Plateau[J]. Glob Planet Change, 157: 139-152.

WESTRA S, ALEXANDER L V, ZWIERS F W, 2013. Global increasing trends in annual maximum daily precipitation[J]. J Climate, 26(11): 3904-3918.

WINSEMIUS H C, AERTS J C J H, VAN BEEK L P H, et al, 2016. Global drivers of future river flood risk [J]. Nat Clim Change, 6(4): 381-385.

WMO, 2014. Atlas of mortality and economic losses from weather, climate and water extremes (1970—2012) [R]. WMO-No. 1123.

WOLKEN J M, HOLLINGSWORTH T N, RUPP T S, et al, 2011. Evidence and implications of recent and projected climate change in Alaska's forest ecosystems[J]. Ecosphere, 2(11): 1-35.

WU L, WANG B, 2004. Assessing impacts of global warming on tropical cyclone tracks[J]. J Climate, 17(8): 1686-1698.

WU Q, ZHANG T, 2010. Changes in active layer thickness over the Qinghai-Tibetan Plateau from 1995 to 2007[J]. J Geophys Res: Atmos, 115(D9): 736-744.

WU R, CHEN S, 2016. Regional change in snow water equivalent-surface air temperature relationship over Eurasia during boreal spring[J]. Climate Dyn, 47(7/8): 2425-2442.

WU L, WANG B, GENG S, et al, 2005. Growing typhoon influence on East Asian[J]. Geophys Res Lett, 32(18): L18703.

WU B Y, YANG K, ZHANG R H, 2009. Eurasian snow cover variability and its association with summer rainfall in China[J]. Adv Atmos Sci, 26(1): 31-44.

WU W B, TANG H J, YANG P, et al, 2011. Scenario-based assessment of future food security[J]. J Geogr Sci, 21(1): 3-17.

WU L, WANG C, WANG B,2015. Westward shift of western North Pacific tropical cyclogenesis[J]. Geophys Res Lett, 42(5): 1537-1542.

WU K, LIU S, JIANG Z, et al, 2017. Recent glacier mass balance and area changes in the Kangri Karpo Mountain derived from multi-sources of DEMs and glacier inventories[J]. Cryosphere, 12(1): 103-121.

XIA X, 2010. Spatiotemporal changes in sunshine duration and cloud amount as well as their relationship in China during 1954—2005[J]. J Geophys Res:Atmos, 115(7): D00K06.

XIA J, YAN Z, WU P, 2013. Multidecadal variability in local growing season during 1901—2009[J]. Climate Dyn, 41(2): 295-305.

XIA J, YAN Z, ZHOU W, et al, 2015a. Projection of the Zhujiang (Pearl) River Delta's potential submerged area due to sea level rise during the 21st century based on CMIP5 simulations[J]. Acta Ocean Sin, 34(9): 78-84.

XIA J, YAN Z, JIA G, et al, 2015b. Projections of the advance in the start of the growing season during the 21st century based on CMIP5 simulations[J]. Adv Atmos Sci, 32(6): 831-838.

XU J, LIU S, ZHANG S, et al, 2013. Recent changes in glacial area and volume on tuanjiefeng peak region of Qilian Mountains, China[J]. PLoS One, 8(8): e70574.

XU X, ZHANG Z, WU Q, 2016. Simulation of permafrost changes on the Qinghai-Tibet Plateau, China, over the past three decades[J]. Int J Digit Earth, 10(5): 1-17.

XU C C,WU W X,GE Q S,et al, 2017a. Simulating climate change impacts and potential adaptations on rice yields in the Sichuan Basin,China[J]. Mitig Adapt Strateg Glob Change, 22(4):565-594.

XU W, MA L, MA M, et al, 2017b. Spatial-temporal variability of snow cover and depth in the Qinghai-Tibetan Plateau[J]. J Climate, 30(4): 1521-1533.

YAKUSHEV E, SØRENSEN K, 2010. Ocean acidification and carbonate system parameters measurements [R]. Norwegian Institute for Water Research.

YAMADA Y, SATOH M, SUGI M, et al, 2017. Response of tropical cyclone activity and structure to global warming in a high-resolution global nonhydrostatic model[J]. J Climate, 30(23): 9703-9724.

YAN B, LI S, WANG J, et al, 2016a. Socio-economic vulnerability of the megacity of Shanghai (China) to sea-level rise and associated storm surges[J]. Reg Environ Change, 16(5): 1443-1456.

YAN Q, WEI T, KORTY R L, et al, 2016b. Enhanced intensity of global tropical cyclones during the mid-Pliocene warm period[J]. Proc Natl Acad Sci USA, 113(46): 12963-12967.

YANG Y X, 2002. The 21st century hot point and forward position field of international wetland research from Quebec 2000-millennium wetland event[J]. Sci Geographica Sin, 22(2): 150-155.

YANG B, QIN C, WANG J L, et al, 2014. A 3,500-year tree-ring record of annual precipitation on the northeastern Tibetan Plateau[J]. Proc Natl Acad Sci USA, 111(8): 2903-2908.

YANG X G,CHEN F,LIN X M,et al, 2015. Potential benefits of climate change for crop productivity in China [J]. Agric For Meteorol, 208:76-84.

YANG S, XU W, XU Y, et al, 2016. Development of a global historic monthly mean precipitation dataset [J]. J Meteor Res, 30(2): 217-231.

YANG H, ZHOU F, PIAO S, et al, 2017. Regional patterns of future runoff changes from earth system models constrained by observation[J]. Geophys Res Lett, 44(11): 5540-5549.

YAO T, THOMPSON L, YANG W, et al, 2012. Different glacier status with atmospheric circulations in Tibetan Plateau and surroundings[J]. Nat Clim Change, 2(9): 663-667.

YAO X, LI L, ZHAO J, et al, 2015. Spatial-temporal variations of lake ice phenology in the Hoh Xil region from 2000 to 2011[J]. J Geogr Sci, 26(1): 70-82.

YASHON O O, TATEISHI R, 2006. A water index for rapid mapping of shoreline changes of five East African rift valley lakes: An empirical analysis using Landsat TM and ETM+ data[J]. Int J Remote Sens, 27(15): 3153-3181.

YASUDA T, NAKAJO S, KIM S Y, et al, 2014. Evaluation of future storm surge risk in East Asia based on state-of-the-art climate change projection[J]. Coastal Eng, 83:65-71.

YE K, LAU N C, 2017. Influences of surface air temperature and atmospheric circulation on winter snow cover variability over Europe[J]. Int J Climatol, 37(5): 2606-2619.

YE Q H, KANG S C, CHEN F, et al, 2006a. Monitoring glacier variations on Geladandong mountain, central Tibetan Plateau, from 1969 to 2002 using remote-sensing and GIS technologies[J]. J Glaciol, 52(179): 537-545.

YE Q H, YAO T D, KANG S C, et al, 2006b. Glacier variations in the Naimona'nyi region, western Himalaya, in the last three decades[J]. Ann Glaciol, 43(1): 385-389.

YE L M,XIONG W,LI Z G,et al, 2013. Climate change impact on China food security in 2050[J]. Agron Sustain Dev, 33(2):363-374.

YIN G, NIU F, LIN Z, et al, 2017. Effects of local factors and climate on permafrost conditions and distribution in Beiluhe basin, Qinghai-Tibet Plateau, China[J]. Sci Total Environ,581-582:472-485.

YING M, CHEN B, WU G, 2011. Climate trends in tropical cyclone-induced wind and precipitation over mainland China[J]. Geophys Res Lett, 38(1): L01702.

YOSHIDA K, SUGI M, MIZUTA R, et al, 2017. Future changes in tropical cyclone activity in high-resolution large-ensemble simulations[J]. Geophys Res Lett, 44(19): 9910-9917.

YOUNG I R, ZIEGER S, BABANIN A V, 2011. Global trends in wind speed and wave height[J]. Science, 332(6028): 451-454.

YU R, ZHOU T, 2004. Impacts of winter-NAO on March cooling trends over subtropical Eurasia continent in the recent half century[J]. Geophys Res Lett, 31(12): L12204.

YU F F,PRICE K P,ELLIS J,et al, 2003. Response of seasonal vegetation development to climatic variations in eastern central Asia[J]. Remote Sens Environ, 87(1):42-54.

YU M, WANG G, PARR D, et al, 2014. Future changes of the terrestrial ecosystem based on a dynamic vegetation model driven with RCP8.5 climate projections from 19 GCMs[J]. Climatic Change, 127(2): 257-271.

YUAN Y,ZHOU W, CHAN J C L, et al, 2008. Impacts of the basin-wide Indian ocean SSTA on the south China summer monsoon onset[J]. Int J Climatol, 28(12): 1579-1587.

ZENG H Q,JIA G S,FORBES B C, 2013. Shifts in Arctic phenology in response to climate and anthropogenic factors as detected from multiple satellite time series[J]. Environ Res Lett, 8(3):035036.

ZHANG C, REN W, 2017. Complex climatic and CO_2 controls on net primary productivity of temperate dryland ecosystems over Central Asia during 1980-2014[J] . J Geophys Res:Biogeosci, 122(9): 2356-2374.

ZHANG X, ZWIERS F W, HEGERL G C, et al, 2007. Detection of human influence on twentieth-century precipitation trends[J]. Nature, 448(7152): 461-465.

ZHANG B, TSUNEKAWA A, TSUBO M, 2008a. Contributions of sandy lands and stony deserts to long-distance dust emission in China and Mongolia during 2000—2006[J]. Glob Planet Change, 60(3/4): 487-504.

ZHANG P, CHENG H, EDWARDS R, et al ,2008b. A test of climate, sun, and culture relationships from an 1810-year Chinese cave record[J]. Science, 322(5903): 940-942.

ZHANG Y, TIAN Q, GOU X, et al, 2011. Annual precipitation reconstruction since AD775 based on tree rings from the Qilian Mountains, northwestern China[J]. Int J Climatol, 31(3): 371-381.

ZHANG Y, SHAO X M, YIN Z Y, et al, 2014. Millennial minimum temperature variations in the Qilian

Mountains, China: Evidence from tree rings[J]. Clim Past, 10(5): 1763-1778.

ZHANG C, LU D, CHEN X, et al, 2016a. The spatiotemporal patterns of vegetation coverage and biomass of the temperate deserts in Central Asia and their relationships with climate controls[J]. Remote Sens Environ, 175: 271-281.

ZHANG D, GAO X J, ZAKEY A, et al, 2016b. Effects of climate changes on dust aerosol over East Asia from RegCM3[J]. Adv Climate Change Res, 7(3): 145-153.

ZHANG H, WEN Z, WU R, et al, 2016c. Inter-decadal changes in the East Asian summer monsoon and associations with sea surface temperature anomaly in the South Indian Ocean[J]. Climate Dyn, 48(3/4): 1125-1139.

ZHANG Z,SONG X,TAO F L,et al, 2016d. Climate trends and crop production in China at county scale,1980 to 2008[J]. Theor Appl Climatol, 123(1/2):291-302.

ZHANG G Q, YAO T D, SHUM C K, et al, 2017. Lake volume and groundwater storage variations in Tibetan Plateau's endorheic basin[J]. Geophys Res Lett, 44(11): 5550-5560.

ZHAO L, MARCHENKO S S, SHARKHUU N, 2008. Regional changes of permafrost in central Asia [C]. Ninth International Conference on Permafrost, University of Alaska, Fairbanks, 29(1): 2061-2069.

ZHAO L, ZHU Y, LIU H, et al, 2015. A stable snow-atmosphere coupled mode[J]. Climate Dyn, 47(7/8): 2085-2104.

ZHAO J, ZHAN R, WANG Y, 2018. Global warming hiatus contributed to the increased occurrence of intense tropical cyclones in the coastal regions along East Asia[J]. Sci Rep, 8(1): 6023.

ZHONG X, ZHANG T, KANG S, et al, 2018. Spatiotemporal variability of snow depth across the Eurasian continent from 1966 to 2012[J]. Cryosphere, 12(1): 227-245.

ZHOU L, TUCKER C J, KAUFMANN R K, et al, 2001. Variations in northern vegetation activity inferred from satellite data of vegetation index during 1981 to 1999[J]. J Geophys Res Atmos, 106(D17): 20069-20083.

ZHOU W, WANG X, ZHOU T, et al, 2007. Interdecadal variability of the relationship between the East Asian winter monsoon and ENSO[J]. Meteor Atmos Phys, 98(3/4): 283-293.

ZHOU T, YU R, ZHANG J, et al, 2009. Why the western Pacific subtropical high has extended westward since the late 1970s[J]. J Climate, 22(8): 2199-2215.

ZHOU B, WEN Q H, XU Y, et al, 2014. Projected changes in temperature and precipitation extremes in China by the CMIP5 multimodel ensembles[J]. Climate, 27(17): 6591-6611.

ZHOU M Z,WANG H J, 2015. Potential impact of future climate change on crop yield in northeastern China [J]. Adv Atmos Sci, 32(7):889-897.

ZHOU B, WANG Z, SHI Y, et al, 2018a. Historical and future changes of snowfall events in China under a warming background[J]. J Climate, 31(15): 5873-5889.

ZHOU T J,SUN N,ZHANG W X,et al, 2018b. When and how will the Millennium Silk Road witness 1.5 ℃ and 2 ℃ warmer worlds? [J]. Atmos Ocean Sci Lett, 11(2):180-188.

ZHU W, PAN Y, ZHANG J, 2007. Estimation of net primary productivity of Chinese terrestrial vegetation based on remote sensing[J]. J Plant Ecol, 31(3): 413-424.

ZHU Y, WANG H, ZHOU W, et al, 2011. Recent changes in the summer precipitation pattern in east China and the background circulation[J]. Climate Dyn, 36(7/8): 1463-1473.

ZHU Y, WANG H, MA J, et al, 2015. Contribution of the phase transition of Pacific decadal oscillation to the late 1990s' shift in east China summer rainfall[J]. J Geophy Res:Atmos, 120(17): 8817-8827.

ZÖCKLER C,DELANY S, BARBER J, 2013. Sustainable coastal zone management in Myanmar[M]. Cambridge:ArcCona Ecological Consultants:37-51.